土木工程系列教材

工程地质学

(第四版)

主　编　宿文姬
参　编　乔　兰　刘勇健　梁仕华
　　　　杨海燕　葛婷婷　马勤国
主　审　牛富俊

华南理工大学出版社
·广州·

内 容 简 介

本书系统地阐述了工程地质学的基本原理、基础地质知识、工程地质勘察及各类工程地质问题与勘察要点,能使学生了解工程建设中的各种工程地质现象和问题,以及这些现象和问题对工程建筑设计、施工和使用各阶段的影响,能正确处理各种工程地质问题,并能合理利用自然地质条件;了解各种工程地质勘察要求和方法,布置勘察任务,合理利用勘察成果解决设计和施工中的问题。本书在编写过程中力求理论联系实际,在内容上反映工程地质学科的新理论、新成果,反映相关学科的新规范和新规定。

全书共分10章,第1~5章为工程地质基础知识,包括地质作用、矿物与岩石、地质构造、第四纪地质与地貌、地下水等内容;第6~7章为岩土的工程地质特征,包括土的工程地质特征、岩石与岩体的工程地质特征等内容;第8章为常见的地质灾害及其防治与评估;第9~10章为工程地质勘察,包括工程地质勘察方法、土木工程地质勘察等内容。全书内容丰富,深入浅出,循序渐进,重点突出,便于自学。

本书可作为高等学校土木工程专业的本科教材,也可供房屋建筑、道路桥梁、地下工程、水利水电建筑工程等有关专业的工程技术人员参考。

图书在版编目(CIP)数据

工程地质学/宿文姬主编. —4版. —广州:华南理工大学出版社,2019.12(2024.1重印)

ISBN 978-7-5623-6218-0

(土木工程系列教材)

Ⅰ.①工… Ⅱ.①宿… Ⅲ.①工程地质-高等学校-教材 Ⅳ.①P642

中国版本图书馆 CIP 数据核字(2019)第 277467 号

Gongcheng Dizhixue(Di-si Ban)

工程地质学(第四版)

宿文姬 主编

出 版 人:柯 宁
总 发 行:华南理工大学出版社
　　　　　(广州五山华南理工大学17号楼,邮编510640)
　　　　　http://hg.cb.scut.edu.cn　　E-mail:scutc13@scut.edu.cn
　　　　　营销部电话:020-87113487　87110964　87111048(传真)
策划编辑:赖淑华
责任编辑:骆　婷
印 刷 者:广州小明数码印刷有限公司
开　　本:787mm×1092mm　1/16　印张:14.5　字数:371千
版　　次:2019年12月第4版　2024年1月第16次印刷
印　　数:24 501~25 500册
定　　价:49.00元

版权所有　盗版必究　　印装差错　负责调换

第四版前言

工程地质学是土木工程专业的一门重要的专业基础课。通过本课程的学习，学生能系统地掌握工程地质基础知识和理论，具有阅读一般地质图的能力；了解工程建设中的各种地质问题对工程设计、施工和使用各阶段的影响；能对各种工程地质问题进行初步分析评价与正确处理；了解工程地质资料的获取方法，能正确提出工程地质勘察的任务与要求，并运用勘察资料进行工程设计及指导施工。

此次修订总体仍然沿用第三版的章节体系，遵循"内容充实、取材新颖、注重实用、便于自学"的原则，兼顾房屋建筑、道路桥梁、地下工程、水利水电建筑工程等不同专业方向的要求，在总结长期使用经验、采纳各方合理建议的基础上，充分考虑学科发展的新水平，反映成熟成果，具体结合自2013年以来新颁布的有关规范，对第三版做了如下修订：

第1～5章：基础知识，主要对地质构造、地下水的相关内容进行了调整与增减。

第6～7章：对后续课程内容涉及的土力学及岩石力学内容进行了概述性介绍。

第8章：对原第三版的第8～9章进行了结构调整与整合，补充了岩溶地质灾害中土洞的有关内容，并对内容进行了精炼选取。

第9～10章：参照有关最新规范修改、补充与完善相关内容。

本教材由华南理工大学、北京科技大学、广东工业大学、华南农业大学的教师根据多年的教学经验修订而成，参考和引用了其他兄弟院校和专家的一些教材和著作，在此向原作者表示深深的谢意。

本书各章编写分工如下：绪论、第1章、第8章及附录由宿文姬编写（华南理工大学），第2章、第3章由梁仕华编写（广东工业大学），第4章由杨海燕编写（华南农业大学），第5章由葛婷婷编写（华南理工大学），第6章由马勤国编写（华南理工大学），第7章由乔兰编写（北京科技大学），第9章、第10章由刘勇健编写（广东工业大学）。全书由宿文姬主编，牛富俊主审，宿文姬统稿。

限于编者的水平，本书如有疏漏或不当之处，恳请读者批评指正。

编　者
2019年12月

第三版前言

"工程地质学"是土木工程专业的一门重要的专业基础课。通过本课程的学习,学生能系统地掌握工程地质基础知识和理论,具有阅读一般地质图的能力;了解工程建设中的各种地质问题对工程设计、施工和使用各阶段的影响,能对各种工程地质问题进行初步分析评价与正确处理;了解工程地质资料的获取方法,能正确提出工程地质勘察的任务与要求,并运用勘察资料进行工程设计及指导施工。

本教材与第二版比较,仍然沿用第二版的章节体系,遵循"内容充实、取材新颖、注重实用、便于自学"的原则,兼顾房屋建筑、道路桥梁、地下工程、水利水电建筑工程等不同专业方向的要求,在总结长期使用经验、采纳各方合理建议的基础上,充分考虑学科发展的新水平,努力反映成熟成果,具体结合自2006年以来新颁布的有关规范,对第二版做了如下修订改写:

第1篇 基础知识。主要增补了外力地质作用的介绍,岩浆岩、沉积岩与变质岩的工程地质特征及地壳物质组成的相互转化,并对岩溶地貌进行了补充与调整。根据新规范对群井涌水量计算进行了修改与完善。

第2篇 根据新规范的内容做了局部调整。

第3篇 补充了岩溶地质灾害中土洞及地震灾害的有关内容。

第4篇 参照有关规范修改、充实部分内容。

本教材由华南理工大学、北京科技大学、广东工业大学和广州大学的教师根据多年的教学经验修订而成。本书参考和引用了其他兄弟院校和专家的一些著作和教材,在此向原作者表示深深的谢意。

本书各章编写分工如下:绪论、第1章1.2.2~1.2.5、第3章、第4章、第5章5.4.2、第7章及附录由宿文姬编写(华南理工大学);第1章(1.1、1.2.1、1.3部分)、第5章(除5.4.2的其他部分)由李子生编写(广东工业大学);第6章由乔兰编写(北京科技大学);第2章、第8章、第9章由胡永强编写(广州大学);第10章、第11章由刘勇健编写(广东工业大学)。全书由宿文姬主编,李中林主审,宿文姬统稿。

限于编者的水平,本书如有疏漏或不当之处,恳请读者批评指正。

编 者
2013年4月

第二版前言

"工程地质学"是土木工程专业的一门重要的专业基础课。通过本课程的学习，使学生能系统地掌握工程地质基础知识和理论，具有阅读一般地质图的能力；了解工程建设中的各种工程地质现象和问题对工程建筑设计、施工和使用各阶段的影响；能正确处理各种工程地质问题，并能进行初步分析评价；了解工程地质资料的获取方法，能正确提出工程地质勘察任务及要求，并运用勘察资料进行工程设计及指导施工。

为此，本书在编写过程中坚持内容体系的科学性与系统性，力求理论联系实际，在内容上反映工程地质学科的新理论、新成果，反映相关学科的新规范和新规定。遵循"内容充实、取材新颖、注重实用、便于自学"的原则，兼顾城市建筑、道路桥梁、地下工程、水利水电建筑工程等专业的要求，反映国内外本学科的发展现状，既重视理论概念的阐述，也注意强调地质与工程的结合，旨在使非工程地质专业学生在地质学及工程地质学的基本理论和实践方面获得收益。

本书与第一版比较，对各篇章的内容和次序进行了调整、增删和改写，删除了附篇的内容，增加了附录常用地质符号的内容，便于学生的读图分析。第二版由华南理工大学、北京科技大学、广东工业大学和广州大学的教师根据多年的教学经验再版修订而成。本书参考和引用了其他兄弟院校和专家的一些著作和教材，在此向原作者表示深深的谢意。

本书各章编写分工如下：绪论、第3章、第4章及附录由宿文姬编写（华南理工大学）；第1章、第5章由李子生编写（广东工业大学）；第6章、第7章由乔兰编写（北京科技大学）；第2章、第8章、第9章由胡永强编写（广州大学）；第10章、第11章由刘勇健编写（广东工业大学）。全书由宿文姬、李子生主编，李中林主审，宿文姬统稿。

限于编者的水平，本书如有不当之处，恳请读者批评指正。

编 者

2006年7月

第一版前言

本教材是依据教育部1998年7月颁发的《普通高等学校本科专业目录》中土木工程专业培养目标而编写的。

根据非工程地质专业的土木工程技术人员应具备的工程地质知识，本教材简要介绍了基础地质、岩土体工程地质性质的基本知识，重点介绍了工程地质勘察、工程地质环境评价及常见岩土工程问题的处理。由于土木工程的工程地质涉及范围广泛，内容取舍既要注意本学科的系统性，还应力求反映当前国内外工程地质理论和实践的新成就。

本教材由北京科技大学、华南理工大学、中南工业大学、广东工业大学和南方冶金学院共同编写。书中第六章（第2、3、4节）、第七章、第十章（第4节）由北京科技大学乔兰编写；第五章、第九章（第1、2、3、5节）、第十章（第1、2、3、5、6节）由华南理工大学宿文姬编写；第二章、第三章（第2、3、4、5节）、第六章（第1节）由中南工业大学邹海洋编写；第十一章、第十五章由广东工业大学李子生编写；第十四章（第1、2、3节）由广东工业大学刘勇健编写；第一章、第三章（第1节）、第四章、第十二章、第十三章、附篇由南方冶金学院李中林编写；第八章、第九章（第4节）由南方冶金学院赵奎编写。李中林、李子生任主编。

全书由中国科学院地质研究所王思敬院士、许兵教授、丁恩保教授、王存玉教授审稿，他们在百忙中进行了认真的审阅，提出了许多宝贵的修改意见。在编写过程中得到参编院校和华南理工大学出版社有关领导的大力支持和帮助。为此，对他们表示衷心的感谢。

由于编者水平有限，书中会有不少缺点、错误，诚恳希望读者批评指正。

编　者
1999年6月

目　录

绪　论 ··· 1
　　思考题 ·· 4

第1篇　基础地质知识

第1章　地质作用 ·· 5
　1.1　内力地质作用 ··· 5
　1.2　外力地质作用 ··· 8
　1.3　内外力地质作用的相互关系 ·· 14
　　思考题 ··· 15

第2章　矿物与岩石 ·· 16
　2.1　矿物 ·· 17
　2.2　岩石 ·· 25
　　思考题 ··· 41

第3章　地质构造 ··· 42
　3.1　地质年代 ·· 42
　3.2　岩层产状及其测定 ·· 47
　3.3　褶皱构造 ·· 52
　3.4　断裂构造 ·· 55
　3.5　地质图及其阅读 ··· 63
　　思考题 ··· 69

第4章　第四纪地质与地貌 ·· 70
　4.1　概述 ·· 70
　4.2　第四纪地貌分类 ··· 71
　4.3　山岭地貌 ·· 73
　4.4　风化地貌 ·· 77
　4.5　水成地貌 ·· 79
　4.6　岩溶地貌 ·· 84
　　思考题 ··· 89

第5章　地下水 ·· 90
　5.1　概述 ·· 90
　5.2　地下水的物理性质和化学成分 ··· 92
　5.3　地下水的类型及其特征 ·· 94

5.4 地下水的运动及其涌水量计算 … 100
思考题 … 106

第2篇 岩土的工程地质特征

第6章 土的工程地质特征 … 107
6.1 土的物质组成及物理力学性质 … 107
6.2 土的工程地质分类 … 115
6.3 土的工程地质特征 … 119
思考题 … 123

第7章 岩石与岩体的工程地质特征 … 124
7.1 岩石的工程地质性质 … 124
7.2 岩体的工程地质性质 … 130
7.3 岩石与岩体的工程分类 … 139
思考题 … 141

第3篇 地质灾害及工程地质环境评价

第8章 常见的地质灾害及其防治与评估 … 142
8.1 崩塌与滑坡 … 142
8.2 泥石流 … 150
8.3 岩溶地面塌陷 … 154
8.4 地震 … 159
8.5 地质灾害危险性评估 … 166
思考题 … 168

第4篇 工程地质勘察

第9章 工程地质勘察方法 … 170
9.1 工程地质勘察任务和勘察阶段 … 170
9.2 工程地质勘察方法 … 174
9.3 工程地质勘察报告 … 190
思考题 … 197

第10章 土木工程地质勘察 … 198
10.1 房屋建筑工程地质勘察 … 198
10.2 道路与桥梁工程地质勘察 … 203
10.3 地下工程地质勘察 … 211
10.4 水利水电建筑工程地质勘察 … 215
思考题 … 220

参考文献 … 221

附录 一般性地质符号 … 222

绪　　论

一、工程地质学的研究内容和任务

工程地质学是研究与工程建设有关的地质问题的一门学科，它研究人类工程建设活动与自然地质环境的相互关系，是地质学与工程建设紧密结合的应用性学科。

地球体的表层——地壳，是人类赖以生存的活动场所，同时也是一切工程建筑的物质基础。工程建筑都是在一定的地质环境中进行的，两者之间有着密切的关系，并且是相互影响、相互制约的。首先，地质环境对工程建筑有制约作用，它可以影响工程建筑的稳定和正常使用。例如，地球内部构造活动导致的强烈地震，顷刻间使较大地域内的各种建筑物和人民生命财产遭受毁灭性的损失；地震烈度的大小限制了城市的发展规模；大规模的滑坡、崩塌因难以治理而迫使道路改线；软土地基不能适应工程建筑物荷载的要求需进行地基处理。其次，工程活动也会以各种方式影响地质环境，使自然地质条件发生恶化。例如，在城市过量抽取地下水引起地面沉降或地面塌陷，造成建筑、市政交通设施破坏和丧失效用；山区开挖深路堑时，有可能引起大规模的崩塌或滑坡；桥梁的修建改变了水流和泥沙的运动状态，使局部河段发生冲淤变形。

研究工程建设与地质环境两者之间的相互制约关系，促使矛盾转化和解决，既保证工程安全、经济、正常使用，又合理开发和利用地质环境，就成了工程地质学的基本任务。

工程地质工作是通过工程勘察来实施的。具体来说，即通过地质调查、测绘、勘探、试验、观测、理论分析等手段，查明建筑场地的工程地质条件，论证可能存在的工程地质问题，选择最佳的建筑场地，对不良的地质条件采取有效的工程措施，预测工程修建后对地质环境的影响，提出保证建设工程的安全、经济和正常使用的合理建议。

1. 工程地质条件

工程地质条件即工程活动的地质环境，它包括岩土类型及性质、地质构造、地形地貌、水文地质、不良地质现象和天然建筑材料等方面，是一个综合概念。

2. 工程地质问题

这里指的是工程地质条件与工程建（构）筑物之间所存在的矛盾或问题。工程地质条件是自然界客观存在的，它能否适应工程建设的需要，则一定要联系到工程建筑物的类型、结构和规模。不同类型、结构和规模的工程建（构）筑物，由于工作方式和对地质体的负荷不同，对地质环境的要求是不同的。所以，工程地质问题是复杂多样的。例如：

- 工业与民用建筑的主要工程地质问题是地基承载力和变形问题；
- 高层建筑的主要工程地质问题是深基坑开挖支护和施工降水问题；
- 山区道路的主要工程地质问题是滑坡、崩塌、泥石流等边坡的稳定性问题；
- 平原区道路的主要工程地质问题是软基处理问题；
- 地下洞室的主要工程地质问题是围岩稳定性问题和承压水危害问题；
- 水利水电建筑工程的主要工程地质问题是渗透稳定性和抗滑稳定性问题。

工程地质问题的分析与评价，是工程地质勘察工作的核心任务。对每一项工程的主要工程地质问题，必须作出定性的或定量的确切结论。

工程地质学由以下三个基本部分组成：

工程岩土学——研究岩土的工程地质性质及其在自然或人类活动影响下的变化规律；

工程地质分析——研究工程活动的主要工程地质问题产生的条件、力学机制及其发展演化规律，以便正确评价和有效防治它们的不良影响；

工程地质勘察——采用地质手段查明与工程建设有关的地质因素及各种地质条件。

如果将地质环境比作一个机体，由于工程活动而引起机体发生各种变化，则工程岩土学所研究的对象可以比作生理研究，工程地质分析则可比作病理研究，而工程地质勘察则相当于诊断研究。它们的研究对象各有侧重，构成工程地质学完整链条上的三个主要环节。如图0-1所示。

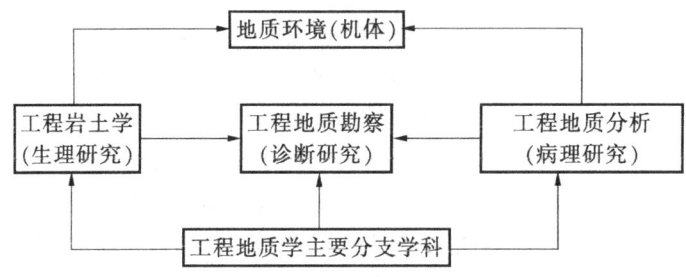

图0-1 工程地质学主要分支学科及其作用

二、工程地质在土木工程建设中的作用

各种土木工程，如铁路、公路、桥梁、隧道、房屋、机场、港口、管道及水利等工程，都修建在地表或地下，建设场地工程地质条件的优劣直接影响到工程的设计方案类型、施工工期的长短和工程总投资的大小。国家规定任何工程建设必须在进行相应的地质工作、掌握必要的地质资料的基础上，才能进行工程设计和施工工作。

大量工程实践经验证明，重视工程地质工作就能使设计、施工顺利进行，工程建筑的安全运营就有保证。相反，忽视工程地质工作，则会给工程带来不同程度的影响，轻则修改设计方案、增加投资、延误工期，重则使建筑物完全不能使用，甚至突然破坏，酿成灾害。国内外有很多工程失败的实例。

建筑工程的很多事故都是由于未经勘察，盲目进行设计、施工造成的。例如：南京某6层住宅楼，施工前未做地质勘察，而是借用住宅北侧相隔仅20余米远已经建成的住宅楼的地质资料，结果在建成钢筋混凝土筏板基础后，发生整块板基断裂。事故发生后，停工补做勘察，发现板基断裂一侧地基中存在软弱淤泥层。经考古查明曾有一条铁路从此通过，路基坚实，但路基两侧排水沟因常年积水，沟底形成淤泥。板基横跨路基与排水沟，因土质软硬悬殊而断裂。

1880—1912年经历了32年挖掘而成的巴拿马运河，由于发生多次山崩和滑坡，又多花费了5年时间，加挖土石方40%以上，停航损失达10亿美元。

据不完全统计，一百多年来，世界上仅水坝失稳事件就发生了500多起，其中相当大的比例是由于地质原因造成的。在失事的重力坝中,由地质原因造成的占45%,洪水漫顶占35%,其他水力及人为因素的占20%。意大利的瓦依昂(Waiont)拱坝,坝高265 m,是当时世界上最高的双曲拱坝。此坝在修建过程中,不重视工程地质人员的多次建议,结果在1963年10月9日,水库右岸陡峭山坡的石灰岩岩层因蓄水后失稳,产生巨大的滑动崩塌,岩体崩入库中,1.5×10^8 m³的库容全被填满。同时,库水漫坝,顺流冲下,造成2400多人死亡的严重事故。法国南部瓦尔省莱茵河上的马尔帕塞(Mal Passet)水坝建于1952—1954年,1958年投入运营,坝高66.5 m,是世界上最薄的拱坝之一。由于坝基和坝肩的片麻岩岩体裂隙发育,有的张开并充填黏土,并且岩体中夹有倾向下游的绢云母页岩,构成软弱滑动面。1959年12月2日,由于连日暴雨使水库水位猛涨,左岸拱座滑动破坏,坝体崩溃,洪流下泄,席卷数十公里。下游福瑞捷斯城被冲为废墟,附近铁路、公路、供电和供水线路几乎全部破坏,造成387人死亡,100余人失踪,约200户居民受灾。

工程地质勘察是工程设计和施工的基础工作。实践证明,没有高质量的工程地质勘察,就不可能制定与选择最优的设计和施工方案,就谈不上工程的经济与安全。工程技术人员只有具有扎实的工程地质知识,才能充分应用地质资料,正确分析主要工程地质问题,制定合理的规划和最优的设计方案,保证工程经济合理、施工顺利和运营安全。

三、工程地质学的学习方法和要求

本课程着重介绍土木工程专业所涉及的工程地质学基本知识,其主要内容包括:地质作用,矿物与岩石,地质构造,第四纪地质与地貌,地下水、土的成因类型及特殊土,岩石和岩体的工程地质性质,常见的地质灾害,工程地质勘察方法,各类土木工程中的地质问题等。不同的专业方向可根据需要选择有关章节学习。

工程地质学是土木工程专业的一门技术基础课,一般是在土力学、岩石力学、基础工程学等课程学习之前开设的。课程特点是:内容广、概念多、实践性强,学习中要注意弄清概念,掌握分析方法,避免死记硬背,理论联系实际,重在工程应用。

为了学好这门课程,应结合课堂教学学好有关矿物、岩石的实验课程,掌握常见矿物和岩石的肉眼鉴定方法,了解各类岩石的形成条件;安排短期的野外地质实习,参观勘探现场,以帮助学生了解地貌、地质构造及岩土类别,有条件时最好结合已有的地质图或工程进行具体分析,培养学生阅读地质图和分析地质条件的能力。积极采用多媒体教学方法,配合有关地质直观教具,增加学生的感性认识,帮助学生尽快建立起地质学的有关概念,引起学生对地质学的重视和兴趣。

土木工程专业学生学习本课程的目标是:

(1) 能阅读一般地质资料,根据地质资料在野外辨认常见的岩石和松散沉积物,了解其主要的工程性质;辨认基本的地质构造及明显的不良地质现象,了解其对工程建筑的影响。

(2) 系统掌握工程地质学的基本理论和方法,根据工程地质勘察数据和资料,进行一般的工程地质问题分析并提出处理措施。

(3) 把学到的工程地质学知识和土木专业知识紧密结合起来,进行实际的工程设计与施工。

需要指出的是，本课程的实践性很强，除课堂讲授外，实验、多媒体教学、野外教学实习等均是本课程的重要教学环节。特别是野外教学实习，具有不可替代的重要作用，若缺少或削弱了这一环节，工程地质教学将是不完整的，其效果必会大打折扣。因此，在制定本课程的教学大纲、教学计划时，尤其应对野外教学实习给予足够的重视。

思 考 题

1. 工程地质学的研究内容和任务是什么？
2. 说明人类工程活动和地质环境之间的关系。
3. 说明工程地质和岩土工程的关系。
4. 说明工程地质在土木工程建设中的作用。

第1篇 基础地质知识

第1章 地质作用

根据地球内部放射性同位素蜕变速度测定,地球从形成至今大约经历了46亿年。在这漫长的地质历史进程中,它一直处在不断运动和变化之中,其成分和构造时刻都在变化着。过去的海洋经过长期的演变而成为陆地、高山;陆地上的岩石经过长期风吹、日晒、雨淋被逐渐破坏粉碎成为松软泥土,脱离原岩而被流水携带到低洼处沉积下来,结果高山被夷为平地。海枯石烂、沧海桑田,地壳面貌不断改变,形成了今天的外形。由自然动力引起地球和地壳物质组成、内部结构和地表形态变化和发展的过程,称为地质作用。

有些地质作用进行得很快、很剧烈,如山崩、地震、火山喷发等,可以在瞬间发生,造成地质灾害。有些地质作用进行得十分缓慢,往往不易被察觉。如近百年中,荷兰海岸在不断下降,平均每年下降约 2 mm。我国的珠穆朗玛峰,近一百万年来,升高了约 3 000 m,平均每年升高 3 mm。由此可见,缓慢的地质变化过程,如果经历漫长的时间,也能引起地壳发生显著的变化。

地质作用是由自然动力引起的,这种动力可来自地球外部,也可来自地球本身。按照自然动力的来源不同,地质作用可分为内力地质作用和外力地质作用。内力地质作用的能源,主要是地球的公转及自转产生的旋转能、重力作用形成的重力能及放射性元素蜕变产生的辐射热能。此外,也有各种岩石生成时的结晶能和化学能等。外力地质作用是来自地球以外的能源所造成的,其中主要是太阳的辐射能。因为有了太阳的辐射能,才能产生大气环流、水的循环、动植物的生长和演变、冰川的运动及海洋的波涛。大气圈、水圈和生物圈的运动,必然引起岩石圈中矿物和岩石的破坏、搬运和堆积作用,使高山夷为平原,并不断向海洋迁移。

1.1 内力地质作用

由地球旋转能、重力能和放射性元素蜕变的热能等所引起的岩石圈物质成分、内部构造、地表形态发生变化的作用称为内力地质作用。它包括地壳运动、岩浆作用、变质作用和地震作用。

1.1.1 地壳运动

地壳运动是指地壳的隆起和凹陷，海、陆轮廓的变化，山脉、海沟的形成，以及褶皱、断裂等各种地质构造的形成和发展，即在自然力作用下地壳产生的变形和相互移动。它是内力地质作用的一种重要形式，也是改变地壳面貌的主导作用。按地壳运动的作用方向，可分为升降运动和水平运动。

1. 升降运动

升降运动是指地壳运动垂直于地表，即沿地球半径方向的运动。表现为大面积的上升和下降运动，形成大型的隆起和凹陷，产生海退和海侵现象。一般来说，升降运动比水平运动更为缓慢。在同一地区不同时期内，上升运动和下降运动常交替进行。在同一地质时期内，地壳在某一地区表现为上升隆起，而在相邻地区则表现为下降沉陷。隆起区与沉降区相间分布，此起彼伏、相互更替。地壳历经几度海陆变迁，当今全球仍有不少地区在不断缓慢上升或下降。例如，芬兰南部海岸以每年 $1\sim 4$ mm 的速度上升；丹麦西部海岸则以每年 1 mm 的速度下降；我国西沙群岛的珊瑚礁，现已高出海面 15 m，本来珊瑚礁是在海面下 $0\sim 80$ m 内生长的，这说明西沙群岛近期是缓慢上升的。

2. 水平运动

水平运动是指地壳大致沿地球表面切线方向的运动，是在地壳演变过程中表现得较为强烈的一种运动形式。一般认为，水平运动是形成地壳表层各种地质构造形态的主要原因。水平运动使地壳岩石受到挤压、拖曳、旋扭等，从而使地壳岩层发生强烈的褶皱和断裂，形成不同的地质构造形态。

总之，地壳运动使岩层受到强烈的挤压、拉伸和扭转，形成一系列褶皱带和断裂带，并由于地壳升降而在地壳表面造成大规模的隆起区和沉降区，形成大陆、高原、山岭、海洋、平原、盆地等高低起伏的构造地貌，并促使地表不断发生海陆变迁的演变和全球气候的变化。此外，地壳运动还促进岩浆作用、变质作用和地震作用的发展演化。因此，地壳运动是地壳发展演变的主导因素，是最主要的内力地质作用。

1.1.2 岩浆作用

岩浆是地壳深处或地幔上部形成的一种富含挥发性物质、处于高温高压状态的黏稠硅酸盐熔融体，其中含有一些金属硫化物和氧化物。岩浆的化学成分以 O、Si、Al、Fe、Ca、Na、Mg、K、H 等为主，通常以 SiO_2、Al_2O_3 等氧化物形式表现。SiO_2 是岩浆中含量最多的组分。

岩浆在地下的某个地方形成后，由于是熔融状态，温度高又富含挥发组分，所以具有很高的内压力，在上覆地壳质量的挤压下，易沿构造软弱带上升。在上升过程中，由于温度、压力的下降，岩浆便会发生一系列物理化学性质的变化，并与围岩发生反应，最后冷凝成火成岩（岩浆岩）。这种岩浆从形成、运动、演化直至冷凝成岩的全过程，称为岩浆作用。岩浆作用的结果为：①形成岩浆岩；②在岩浆侵入过程中造成周围岩石产生变质；③岩浆喷出地表改变原有地形地貌。岩浆作用有两种方式：喷出作用和侵入作用。

1. 喷出作用

地下深处的岩浆直接冲破地壳喷射或溢流出地面冷却成岩石的过程，称为喷出作用，所形成的岩浆岩称为喷出岩。火山爆发时，一般情况下是先有大量的气体、固体物质喷射到天空，引起雷电交错、狂风暴雨，并伴有地鸣、地震现象，接着喷溢出大量的岩浆，随后慢慢停息而趋于平静。

岩浆喷出时有液体、固体、气体三种物质。气体组分主要来自地下的岩浆，部分为岩浆上升过程中与围岩作用产生，主要是水蒸气，占60%～90%；其次是CO_2、CO、SO_2、NH_3、NH_4、HCl、HF、H_2S、Cl_2、N_2等。液态物质称熔岩流，是岩浆喷出地表后，损失了大部分气体而形成的，其成分与岩浆类似，亦可根据SiO_2含量多少分为基性熔岩和酸性熔岩。固体物质是由熔岩喷射到空中冷却凝固或火山周围岩石被炸碎而形成的碎屑物质，故称火山碎屑物。由熔岩和碎屑物堆积形成特有的火山地貌，其形成和发展受到岩浆作用的影响。

2. 侵入作用

岩浆从地下深处沿各种软弱带上升，往往由于热力和上升力量的不足，或因通道受阻，不能到达地表，只能停留在地下一定深度处，冷凝成岩石，这一过程称为侵入作用，所形成的岩浆岩称为侵入岩。侵入岩又可根据岩浆凝结时所处部位距地表的深浅，分成深成岩和浅成岩。通常，深成岩侵入深度大于3 km，浅成岩侵入深度小于3 km。

由于岩浆岩形成深度不同，直接影响到岩浆冷凝时温度的高低、压力的大小、冷凝速度的快慢以及挥发物质的散失等。因此，喷出岩、浅成岩、深成岩三种岩浆岩的成分、结构和构造等都有明显的差别（详见表2-4）。

1.1.3 变质作用

地下一定深度的岩石受到高温、高压及化学成分加入的影响，在固体状态下，岩石的结构、构造以及矿物成分发生一系列变化而形成新岩石的过程称为变质作用。由变质作用形成的岩石叫变质岩。

根据引起变质作用的温度、压力和化学成分等基本因素的影响，可将变质作用分为三个类型：

（1）热接触变质作用　是指岩浆侵入到围岩中，由于岩浆的热力与其分化出来的气体和液体，使围岩发生变质。因此，引起接触变质作用的主要因素是温度和化学成分的加入。前者表现为重结晶作用，如砂岩变成石英岩、石灰岩变成大理岩等。后者则是岩浆分化出来的气体和液体渗入到围岩裂隙或孔隙中，发生交代作用，如石灰岩变成矽卡岩等。

（2）动力变质作用　因地壳运动而产生的局部应力使岩石变形和破碎，但成分上很少发生变化。动力变质作用主要影响因素是压力，温度次之。大的动压力使岩石破裂而形成断层角砾岩和糜棱岩等；同时，矿物也发生重结晶现象。动力变质作用多发生在地壳浅处，且常见于较坚硬的脆性岩石中。

（3）区域变质作用　区域变质作用通常在大的区域范围内发生，是一种与强烈地壳运动密切相关的变质作用。其深度由几千米至几十千米，压力为10 kPa以上，除了静压力外，还与由地壳运动引起的动压力叠加；温度为150～900℃，热量来源主要有地幔上升的热流、局部的动力热和岩浆热。因此，区域变质作用是地壳深处的岩石在高温高压下发生的变化，并有外来化学成分加入的影响，是各种因素的综合。所形成的变质岩多具片理构造，如片岩等。

1.1.4 地震作用

地震是地壳快速振动的现象,是地壳运动的一种强烈表现。火山喷发可引起火山地震,地下溶洞或地下采空区的塌陷可引起陷落地震,山崩、陨石坠落等也可引起地震。而世界上90%以上的大地震都是由地壳运动造成的构造地震。地壳内各部分岩石都受到一定的力(即地应力)的作用,地应力作用未超过岩石弹性极限时,岩石产生弹性变形,并把能量积蓄起来;当地应力作用超过地壳内某处岩石强度极限时,就会发生破裂,或使原有的破碎带重新活动,所积蓄的能量突然急剧地释放出来,并以弹性波的形式向四周传播,从而引起地壳振动,产生地震。可见地震是一种自然现象,是由地应力引起岩石积蓄能量和急剧释放能量的地质作用。

构造地震活动频繁、影响范围大、破坏性强,对人类生存造成巨大的危害。地震发生时,不仅使地壳内部的岩层发生褶皱、断裂、地面隆起和陷落,而且地表还可能出现滑坡、山崩或使河流改道等不良地质现象。

地震波最初产生的地方称为震源。震源在地面上的垂直投影称为震中。震中到震源的距离称为震源深度。通常将震源深度小于70 km的地震称为浅源地震,70～300 km的地震称为中源地震,大于300 km的地震称为深源地震。

1.2 外力地质作用

由地球范围以外的能源所引起的地质作用称为外力地质作用。它的能源主要来自太阳辐射能以及太阳和月球的引力等。其作用方式包括风化作用、剥蚀作用、搬运作用、沉积作用和成岩作用等。外力地质作用的总趋势是削高补低,使地面趋于平坦。各类土层和沉积岩就是外力地质作用的产物。

1.2.1 风化作用

组成地壳的岩石,在太阳辐射、大气、水和生物的作用下,发生物理、化学变化,使岩石崩解破碎以至于逐渐分解而在原地形成松散堆积物的过程,称为风化作用。

风化作用是最普遍的一种外力地质作用,一般在岩石表层作用最明显,随深度增加而逐渐减弱。风化作用的结果是:①使坚硬致密的岩石松散破坏,改变矿物组分和化学成分,降低岩石强度和稳定性;②形成残积土;③产生滑坡、崩塌及泥石流等不良地质现象。

风化作用按其性质和因素不同,可分为三种类型:

(1) 物理风化作用

这种作用使完整的岩石逐渐破碎成块或疏松的碎屑。在地表或接近地表条件下,岩石、矿物在原地只发生机械破坏而不发生化学成分改变的过程叫物理风化作用。引起物理风化作用的主要因素是岩石释重和温度的变化。此外,岩石裂隙中水的冻结与融化、盐类的结晶与潮解等,也能促使岩石发生物理风化作用。按其进行的方式又可归纳为三种:

①剥离——热胀与冷缩 剥离是指岩石内部受热力作用,因温差变化而产生的机械破碎,也称为热力风化。

②冰劈——冻结与融化 在高纬度高寒地区，因季节性或昼夜的温差变化，使岩层裂隙和孔隙中的水在气温降到0℃时，冻结成冰，其体积增大，对周围岩壁产生的胀压力，使岩石被胀破或使其裂隙扩大，以致产生崩裂。

③晶胀——结晶与潮解 在降水量少、蒸发剧烈的干旱或半干旱地区，渗透到岩土裂隙中的水，往往溶解了一些盐类物质。当白天受到烈日烤晒、水分不断蒸发时，裂隙中的盐分增多。当其溶液中浓度达到饱和时，盐类物质便要结晶，体积增大产生晶面胀压力，使岩土裂隙扩大或胀裂成碎块（如明矾从过饱和溶液中结晶时，体积增大0.5%，晶面胀压力可达4 MPa）。夜间气温降低，结晶盐类物质又从大气中吸收水分重新变成盐溶液，即潮解，于是体积缩小，再次吸取含盐类溶液来填充裂隙，使之不断扩大，最终导致岩土胀裂。

可以看出，物理风化作用会产生以下结果：①岩石的整体性遭到破坏，随着风化程度的增加，岩石逐渐成为岩石碎屑和松散的矿物颗粒；②碎屑逐渐变细，使热力方面的矛盾逐渐缓和，因而物理风化随之相对削弱；③随着碎屑与大气、水、生物等营力接触的自由表面不断增大，使得以物理风化为主的风化作用向化学风化转化。

（2）化学风化作用

这种作用使岩石的硬度降低、密度变小、矿物成分发生变化，面貌完全破坏。在地表或接近地表条件下，岩石受大气和水溶液的影响，发生化学反应而使岩石和矿物受到破坏的过程，称为化学风化作用。化学风化区别于物理风化的特点是，使原来在地壳中比较稳定和坚硬岩石的组成矿物发生化学变化，生成在大气和水的环境中比较稳定但却是松软的矿物，如高岭石、褐铁矿等。按其作用方式可分为以下几种：

①氧化作用 氧化是化学风化中极为普遍的方式，尤其是在水的参与下，显得更为强烈。

②溶解作用 水能直接溶解组成岩石的矿物，使岩石遭到破坏。最容易溶解的是卤化盐类（如岩盐、钾盐），其次是硫酸盐（石膏、硬石膏），再次是碳酸盐类（石灰岩、白云岩等）。其他岩石虽然也溶解于水，但溶解度低得多。岩石与水长期接触，其中的可溶性矿物就逐渐地被水溶解。水对岩石的溶解一般进行得非常缓慢，但是当水的温度增高以及压力增大时，水的溶解作用就比较活跃。特别当水中含有侵蚀性的CO_2而发生碳酸化合作用时，水的溶解作用就会显著增强。在可溶岩分布地区，由于水对岩石的溶解作用，常形成溶洞、溶穴等溶蚀地貌。

③水化作用 某些矿物和水反应生成新的含水矿物的过程，称为水化作用。在化学反应中，即是结晶水合物形成的过程。

含水矿物的硬度往往比原来无水时要低，从而使岩石抵抗风化的能力减弱。同时，在水化结晶过程中产生"晶胀"作用，加速岩石的物理风化作用。

④水解作用 某些矿物遇水后离解，与水中的H^+和OH^-起化学作用形成新的化合物，这种作用称为水解作用。

⑤碳酸化作用 当水中溶有CO_2时，水溶液中除有H^+和OH^-外，还有以CO_3^{2-}为主的阴离子，它能使某些矿物生成碳酸盐类的新矿物，故称为碳酸化作用。

从以上化学风化作用的主要方式可以清楚地看出，化学风化作用在温暖、潮湿的地区最为活跃，进行得比较彻底。在岩浆岩地区，由于物理与化学风化共同作用，可以使岩块呈同心圆状薄层脱落，这种现象称为球状风化。

（3）生物风化作用

地表岩石在动植物及微生物影响下遭到破坏的过程，称为生物风化作用。生物对岩石的破坏既有机械的，也有化学的。

①生物的机械破坏　主要是通过生物的生命活动来进行的。如植物根部在岩石裂隙中生长，迫使裂隙扩大，引起岩石的崩解；又如穴居动物田鼠、蚂蚁、穿山甲等不停地挖掘洞穴，使得岩石破碎，土粒变细。而人类的工程活动更会大大加速岩石的风化过程。

②生物的化学破坏　生物通过新陈代谢及其遗体腐烂后对岩石进行分解的过程，称为生物化学风化作用。

上述三种风化作用并不是孤立进行的，而是相互促进、彼此联系的。物理风化使得岩石破碎，从而增大了岩石与水溶液等的接触面，有利于化学风化的发生；化学风化降低了岩石强度，又促进了对岩石的物理风化。在物理风化和化学风化过程中又有生物活动因素的影响。从地域性而言，只是在某种环境下，某种风化作用显得突出而已，如在炎热、潮湿的气候区以化学风化和生物风化为主，在温暖、潮湿地区以化学风化为主，在寒冷、干旱地区以物理风化为主。

岩石的风化是由表及里的，地表部分风化程度最显著，由地表往下受风化作用的影响逐步减弱以至消失。因此，在风化岩层剖面的不同深度上，岩石的物理力学性质有明显差异。从工程地质的角度，一般把风化岩层自上而下分为四个带：全风化带、强风化带、中风化带和微风化带。岩石随风化程度的加深，其工程地质性质变差。

1.2.2　剥蚀作用

通过风力、地面流水、湖泊、海洋和生物等各种外动力因素，把风化后的松散物从岩石表面搬离原地，并以风化物为工具，参与对岩石、矿物进行风化破坏的过程，统称为剥蚀作用。剥蚀作用在破坏地壳组成物质的同时，也不断地改变着地表的基本形态，按引起剥蚀作用的动能性质不同，可以分为风的吹蚀作用，河流的侵蚀作用，湖、海水的冲蚀作用，冰川的刨蚀作用。

陆地是剥蚀作用的主要场所。在地形起伏、气候潮湿、降雨量大的地区，剥蚀作用主要为流水的冲蚀和侵蚀使岩石遭受破坏；在干旱的沙漠地区，剥蚀作用主要为风对岩石的吹蚀破坏。

1. 风的吹蚀作用

风的吹蚀作用，包括吹扬作用和磨蚀作用。前者指风将岩石表面的松散砂粒或风化产物带走；后者指风所夹带的砂粒，随风运行，在岩石表面进行摩擦的作用。

大风可致飞沙走石，将地面的尘土吹扬飞到远处，细小的沙粒也可吹扬。飞行中的沙粒碰撞岩石又发生磨蚀，形成风蚀地貌，如石蘑菇、蜂窝石等。

2. 河流的侵蚀作用

河流在运动过程中对岩石的破坏作用称为侵蚀作用。河水沿着河谷流动时，不仅以自身的冲力破坏岩石，更主要的是河水中还携带着大量的泥沙和砾石等碎屑物，河流以它们为工具对河床进行磨蚀。此外，河水对岩石还有一定的溶解能力。河流就是通过冲蚀、磨蚀和溶蚀三种作用方式对河底和两岸进行侵蚀的。

按侵蚀作用的方向，河流的侵蚀作用可分为两种类型，沿垂直方向进行的下蚀作用和沿水平方向进行的侧蚀作用。这两种作用在任一河段中都是同时进行的，只不过对不同的河段有主、次之分而已。

（1）下蚀作用

河流下蚀切割河底，使河床变深。下蚀的强弱取决于流速、流量的大小，也与组成河床的物质有关。流速、流量越大，下蚀作用越强；组成河床的物质越坚硬，裂隙越少，下蚀作用越弱。

河流下蚀作用不是无止境的。当下蚀作用达到一定深度，即当河面标高趋近于河口水面标高时，河水不再具有势能差，流动趋于停止，河流的下蚀作用也就趋近于零了。河流下蚀作用的结果是，使河床高度降低，坡度变缓，阶梯状高差逐渐消失，整个河谷纵剖面成为一条光滑的曲线，这时河床坡度与流速、流量与搬运物完全达到平衡。

（2）侧蚀作用

河流侧蚀冲刷河岸，使河床变弯、变宽。河流产生侧蚀的原因，一是因为原始河床不可能完全笔直，一处微小的弯曲都将使河水主流线不再平行河岸而引起冲刷，致使弯曲程度越来越大；二是河流中的各种阻碍物，如浅滩，也能使主流线改变方向冲刷河岸。

侧蚀不断进行，受冲刷的河岸逐渐变陡、坍塌，使河岸向外凸出，另一岸向内凹进，使河流形成连续的左右交替的弯曲，称河曲。河曲进一步发展，河流弯曲程度越来越大，河流也越来越长，导致河床底坡变缓，流速降低。当流速减小到一定程度，河流只能携带泥沙克服阻力流动，而无力进行侧蚀的时候，河曲不再发展，此时的河曲可称为蛇曲。河流的蛇曲地段，弯曲程度很大，某些河湾之间非常接近，只隔着一条狭窄的地段，到了洪水季节，洪水可能冲决这一狭窄地段，河水经新冲出的距离短、流速大的河道流动，残余的河曲两端逐渐淤塞，脱离河床而形成特殊形状的牛轭湖（图1-1）。湖中水分逐渐蒸发，可进一步发展成为沼泽。

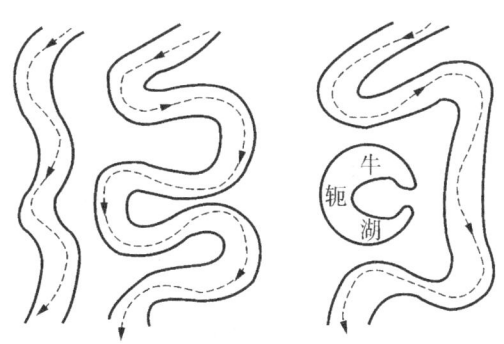

图1-1 河曲的发展及河流的改道

河流在侵蚀的过程中，交织着下蚀和侧蚀两种作用方式。河水在对河床底部岩石进行侵蚀的同时，也对河床两侧岩石进行侵蚀。但在不同河段，由于地质条件的差异，它们有着不同的表现，一般上游河段以下蚀作用为主导，中、下游河段则以侧蚀作用为主导。

3. 湖、海的冲蚀作用

湖的波浪可发生剥蚀作用，但其水流流速缓慢，剥蚀能力较弱，只有在巨大的湖泊中，其拍岸浪可起到剥蚀作用。

海岸被巨大的拍岸浪冲击，使岸边岩石破坏，潮汐产生的作用有时也很强烈。因海浪侵蚀，可形成各种海蚀地貌（海蚀阶地、海蚀崖、海蚀洞等）。

4. 冰川的刨蚀作用

厚的冰层在移动过程中将床底和两侧岩石刨掘、摩擦，形成各种冰川地形，如冰蚀谷、冰斗、角峰、羊背石等地形，在岩壁上常有冰川擦痕、冰溜面等。

剥蚀作用与风化作用的区别在于它是各种地质营力在运动过程中引起的。但它们之间又有着密切的联系。风化作用为剥蚀作用提供了容易剥离的岩石表层松散物质；剥蚀作用又为风化作用提供了裸露的新鲜岩石，为进一步风化创造了有利条件。

1.2.3 搬运作用

风化剥蚀的产物，在地质营力的作用下，离开原岩区，经过长距离搬运，到达沉积区的过程，叫搬运作用。搬运和剥蚀往往是同时由同一种地质营力来完成。如风和流水一边剥蚀岩石，一边又迅速将剥蚀下来的岩屑带走，两者是不能截然分开的。

搬运作用的方式有三种：

①拖曳搬运 被搬运的物质因颗粒粗大，随风或流水在地面上或沿河床底滚动或跳跃前进。被搬运物质大多数在搬运过程中逐渐沉积于低洼地方或河床底部，部分被带入海中。

②悬浮搬运 被搬运物质颗粒较细，随风在空气中或浮于水中前进，浮运距离可以很远。我国西北地区的黄土就是从很远的沙漠地区以悬浮方式搬运来的。

③溶解搬运 被搬运的物质溶解于水中，以溶液（Ca、Mg、K、Na、Cl、S 等）和胶体（$Al(OH)_3$、$Fe(OH)_3$、$Mn(OH)_2$）的状态搬运。这些溶解质一般都被带到湖、海中沉积。

1. 风的搬运作用

风的搬运能力取决于风的强弱和物质的大小、密度。在风的作用下粗的砂粒可离开地面跳跃式前进，细颗粒可飞扬至很远。

2. 河流的搬运作用

河流具有一定的搬运能力，它能把风化剥蚀的产物，以不同方式向下游搬运，直至搬运到湖、海盆地中沉积。河流的搬运与流速关系最大，当流速增加 1 倍时，河流搬运物质的能力可增大到原来的 64 倍。当流速减小时，大量泥沙石块便沉积下来。

搬运和侵蚀往往是同时进行的。流水一边侵蚀岩石，一边又迅速将侵蚀下来的岩屑带走，两者是不能截然分开的。长距离搬运的结果是，使被搬运的物质获得良好的分选，并使碎屑物被磨圆。

3. 湖、海的搬运作用

因湖水流速缓慢，其搬运能力较弱，只有在巨大的湖泊中其拍岸浪的剥蚀物质被向湖心搬运。

海浪可以推动几百甚至千余吨重的巨石；波浪可对岸边物质淘洗，在洋流的作用下不断将细小颗粒和溶解的物质自浅海带至深海。

4. 冰川的搬运作用

冰川携带着岩石碎屑、巨石移动，克服前进的阻力向前推进，被破坏的岩块、碎屑不能像水流搬运那样转移、位移。冰川的搬运能力十分巨大，可将巨大的漂砾推移到很远的地方。

1.2.4 沉积作用

经过一定距离之后，由于搬运介质搬运能力（风速或流速）的减弱，搬运介质物理化学条件的变化，或在生物作用下被搬运的物质从风或流水等介质中分离出来，形成沉积物的过程，叫沉积作用。

1. 风的沉积作用

风沙停积后可形成沙堆，在开阔地形处可形成新月形沙丘，其高度可从几米到几十米，甚至 200 m 以上。更细小的粉砂和尘土可由大风带到远方，降落均匀，日积月累可形成很厚的黄土沉积（主要颗粒直径 0.005～0.05 mm）。风的沉积作用主要发生在干旱的沙漠、黄土地区。黄土沉积在我国西北地区分布甚广，但在东海的岛屿上也发现有黄土的堆积物。在世界各地的黄土沉积也很广泛，如东欧和美国。

2. 河流的沉积作用

当流速和流量降低，特别是流速降低时，河流的搬运能力亦随之降低，大量的碎屑物质就会发生沉积。河流搬运物质从水中沉积下来的过程称为河流的沉积作用。由河流沉积作用形成的堆积物称为冲积物。

3. 湖泊的沉积作用

湖水主要是起沉积作用，其过程与湖泊的发展、消亡过程密切相关。

4. 海水的沉积作用

海洋不但接受大陆来的物质，也接受海底火山喷发的物质，以及海洋生物遗体。其沉积物因沉积地貌、环境而异。

海洋沉积物可分为 4 个带：滨海带沉积是高潮线和低潮线之间水域的沉积；浅海带沉积是大陆架（低潮线至 200 m 深水域）沉积；半深海带沉积是大陆坡（深 200～2500 m 水域）沉积；深海带沉积是深海盆地（水深大于 2500 m 水域）的沉积。

5. 冰川的沉积作用

冰载物在搬运过程中，由于冰体融化而从冰体内卸下，称为冰川的沉积作用。冰体直接融化沉积的堆积物称为冰碛。

1.2.5 成岩作用

使松散沉积物转变为沉积岩的过程，称为成岩作用。在成岩作用阶段，沉积物发生的变化有如下几方面。

①压密固结作用　先形成的松散沉积物，在上覆沉积物及水体的压力下，所含水分被大量排出，体积和孔隙度大大减小，逐渐被压实、固结，使松散沉积物转变为沉积岩。如：由黏土沉积物变成黏土岩，碳酸盐沉积物变为碳酸盐岩，主要是压密固结作用的结果。因为黏土和碳酸盐沉积物形成后，富含水分，孔隙亦大，在压力作用下，较易缩小体积，排出水分而固结成沉积岩。

②胶结作用　在碎屑物质沉积的同时或稍后，水介质中的溶质或胶体物质，亦可随之发生沉积，形成泥质、钙质、铁质、硅质等沉积物。这些物质充填于碎屑沉积物颗粒之间，在上覆沉积物等外界压力的作用下，经过压实，碎屑沉积物的颗粒借助于化学沉积物的黏结作用而固结变硬，形成碎屑岩。

③重结晶作用 沉积物的矿物成分在温度、压力增加的情况下，借溶解或固体扩散等作用，使物质质点发生重新排列组合，颗粒增大，称为重结晶作用。重结晶强弱的内因取决于物质成分、质点大小和均一程度。一般来说，成分均一、质点小的溶质或胶体沉积物，其重结晶现象最明显。例如，化学沉积的方解石、白云石、石膏，胶体沉积的黏土矿物、二氧化硅，都容易发生重结晶作用使颗粒增大，对疏松沉积物的固结成岩起着促进作用。因此，重结晶作用主要出现于黏土岩和化学岩的成岩过程中。

1.3　内外力地质作用的相互关系

自地壳形成以来，内力和外力地质作用在时间和空间两个方面，都是一个连续的过程。由于地壳表层是内、外力地质作用共同活动的场所，因而，自然界中的各种地质体无不留有内、外力地质作用共同作用的痕迹。内力地质作用使地球内部和地壳的组成和结构复杂化，造成地表高低起伏；外力地质作用使地壳原有的组成和构造改变，夷平地表的起伏。

1.3.1　地壳上升与剥蚀作用

剥蚀作用是外力地质作用对地壳表层的物质和结构破坏作用的总称。剥蚀作用的强弱不仅依赖于诸外动力能量的大小，而且与自然地理和地质构造条件密切相关。一般地形愈高、起伏愈大的地区，剥蚀作用愈强烈。但是，地形的高低起伏，主要是由地壳运动的性质和强度决定的。即地壳上升越快、幅度越大、持续时间越长的地区，必然地形愈高；相邻地区的地壳运动差异性越大，则地形起伏也越大，这样的地区，剥蚀作用也特别强烈。这是剥蚀作用与上升运动的统一关系。

由于剥蚀作用的结果是降低地形高度，减小地形起伏；而地壳运动的结果总是进一步产生新的地形起伏，剥蚀作用力图抵消地壳运动造成的地形差异，这就是两者的矛盾关系。

地壳上升的速度与剥蚀的速度是不会相等的，当地壳上升速度超过剥蚀速度时，地形高度才会增加。反之，则地形愈来愈低。这就是地形演变的实质。

1.3.2　地壳下降与沉积作用

各种外力地质作用将其剥蚀产物带到低凹的地方沉积下来，海、湖及平原区的河床是接受沉积物的主要场所，但要形成大规模的沉积岩层，没有地壳下降是不可能的。地壳下降时，沉积作用加强，同时沉积物力图补偿地壳下降，这就是两者之间的矛盾和统一关系。地壳下降速度与沉积作用速度之间的相互关系，是决定沉积岩类型、厚度和分布的主要因素。

1.3.3　地壳物质组成的相互转化

组成地壳表层的三大类岩石——岩浆岩、沉积岩和变质岩，并非静止不变的，它们在内、外动力的作用下，是可以相互转化的（图1-2）。岩浆岩和变质岩是在特定的温度、压力和深度等地质条件下形成的，但随着地壳上升而暴露于地表，经风化、剥蚀、搬运等外动力的长期作用，在新的环境中沉积下来，形成沉积岩。而沉积岩随着地壳下降深埋地下，达到一定温度和压力时，也可以转变成变质岩，甚至转化成岩浆岩。

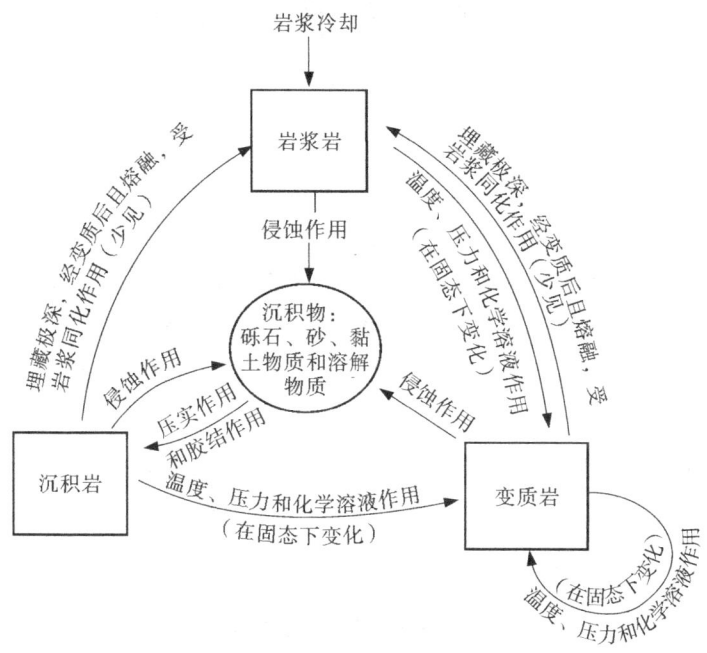

图1-2　岩浆岩、沉积岩、变质岩与沉积物的相互转化关系

地球表面的岩石受风化作用而破碎后，形成形状不同、大小不一的颗粒，在不同搬运和沉积环境中堆积形成土。而这些土又在一定的条件下形成岩石。二者在一定条件下互相转化，周而复始地不断循环进行。

随着岩石的转变，岩石中的矿物也在不断变化，例如煤层或富含炭质的沉积岩，在遭受强烈变质后，可以形成石墨。岩浆岩和变质岩中常有多种稀有的放射性矿物，呈分散状态存在，不便于开采和利用，经过剥蚀、搬运、沉积等外力地质作用后，常富集成为砂矿床。

思 考 题

1. 何谓地质作用？地质作用分为哪几类？
2. 何谓内力地质作用？内力地质作用主要包括哪些？
3. 风化作用的类型有哪些？
4. 何谓外力地质作用？外力地质作用有哪些？
5. 内外力地质作用有哪些关系？外力地质作用的总趋势是什么？

第 2 章 矿物与岩石

作为工程建（构）筑物的地基或建筑材料的重要组成部分，岩、土的强度和稳定性将影响工程建（构）筑物的造价、正常使用与安全。岩石是在一定的地质条件下形成的，各类岩石具有不同的矿物组成、结构、构造及成因等特征，这些特征不仅影响岩石的强度与稳定，也在一定程度上影响岩石风化以后的松散堆积物——土的工程地质性质。例如花岗岩中石英矿物含量①、颗粒大小及长石矿物的风化程度将直接影响风化后形成的花岗岩残积土中砂粒（主要为石英、长石）与黏粒（黏土矿物）的相对含量，从而表现出不同的工程特性。

组成地壳的化学元素最主要的有 10 种，它们占地壳总质量的 99.96%。这 10 种元素及其质量百分比见表 2-1。其余是磷（P）、锰（Mn）、氮（N）、硫（S）、钡（Ba）、氯（Cl）等近百种元素，仅占 0.04%。

表 2-1 组成地壳的主要化学元素

元素名称	氧（O）	硅（Si）	铝（Al）	铁（Fe）	钙（Ga）	钠（Na）	钾（K）	镁（Mg）	钛（Ti）	氢（H）
含量(%)	46.95	27.88	8.13	5.17	3.65	2.78	2.58	2.06	0.62	0.14

地壳和地球内部的化学元素，除极少数是以自然单质的形式存在外，如金刚石（C）、硫黄（S）、石墨（C）等，绝大多数是以化合物的形式存在，如石英（SiO_2）、石膏（$CaSO_4 \cdot 2H_2O$）及黄铁矿（FeS_2）等。这些由地质作用形成的具有一定化学成分和物理性质的自然单质或化合物，称为矿物。由一种矿物、多种矿物或岩屑组成的自然集合体称为岩石，它是各种地质作用的产物，是构成地壳的物质基础。

岩石按成因可分为岩浆岩（火成岩）、沉积岩和变质岩三大类。从这三大类岩石在地表出露的状况来看，沉积岩分布最广，约占陆地表面积的 75%，岩浆岩和变质岩约占 25%。从地表往下，沉积岩所占比例逐渐减小，到地表以下 16~20km，沉积岩仅占 5%，岩浆岩和变质岩占 95%。由于岩石的形成条件、矿物成分、结构和构造等因素的差异，不同岩石具有不同的物理力学性质，它直接影响到地基、边坡及围岩稳定和石料质量的好坏。因此，在工程建设中，有必要对组成地壳的主要矿物和常见岩石以及它们的工程地质性质等方面进行研究。

---

① 本书中含量均为质量分数。

2.1 矿物

地壳中已发现的矿物有 3 000 多种,除个别以气态(如 CO_2、H_2S 等)或液态(如石油、自然汞等)形式出现外,绝大多数均呈固态。构成岩石的主要矿物称为造岩矿物,大约有 30 多种,其中以硅酸盐矿物(斜长石、钾长石、辉石、角闪石、云母、橄榄石和黏土矿物等)及石英最多,约占地球上矿物总量的 90% 以上。

自然界中的矿物是在各种地质过程中逐渐形成的,同时又经受着各种地质作用的改造,只有在一定的物理化学条件下才是相对稳定的。当外界条件改变到一定程度后,矿物的原来成分、内部构造和性质又会发生新的变化,形成新的矿物。据此,我们将矿物分为原生矿物与次生矿物。原生矿物指火成岩中在岩石最初凝固(结晶)期间所形成的矿物,如石英、长石、橄榄石等矿物;因外界条件改变使原生矿物遭受外界条件改变而形成的新矿物则称为次生矿物,例如黏土矿物中的高岭石就是由原生矿物正长石风化后形成的。

虽然矿物的种类较多,但每种矿物都具有特定的物理性质、化学特性和外部形态,因此,我们可以根据每种矿物特有的外表形态和物理化学性质,将矿物区分开来。

2.1.1 矿物的形态

1. 单体形态

固体矿物根据内部质点(原子、离子、分子)是否在空间三维呈周期性的规则排列,分为晶质矿物和非晶质矿物,造岩矿物绝大多数是晶质矿物。晶质矿物的内部质点排列规则,在适宜的条件下,晶体具有一定的内部结构、构造和几何外形。由于晶质矿物化学成分不同,生成条件不同,因此,矿物单体晶形千姿百态,常见的单晶体矿物形态有:片状、鳞片状、板状、柱状、立方体状、菱面体状等(图 2-1)。

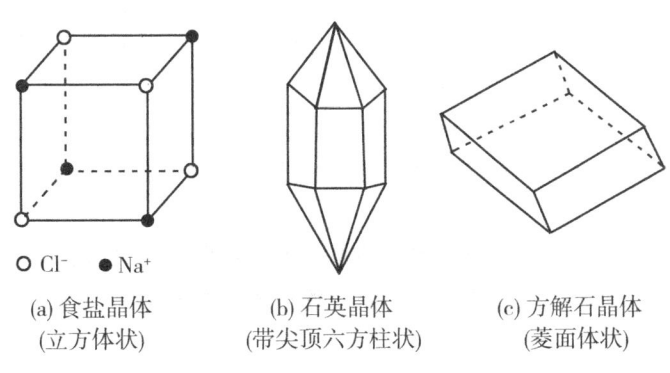

(a) 食盐晶体　　　　(b) 石英晶体　　　　(c) 方解石晶体
(立方体状)　　　(带尖顶六方柱状)　　　(菱面体状)

图 2-1　矿物晶体

2. 集合体形态

在自然界,结晶质很少以完整的单体晶形出现,而常常会以许多较小的单体聚集在一起，形成矿物的集合体，因此可按矿物集合体的形态来识别矿物。矿物集合体形态往往反映了矿物的生成环境。常见矿物集合体形态有：晶簇（图 2-2）、纤维状、粒状、钟乳状、鲕状、土状、块状等。

图 2-2　石英晶簇

2.1.2　矿物的物理性质

矿物的物理性质取决于矿物的化学成分和晶体结构特点。矿物的主要物理性质有光学性质、力学性质以及磁性等，这些性质是鉴定矿物的主要依据，下面着重介绍用肉眼和简单工具就可分辨的矿物若干物理性质。

1. 颜色

颜色是矿物对各种波长的可见光波吸收和反射程度不同的反映。它取决于矿物的化学成分和内部结晶构造，是矿物最明显的标志之一。矿物的颜色是多种多样的，很多矿物由其颜色而得名，如赤铁矿（红）、褐铁矿（褐）、孔雀石（蓝绿色）等。同种矿物由于所含杂质不同也会呈现出不同颜色。根据成色原因的不同，可分为自色、他色和假色。

（1）自色　矿物本身所固有的颜色，颜色比较固定，基本上不受外界的影响。如黄铁矿呈现铜黄色、方解石为白色或无色。

（2）他色　是矿物中含有杂质而呈现的颜色，与矿物的本身性质无关。他色不固定，因杂质的不同而异。如纯净的石英晶体是无色透明的，常因有色的杂质混入而呈现紫色、浅黄色、浅红色等。

（3）假色　有的矿物具有裂隙、表面的氧化膜和解理面，当对其转动观察时，由于光的干涉而造成的与矿物本质无关的颜色。如方解石解理面上常出现的虹彩，斑铜矿表面常出现斑驳的蓝色和紫色。

2. 条痕

条痕是指矿物粉末的颜色，一般是指矿物在白色无釉瓷板上划擦时所留下的粉末的颜色。矿物的颜色与矿物的条痕可以一致，也可以不一致。如黄铁矿的颜色是铜黄色，而条痕却是暗绿色。矿物的条痕可以消除假色、减弱他色，比矿物的颜色稳定，因此可作为鉴定矿物的重要标志之一。如赤铁矿有红色、钢灰色、铁黑色等多种颜色，而条痕总是樱红色。一般来说，条痕只适合于低硬度暗色矿物的鉴定。

3. 透明度

透明度是指光线透过矿物的程度，它与矿物吸收可见光的能力有关，并取决于矿物的化学性质与晶体构造，但又明显和厚度有关。因此，有些看起来是不透明的矿物，当其磨成薄片时（0.03 mm），却是透明的。据此，矿物可以分为：透明矿物、半透明矿物、不透明矿物。

4. 光泽

光泽是指矿物表面对可见光反射的能力。其强弱取决于矿物的反射率、折射率或吸收系数。根据矿物光泽的强弱进行分级，一般分为金属光泽和非金属光泽，非金属光泽又细分为半金属光泽、金刚光泽和玻璃光泽。另外，还有一类特殊光泽，如丝绢光泽、珍珠光泽、油脂光泽、沥青光泽、蜡状光泽、土状光泽等。造岩矿物绝大部分属于非金属光泽。

特殊光泽只是由某些因素造成，并不代表某一光泽等级。如土状光泽可以在金属、半金属或玻璃光泽等级的矿物中出现，故可出现同一种矿物有时按光泽等级描述，有时按特殊光泽描述。例如石膏可描述为玻璃光泽，但呈纤维状集合体时可描述为丝绢光泽，在极完全解理面上则可描述为珍珠光泽。并不是每种矿物都具备特殊光泽，但每种矿物均可归在某一光泽等级中。光泽是鉴定矿物的依据之一，也是评价宝石的重要标志。

5. 硬度

硬度是矿物抵抗外来机械刻划及摩擦的能力，是矿物软硬程度的标志。矿物的硬度一般采用相对硬度来衡量，即采用两种矿物对刻的方法来确定矿物的相对软硬。硬度对比的标准一直沿用摩氏硬度计（Friedrich Mohs），即选用 10 种不同硬度的标准矿物，按其软硬程度排列成十级用以对比（表 2-2）。

表 2-2 摩氏硬度计

硬度等级	1	2	3	4	5	6	7	8	9	10
标准矿物	滑石	石膏	方解石	萤石	磷灰石	正长石	石英	黄玉	刚玉	金刚石

摩氏硬度只反映矿物相对硬度的顺序，它并不是矿物的绝对硬度等级。在测定某种矿物的相对硬度时，如能被方解石刻动，但不能被石膏刻动，则该矿物的相对硬度在 2～3 之间，可定为 2.5。常见的造岩矿物的硬度，大部分在 2～6.5 之间，大于 6.5 的只有石英、橄榄石、石榴子石等少数几种。为了方便起见，常用指甲（2～2.5）、小铁刀（3～3.5）、玻璃片（5～5.5）、钢刀片（6～6.5）来测定矿物的相对硬度。

6. 解理和断口

矿物受外力打击后会沿一定的方向裂开而形成光滑面的特性称为矿物的解理，光滑的平面称为解理面。另外一些矿物受外力打击后在任意方向破裂并呈各种凹凸不平的断面（如贝壳状、锯齿状等），称为断口。

不同矿物的解理，可能有一个方向，也可能有多个方向，同一方向的解理为一组解理。根据矿物解理组数不同可分为一组解理（如云母）、二组解理（如长石）、三组解理

（如方解石）及四组解理（如萤石）等。根据解理面的完全程度，以解理面的延展完整程度为标志，可将解理分为：

（1）极完全解理　矿物在外力作用下极易裂成薄片，解理光滑平整，很难发生断口。如云母、石墨等。

（2）完全解理　矿物在外力作用下易沿解理方向分裂成平面（不成薄片），解理面平滑，较难发生断口。如方解石、萤石等。

（3）中等解理　矿物在外力作用下可以沿解理方向分裂成平面，解理面不甚平滑，断口较易出现。如普通辉石、角闪石等。

（4）不完全解理　矿物在外力作用下，不易裂出解理面，易成断口。如磷灰石等。

（5）极不完全解理（即无解理）　矿物在外力作用下，极难出现解理面，常为断口。如石英、石榴子石等。

不同的解理组数和解理发育程度，使不同矿物各具独特的外形特征。如云母可以揭成一层层的小薄片是因为云母具有一组极完全解理，方解石打碎后仍然呈菱面体是因为方解石具有三组完全解理。

矿物解理的完全程度和断口是互为消长的。也就是说，在容易出现解理的方向上一般不易出现断口；解理不完全或无解理时，则断口发育。矿物断口的形状主要有下列几种：贝壳状、锯齿状、参差状、土状等。

鉴定矿物时，应注意结晶面与解理面的区别。结晶面是在形成矿物时自然形成的平面。

7．其他特征

除了上述物理性质，还可以根据矿物的相对密度大小来鉴别矿物，如方铅矿、重晶石、黑钨矿等相对密度大的矿物，手感很沉。此外，滑石有滑腻感，方解石被滴上稀盐酸能剧烈起泡，而白云石被滴上浓盐酸或热盐酸可以起泡，其他矿物不具备这种性质，所以常以此作为鉴定方解石和白云石的依据。

2.1.3　常见造岩矿物及鉴定方法

常见的造岩矿物及其物理性质见表2-3。

鉴定矿物的方法很多，其中以肉眼鉴定最为简便和迅速。肉眼鉴定矿物是凭借放大镜、小刀、磁铁等简便工具，对矿物的外表形态及物理性质等进行肉眼观察。一般是先确定矿物的硬度、光泽、解理和相对密度，因为这些物理性质比较固定；然后观察矿物的颜色、形态和透明度等；并注意矿物是否具有磁性、发光性或挠性，遇稀盐酸是否起泡等特征，逐步缩小范围，最后定出矿物的名称。

肉眼鉴定矿物是一种粗略的方法，一般在野外工作中常用。要精确地给矿物定名，需取样进行室内鉴定，常把试样切成薄片（0.03 mm），在偏光显微镜下进行鉴定。

表 2-3 常见造岩矿物的主要特征

矿物名称	颜色	形状	光泽、透明度	硬度	解理、断口	相对密度	物理、化学及工程地质性质	分布
石英 SiO_2	无色、乳白色，含杂质时呈紫红、烟色等	粒状、六棱柱状或呈晶簇	玻璃光泽，断口油脂光泽，透明	7	贝壳状断口	2.6	化学性质稳定，不溶于水，不易风化，岩石风化后石英变成砂粒状，抗腐蚀性强，石英含量较多的岩石，性质坚硬，稳定，强度高	最主要的造岩矿物，分布最广，为酸性岩的主要成分，在沉积岩和变质岩中也常见。其伴生矿物是云母和长石
正长石 $KAlSi_3O_8$	肉红色，浅黄色或近于白色等	板状、短柱状、粒状	玻璃光泽，半透明或不透明	6	二组中等解理（正交）	2.5~2.7	较易风化，风化后光泽变暗硬度降低，完全风化后形成高岭石，方解石等次生矿物，长石含量较多的岩石，性软弱，易风化	伴生矿物为石英、云母等，分布于花岗岩、正长岩、伟晶岩等岩浆岩和片麻岩中
斜长石 $(Na,Ca)AlSi_3O_8$	白色、灰白色	板状、柱状	玻璃光泽，半透明或不透明	6	二组中等解理（斜交）	2.5~2.7	含量较多时易风化，性软弱，长石含量较多的岩石，性软弱，易风化	含 Na 多者只产于酸性或中性岩浆岩中，含 Ca 多者只产于中性或基性岩浆岩中
白云母 $KAl_2(OH)_2 \cdot AlSi_3O_{10}$	无色，有时呈灰白、淡黄、淡红色	片状、鳞片状	玻璃或珍珠光泽，透明	2.5~3	一组极完全解理	2.3	较难风化，具有弹性，但含铁质者多时易弹性，呈疏松状态，强度降低。当岩石含云母较多且呈定向排列时，沿层状方向易产生滑动，影响岩体稳定	广泛分布在岩浆岩和变质岩中

续表 2-3

矿物名称	颜色	形状	光泽、透明度	硬度	解理、断口	相对密度	物理、化学及工程地质性质	分布
黑云母 $K(Mg,Fe)_3(OH)\cdot(AlSi_3O_{10})$	黑或深褐色	片状、鳞片状	玻璃或珍珠光泽，透明	2.5~3	一组极完全解理	2.3	同白云母	广泛分布在岩浆岩和变质岩中
方解石 $CaCO_3$	灰白色、灰色	菱面体、粒状	玻璃光泽，透明或半透明	3	三组完全解理	2.0~2.8	与稀盐酸作用后，剧烈起泡，在水流的作用下易产生岩溶现象	是大理岩、石灰岩的主要矿物，常为砂岩、砾岩的胶结物，也可在基性喷出岩气孔或呈方解石脉出现
白云石 $(Mg,Ca)CO_3$	灰白色、浓黄色	菱面体、粒状	玻璃光泽，透明或半透明	3.5~4	三组完全解理	2.8~2.9	滴稀盐酸反应微弱，只能与热盐酸反应。长期在水流的作用下易产生岩溶现象	是组成白云岩的主要矿物，也存在于大理岩和石灰岩中
石膏 $CaSO_4\cdot 2H_2O$	白色或无色	纤维状、板状	玻璃光泽，或呈丝绢光泽，透明或半透明	1.5~2	三解理中等（二组完全，一组完全）	2.2	由于石膏与水容易结合和失去，从而引起地层的胀缩，特别易形成夹弱层，在水的作用下会产生失稳，沉陷和渗漏和滑动。对于有石膏夹层来说，倾斜岩层极容易引起滑坡	为泄湖相和海湾相沉积物，分石膏和硬石膏两种

续表2-3

矿物名称	颜色	形状	光泽、透明度	硬度	解理、断口	相对密度	物理、化学及工程地质性质	分布
滑石 $Mg_3[Si_4O_{10}](OH)_2$	白色、黄绿色、浅灰色	块状、片状	油脂或珍珠光泽，半透明或不透明	1	一组中等解理	2.7~2.8	具有高度滑感，性质软弱，由于摩擦系数很小，故抗滑力很低，此类矿物组成的岩石地基，应注意滑动问题	为橄榄石、辉石、角闪石等变质后形成的主要变质矿物
角闪石 $Ca_2Na(Mg,Fe)_4(Al,Fe)[(Si,Al)_4O_{11}][OH]_2$	绿黑色	长柱或纤维状，断口呈六边形	玻璃光泽，不透明	5.5~6	二组完全或中等解理（交角56°）	3.2	受水热作用后，可变绿泥石或蛇纹石。角闪石含量多的岩石，易干风化，岩石强度降低	主要分布在岩浆岩的片麻岩和变质岩的片麻岩中，伴生矿物为正长石、斜长石和辉石，也可单独组成角闪岩
辉石 $(Na,Ca)(Mg,Fe,Al)[(Si,Al)_2O_6]$	深黑、褐黑及棕黑色	短柱状、粒状，断面呈八边形	玻璃光泽、半透明或不透明	5~6	二组完全或中等解理（交角87°）	3.4~3.6	受水热作用后，可变绿泥石或蛇纹石。性脆，易风化，但比角闪石难风化，风化物为黏土矿物，富含铁	伴生矿物为角闪石、斜长石，常见于基性岩浆岩和变质岩中，如长石和玄武岩中，也能单独组成超基性辉岩

续表 2-3

矿物名称	颜 色	形 状	光泽、透明度	硬度	解理、断口	相对密度	物理、化学及工程地质性质	分 布
橄榄石 $(Mg,Fe)_2[SiO_4]$	橄榄绿、浓黄绿色	粒状集合体	玻璃或油脂光泽,透明或半透明	6.5～7	贝壳状断口	3.21～4.14	易风化,风化产物为蛇纹石、滑石等,溶于硫酸时急剧分解,析出 SiO_2 胶体	只产于基性、超基性岩中,伴生矿物为斜长石、辉石,不与石英共生,也可单独组成橄榄岩
高岭石 $Al_4[Si_4O_{10}](OH)_8$	无色,致密块状体呈白色	鳞片状或致密细粒状集合体	无光泽或呈土状光泽,不透明	1	土状断口	2.58～2.6	高岭石、蒙脱石及水云母等通称为黏土矿物,其性质软弱,硬度小,吸水性强,遇水后易膨胀,易软化,具有可塑性。黏土质岩石强度低,压缩性大,易产生沉陷,作为边坡或地基时,应特别注意稳定问题	为长石、辉石等风化后形成的黏土类矿物,分布广泛

2.2 岩石

岩石是由一种或多种矿物或岩屑组成的集合体，是地质作用的产物。岩石的种类较多，但组成岩石的主要矿物仅有30多种。

岩石的主要特征包括矿物成分、结构和构造三个方面。

岩石的结构，是指组成岩石的矿物结晶程度、晶粒大小、晶体形状特征以及它们彼此之间的相互组合关系。结构决定岩石内部的连接情况，直接影响岩石的工程地质性质。

岩石的构造，是指岩石中不同矿物与其他组成部分之间的排列和填充方式，常可表示岩石的外貌特征及成岩过程的变化。

地壳上各种岩石形成的原因和过程是各不相同的。根据岩石的成因可将岩石分为岩浆岩、沉积岩和变质岩三大类；按坚硬程度可分为硬质岩、软质岩和极软岩；按风化程度可分为未风化岩（新鲜岩石）、微风化岩、中等风化岩、强风化岩、全风化岩及残积土。本章仅介绍按成因分类的岩石。

2.2.1 岩浆岩

1. 岩浆岩的形成

岩浆岩又称为火成岩，是熔融状态的岩浆冷凝而成的岩石，约占地壳总质量的95%。岩浆是地下深处形成的具有高温（800~1000℃）、高压（在几百兆帕以上）的熔融状态的硅酸盐物质。岩浆的主要成分是SiO_2，此外还有其他元素、化合物和挥发组分。岩浆沿着地壳的薄弱地带上升（侵入）或喷出地表，在这个过程中岩浆逐渐冷却，造岩矿物依次结晶，最后凝固形成岩石，即岩浆岩。根据岩浆岩形成的不同地质环境，可将其分为喷出岩和侵入岩。

（1）喷出岩

喷出岩，也称火山岩，是岩浆喷出地表后冷却而成的岩石。在地表条件下，因温度迅速降低，矿物来不及结晶或结晶较差，肉眼不易看清，质地疏松多孔。

（2）侵入岩

侵入岩，岩浆在向上运移过程中，在地壳上部不同深度发生一系列的物理化学作用，使岩浆逐渐冷凝结晶，形成的固态岩浆岩称为侵入岩。

①深成岩　岩浆在地下深处（>3000m）缓慢冷却、凝固而生成，结晶颗粒多为粗粒，如花岗岩、闪长岩、辉长岩等。

②浅成岩　岩浆在地壳表层（<3000m）冷凝而成，结晶颗粒多为细粒，如橄辉玢岩、云母橄榄岩等。

2. 岩浆岩的产状

岩浆岩的产状是指岩浆岩体产出的形状、规模，与围岩的接触关系、分布特点及其产出的地质构造环境等有关。根据岩浆活动和冷凝成岩的情况，岩浆岩体的产状一般分为侵入岩产状和喷出岩产状两大类（图2-3）。

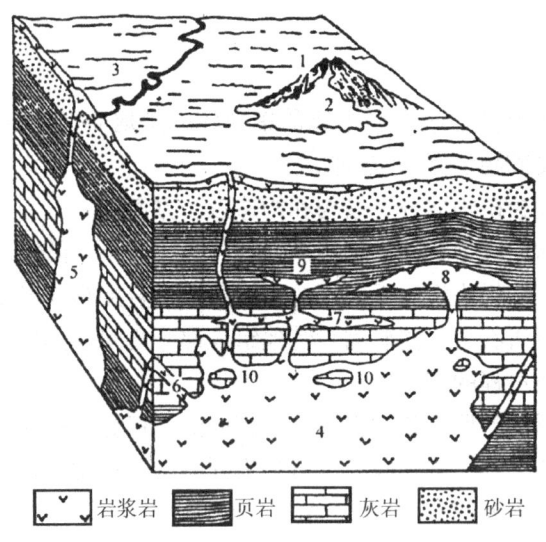

图 2-3 岩浆岩的产状
1—火山锥；2—熔岩流；3—熔岩被；4—岩基；5—岩株；
6—岩墙；7—岩床；8-岩盘；9—岩盆；10—捕虏体

(1) 侵入岩的产状

①岩基 是一种规模巨大的深成岩岩体，其横截面积超过 $100\ \text{km}^2$，岩体范围大，同围岩的接触面不规则，如我国秦岭、祁连山及南岭等地，主要为花岗岩的岩基。岩基在形成过程中埋藏较深，岩浆冷凝的速度慢，结晶程度好，性质均一，强度较高，因而常被选为适宜的建（构）筑物地基。

②岩株 规模比岩基小得多，其横截面积小于 $100\ \text{km}^2$，岩株切穿围岩，和围岩的接触较陡直，是岩基边缘的分支，在深部与岩基相连，其特点与岩基相近。

③岩墙与岩脉 是指岩浆沿岩层中的裂隙侵入而形成的板状侵入体，它切穿围岩。岩墙的规模大小不一，厚度从几厘米至数千米，延伸从几米到数十千米。形状不规则的岩墙及其分支，称岩脉。岩脉、岩墙与围岩的接触带，常有较多的裂隙，易于风化破碎，会使岩石强度降低，透水性增大，给工程建筑和施工带来困难。

④岩床 是由流动性较大的岩浆，沿着岩层层面贯入而形成的板状岩体，产状和围岩的层面一致，厚度较小，但延伸很广，多为基性岩。

⑤岩盘和岩盆 岩盘是岩浆顺裂隙上升，侵入岩层中，形成一个上凸下平的似透镜状岩体，与围岩呈平整的接触关系。岩盆与岩盘一样，其不同点是顶部平整，而中央向下凹，形似面盆，故称岩盆。二者的分布范围可达数千米。

(2) 喷出岩的产状

①熔岩流 岩浆喷出地表后，沿着地表面流动经冷凝固结而成熔岩流。

②火山锥 岩浆沿着火山颈喷出地表，形成圆锥状的岩体称为火山锥，其物质由火山

喷发的碎屑及熔岩组成。

3. 岩浆岩的矿物组成

地壳中存在的元素在岩浆中几乎都有，O、Si、Al、Fe、Mg、Ca、Na、K、Ti 等元素在岩浆岩中普遍存在，其中以氧化物（SiO_2）最多。

4. 岩浆岩的结构和构造

岩浆岩的结构和构造，反映了岩石形成环境和物质成分变化的规律性，是区分和鉴定岩浆岩的重要标志，也是岩石分类和定名的重要依据之一。成分相同的岩浆，在不同的冷凝条件下，可以形成结构、构造不同的岩浆岩。不同的结构和构造不仅反映岩石形成的环境，也将直接影响岩石的强度高低和稳定性。

（1）岩浆岩的结构

岩浆岩的结构是指组成岩石中矿物的结晶程度、晶粒大小，可反映岩浆冷凝时的环境。下面从矿物晶粒大小角度介绍岩浆岩的结构特征与分类。

①按矿物晶粒绝对大小与肉眼可辨程度，划分岩浆岩结构为：

• 显晶质结构　矿物颗粒在肉眼下可以分辨的，常见于深成岩中，如花岗岩。

• 隐晶质结构　矿物颗粒非常细小，肉眼不可分辨，显微镜下可分辨，常见于浅成岩和喷出熔岩中，结构致密，抗风化能力较强。

• 非晶质结构　即在显微镜下也观察不到矿物晶粒的一种结构，常见于火山熔岩中。

②按照矿物晶粒相对大小，划分岩浆岩结构为：

• 等粒结构　岩石中的矿物全部为显晶质颗粒（肉眼或用放大镜可辨认），主要矿物颗粒大小大致相等的结构。等粒结构是深成岩浆岩特有的结构。按矿物结晶颗粒大小可细分为：细粒结构（晶粒直径 < 1 mm）、中粒结构（晶粒直径为 1～5 mm）、粗粒结构（晶粒直径 > 5 mm）。

• 不等粒结构　组成岩石的主要矿物晶粒大小不等，相差悬殊。这种结构多见于深成岩边部或浅成岩中。

• 斑状结构和似斑状结构　指岩石中较大的矿物晶体被细小的晶粒或隐晶质、非晶质矿物所包围的一种结构。较大的晶体矿物称为斑晶，细小的晶粒或隐晶质、非晶质称为基质。若基质为显晶质时则称似斑状结构，基质为隐晶质或玻璃质时则称斑状结构，这是浅成岩或部分喷出岩的特有结构。典型的岩石如花岗斑岩，其是由于岩浆侵入地壳浅部，冷凝很快，在不利于结晶的条件下形成的。具有斑状结构的岩石，结构不均一，一般抗风化的能力较差，易于剥落。

（2）岩浆岩的构造

岩浆岩的构造是指岩石中不同矿物与其他组成部分之间的排列方式和充填方式，常可表示岩石的外貌形态及成岩过程的变化。一般常见的构造有：

①块状构造　岩石中的矿物分布比较均匀，无定向排列的现象。这种构造在深成岩中

分布最广，如花岗岩。它是深成岩所具有的构造。

②流纹状构造（图2-4）　岩石中不同颜色的矿物、拉长的气孔等沿熔岩流动方向作平行排列所显现出来的熔岩流动的构造。它是流纹岩所具有的典型构造。

图2-4　流纹状构造

图2-5　气孔状构造

③气孔状构造（图2-5）　岩浆喷出地表后，由于压力急剧降低，岩浆中的挥发性成分呈气体状态析出，并聚集成气泡分散在岩浆中；当温度降低、岩浆凝固、气体逸出时，则形成孔洞，构成气孔状构造，如浮岩。

④杏仁状构造　具有气孔状构造的岩石，气孔被次生矿物，如方解石、蛋白石等所充填，形似杏仁，故称为杏仁状构造。这种构造常见于喷出岩中，如玄武岩、安山岩等。

不同的结构和构造是与岩石形成时的环境相适应的，如岩浆侵入地壳深处（距地表3km以下）冷凝而成的深成岩，因形成于地下深处，岩浆冷却速度慢（需几万到几百万年），围压大，结晶过程缓慢，因而，组成岩石的矿物结晶良好，晶粒粗大，粒径大致相近，多为显晶质等粒结构，矿物颗粒均匀分布，形成块状构造；喷出岩因岩浆溢出地表后，岩浆迅速冷却，水蒸气等挥发组分大量逸走，只有部分矿物结晶，大部分岩浆并未结晶而成为非晶质，即使已结晶的矿物，其颗粒也很细小，所以喷出岩多为隐晶质结构、非晶质结构或斑状结构，常因气体的逸出而在岩石中留下空洞形成气孔状构造，并常有熔岩流动的流纹状构造。浅成岩的特点则介于两者之间。

5. 岩浆岩的分类

自然界的岩浆岩种类繁多，它们彼此间存在着物质组成、结构构造、产状及成因等方面的差异，同时又具有密切的联系和一定的过渡关系。一般是根据岩浆岩的化学成分、矿物成分、结构构造、形成条件和产状等，对岩浆岩进行分类，按岩浆岩的化学成分（主要是SiO_2含量）和矿物组成，划分为酸性岩、中性岩、基性岩和超基性岩四大类。进一步综合考虑岩石的结构、构造及其成因、产状等因素，每一大类又分为深成岩、浅成岩和喷出岩三种不同的岩石（见表2-4）。

表 2-4 岩浆岩分类简表

岩石类型				酸性岩	中性岩		基性岩	超基性岩
SiO_2 含量（%）				>65	65～52		52～45	<45
颜色				浅（浅灰、黄、褐、红）→深（深灰、黑绿、黑）				
产状 / 构造 / 结构 / 主要矿物成分				正长石		斜长石		不含长石
				石英 云母 角闪石	角闪石 黑云母	角闪石 辉石 黑云母	辉石 角闪石 橄榄石	橄榄石 辉石 角闪石
喷出岩		火山锥 熔岩流 熔岩被	块状、气孔状	非晶质	浮岩、黑曜岩		少见	
			块状、气孔状、杏仁状、流纹状	隐晶质、非晶质、斑状	流纹岩	粗面岩	安山岩	玄武岩	少见
侵入岩	浅成岩	岩床 岩盘 岩墙	块状、气孔状	等粒、似斑状及斑状	花岗斑岩	正长斑岩	闪长玢岩	辉绿岩	少见
	深成岩	岩基 岩株	块状	等粒	花岗岩	正长岩	闪长岩	辉长岩	橄榄岩 辉岩

6. 常见岩浆岩的特征

（1）酸性岩类

①花岗岩 属于深成岩，多呈灰白色、灰色、肉红色；主要矿物成分为石英和正长石，含有少量黑云母、角闪石、白云母和其他矿物；显晶质等粒结构（也有不等粒的似斑状结构），块状构造，产状多为岩基、岩株和岩盘等。花岗岩分布广泛，质地均匀、坚固、耐寒、耐风化、颜色美观，是良好的建筑装饰材料；适宜的花岗岩还可以作为地下工程和水电工程的设施的地基。

②花岗斑岩 是浅成岩，其颜色及矿物成分与花岗岩相似，所不同的是具斑状结构，斑晶为正长石和石英，基质由细小的长石、石英及其他矿物组成。

③流纹岩 是喷出岩，呈岩流状产出。一般呈浅灰色、粉红色，也有呈灰黑色、绿色或紫色者；矿物成分与花岗岩基本相似；多为斑状结构，斑晶为石英和正长石，基质为不可辨认的隐晶质或非晶质；以流纹状构造为其特征，也有气孔状构造。流纹岩性质坚硬，强度较高，可作为良好的建筑材料，但若作为建筑物地基时需要注意下伏岩层和接触带的性质。

（2）中性岩类

①闪长岩 是深成岩，常呈浅灰色、灰色及灰绿色；矿物成分以斜长石、角闪石为主，其次为辉石、黑云母，有时含有少量正长石和石英；全晶质等粒结构，块状构造；呈致密块状，岩石坚硬，不易风化，岩块抗压强度可达 130～200 MPa，可作为各种建筑物

②安山岩　是岩浆岩中分布较广的喷出岩，常呈灰色、紫色、浅玫瑰色、浅黄色、红褐色；其中浅色矿物为斜长石，暗色矿物有辉石、角闪石、黑云母等；具斑状结构，斑晶主要为斜长石，有时为角闪石或辉石，基质为隐晶质或非晶质；可具有气孔状或杏仁状构造，有不规则的板状或柱状原生节理，常呈岩流产状，气孔中常为方解石所充填。

③正长岩　是深成岩，常呈浅灰色、灰色或肉红色；与闪长岩不同的是，正长石大量出现，也含少量斜长石，次要矿物为角闪石和黑云母，一般石英含量极少；具显晶质等粒结构，有时具似斑状结构、块状构造。其物理力学性质与花岗岩相似，但不如花岗岩坚硬，抗风化能力差，常呈岩株产出。

④粗面岩　是喷出岩，常呈浅灰、浅黄色或粉红色；矿物成分主要为正长石，其次为黑云母，有少量的斜长石和角闪石；斑状结构，斑晶为正长石，基质为隐晶质，具有细小孔隙，表面粗糙；一般为块状构造，有时可见流纹构造或气孔状构造。

（3）基性岩类

①辉长岩　是深成岩，常呈黑色、灰黑色及深绿色；主要矿物有辉石、斜长石，次要矿物有角闪石、黑云母等；显晶质等粒结构，块状构造，常呈岩盘或岩基产出。辉长岩岩石坚硬，抗风化能力强，具有很高的强度，岩块抗压强度可达 200～250 MPa。

②辉绿岩　是浅成岩，常呈灰绿色、黑绿色；矿物成分与辉长岩相似，常含有一些次生矿物，如方解石、绿泥石及蛇纹石等；隐晶质致密结构，常具有杏仁状构造，多呈岩床或岩脉产出。其具有良好的物理力学性质，抗压强度也很高，但节理往往发育，易风化破碎，因而强度大为降低。

③玄武岩　是喷出岩，常呈灰黑至黑色；矿物成分与辉长岩相似，但常含有橄榄石颗粒，呈隐晶质细粒或斑状结构，气孔或杏仁状构造；原生柱状节理特别发育。玄武岩因其岩浆黏度小，易于流动，通常以大面积的熔岩流产出。岩石致密坚硬、性脆，岩块抗压强度很高，可达 200～290 MPa，具有抗磨损、耐酸性强的特点。

7. 岩浆岩的工程地质特征

岩浆岩的工程地质性质与其物质组成、结构及构造密切相关，绝大部分岩浆岩坚硬致密，力学强度高，透水性弱，抗水性强（泡水不易软化，不溶解）。但是，不同岩浆成分和成岩环境，将形成不同结构、构造和矿物成分的岩浆岩，即使是同一岩浆成分在不同的成岩环境中形成的岩浆岩，其结构、构造也相去甚远，例如花岗岩、花岗斑岩与流纹岩，其矿物成分基本相似，但由于形成环境不同，岩石性质差异很大，因而岩石的工程地质及水文地质特征也各有所异。相对于沉积岩，其抗风化能力较弱。

一般而言，深成岩具有结晶联结，晶粒粗大均匀，力学强度高，裂隙较不发育，透水性弱，抗水性强的特点。其岩体完整，稳定性好，是良好的建筑地基和天然建筑材料。值得注意的是，这类岩石往往由多种矿物结构组成，抗风化能力较差，特别是含铁镁质较多的基性岩，则更易风化破碎，故应对其风化的程度和深度进行调查研究；另外，深成岩出露到地表往往会出现卸荷裂隙，从而破坏岩体的整体性，降低岩体强度。

浅成岩中细晶质和隐晶质结构的岩石透水性小、力学强度高，抗风化性能较深成岩强，通常也是较好的建筑地基材料。但斑状结构岩石的透水性和力学强度变化较大，特别是脉岩类，岩体小且穿插于不同的岩石中，总体抗化学风化能力较差，易蚀变风化，使强度降低，透水性增大。

喷出岩多为隐晶质或非晶质结构，其力学强度也高，一般可以作为建筑物的地基。应注意的是此类岩石常常具有气孔状构造、流纹状构造及发育有原生裂隙，透水性较大，抗风化能力较深成岩强。此外，喷出岩多呈岩流状产生，岩体强度小，岩相变化大，对地基的均匀性和整体稳定性影响较大。

在岩浆岩地区开采石料时，节理的存在会大大地减轻工作量，对开采石料有利。但是，作为建筑物地基时，由于岩石的原生节理发育，会加速岩石的风化，降低岩体的物理力学性质，增大透水性。尤其要注意喷出岩体与下伏岩层和围岩接触带处，岩层软硬相间，沿裂隙风化，往往形成软弱带。这些都会造成不利的工程地质条件，影响建筑物的稳定。

2.2.2 沉积岩

沉积岩又称水成岩，是在地表或接近地表的常温常压环境下，各种已有岩石遭受外力地质作用，经过风化、剥蚀、搬运、沉积和固结成岩过程而形成的岩石。沉积岩广泛分布于地表，覆盖面积约占陆地面积的75%，质量约占地壳总质量的5%。因此，研究沉积岩的形成条件及其性质特征，对工程建设具有重要意义。

1. 沉积岩的形成

沉积岩的形成是一个长期而复杂的地质作用过程，一般可分为4个阶段。

（1）风化剥蚀阶段

地壳表面原来的各种岩石，由于长期遭受自然界的风化、剥蚀作用，例如风吹、日晒雨淋、冰冻、水流或波浪的冲刷、淋蚀以及生物机械和化学作用，使原来坚硬的岩石逐渐破碎，形成大小不同的松散物质，甚至改变原来的物质成分和化学成分，形成一种新的风化产物。

（2）搬运阶段

岩石经风化剥蚀后的产物，除一部分残留在原地外，大多数破碎物质在流水、风、冰川、海水和重力等作用下，被搬运到其他地方。流水的机械搬运作用，使具有棱角的碎屑物不断磨蚀，颗粒逐渐变细、磨圆，溶解物则随水流带到河口和湖海中。

（3）沉积阶段

当搬运能力减弱或物理化学环境改变时，携带的物质逐渐沉积下来。一般可分为机械沉积、化学沉积和生物化学沉积。沉积物具有明显的分选性，因此在同一地区便沉积着直径大小相近颗粒。河流由山区流向平原时，随着河床坡度的减小，水流速度不断减慢，因而上游沉积颗粒粗，下游沉积颗粒细，海洋中沉积的颗粒更细。碎屑物是碎屑岩的物质来源，黏土矿物是泥质岩的主要物质来源，溶解物则是化学岩的物质来源，这些呈松散状态的物质，称为松散沉积物。

（4）固结成岩阶段

最初沉积的松散物质被后继沉积物覆盖，在上覆沉积物压力和胶结物质（如胶体颗粒、硅质、钙质、铁质等）的作用下，逐渐把原物质压密，孔隙减小，经脱水固结或重结晶作用而形成较坚硬的岩层。这种作用称为固结成岩作用。

2. 沉积岩的物质组成

沉积岩的矿物组成主要来自各种地表岩石。由于风化作用，使得原岩在新的地质环境下形成新的矿物和胶结物质。

（1）沉积岩的矿物组成

这些矿物与原岩物质组成既有相同之处，又有不同之处。目前发现组成沉积岩的主要矿物有20余种，如石英、长石、云母、黏土矿物、碳酸盐矿物、卤化物及含水氧化铁、锰、铝矿物等。其矿物成分按其成因可分为：

① 碎屑矿物　指原岩中抵抗风化能力强而残留下来的矿物，如石英、长石、白云母等原生矿物。

② 黏土矿物　主要由含铝硅酸盐类的母岩，经化学风化作用新形成的不溶矿物。如高岭石、蒙脱石、水云母等次生矿物。黏土矿物颗粒极细（<0.005 mm），具有很强的亲水性、可塑性及膨胀性。

③ 化学沉积矿物　指由纯化学作用或生物化学作用从溶液和胶体溶液中沉淀出来而形成的矿物。如方解石、石膏、蛋白石、铁和锰的氧化物或氢氧化物等。

④ 有机质及生物残骸　是由生物残骸或经有机化学变化而形成的矿物，如贝壳、硅藻土、泥炭、石油等。

（2）胶结物质的组成

在沉积岩矿物颗粒之间还有胶结物质（就是把松散沉积物联结起来的物质），如硅质、钙质、铁质、泥质和石膏质等。胶结物的种类按其成分可以分为下面四种：

① 硅质胶结物　胶结成分为SiO_2，岩石呈灰、灰白、黄色等，岩性坚固，抗压强度高，抗水性及抗风化性强。

② 铁质胶结物　胶结成分为Fe_2O_3或FeO，多呈红色或棕色，岩石强度高，所胶结的岩石强度仅次于硅质胶结，岩石软弱，易于风化。

③ 钙质胶结物　胶结成分为Ca、Mg的碳酸盐，呈白灰、青灰色，岩石较坚固，所胶结的岩石强度比泥质胶结的岩石强度高，但性脆，具有可溶性，遇盐酸作用起泡。

④ 泥质胶结物　胶结物为黏土物质，多呈黄褐色，所胶结的岩石硬度小，强度低，易碎，易湿软，断面呈土状。

胶结物对沉积岩的颜色、坚硬程度有很大影响，例如铁质胶结的砾岩呈现红色，硅质胶结的砂岩强度比泥质胶结高很多。

同一种胶结物胶结的岩石，若胶结方式不同，岩石强度差异也很大。所谓胶结方式是指胶结物与碎屑颗粒之间的联结形式。常见的胶结方式有基底式胶结、孔隙式胶结和接触式胶结。

① 基底式胶结　填隙物含量较多，碎屑颗粒彼此不接触，呈星点状分布（图2-6a）。基底式胶结形成于沉积期，是快速堆积的产物，它胶结紧密，岩石强度高。

② 孔隙式胶结　碎屑颗粒紧密相接，胶结物含量少，只充填在粒间孔隙中（图2-6b）。孔隙式胶结是稳定水流沉积作用和波浪淘洗作用的产物，是最常见的胶结方式，其工程地质性质与碎屑颗粒成分、形状及胶结物成分有关，变化较大。

③ 接触式胶结　只有在碎屑颗粒的彼此接触处才有胶结物，其余颗粒间孔隙未被胶结物充满，故胶结物数量更少（图2-6c）。这种胶结方式只在比较特殊的条件下才能形成，如干旱气候条件下形成的砂层。这种方式胶结程度最差，孔隙度大，透水性强，强度低。

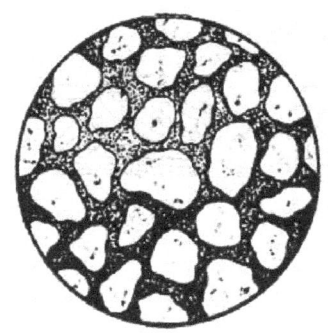
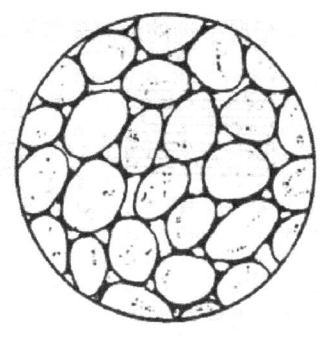

(a)基底式胶结　　　　　(b)孔隙式胶结　　　　　(c)接触式胶结

图2-6　胶结物的胶结方式

3. 沉积岩的结构和构造

(1) 沉积岩的结构

沉积岩的结构是指沉积岩的组成物质的颗粒大小、形状及结晶程度。它不仅决定了沉积岩的岩性特征，也反映了沉积岩的形成条件。沉积岩的结构类型可分为以下几种。

① 碎屑结构　由碎屑物质被胶结物黏结而形成的一种结构。按碎屑粒径的大小不同可分为粉砂状结构（碎屑粒径为0.005～0.05mm）、砂状结构（碎屑粒径为0.05～2.0mm，其中，0.05～0.25mm的为细粒结构；0.25～0.5mm的为中粒结构；0.5～2mm的为粗粒结构）和砾状结构（碎屑粒径>2.0mm）。

② 泥质结构　由粒径<0.005mm的黏土矿物颗粒组成，为泥岩、页岩等黏土岩所具有的结构。

③ 化学结晶结构　经化学沉淀或胶体重结晶作用所形成的结构。其中又可分为鲕状、结核状、纤维状、致密块状和粒状结构，是石灰岩、白云岩等化学岩的主要结构。

④ 生物结构　指岩石中几乎全部由生物遗体或碎片所组成的结构，如贝壳结构、珊瑚结构等，是生物化石所具有的结构。

(2) 沉积岩的构造

沉积岩的构造是指沉积岩各个组成部分的空间分布和相互间的排列方式。层理构造和层面构造是沉积岩最重要的特征，也是区别于岩浆岩和某些变质岩的主要标志，对了解沉积岩生成及古地理环境有着重要的意义。

①层理构造

层理是沉积岩在形成过程中，由于沉积环境的变化，先后沉积的物质组分的颗粒大小、形状、成分及颜色沿垂直方向发生变化而显示出的成层现象。

沉积物在一个基本稳定的地质环境条件下，连续不断地沉积所形成的单元岩层简称"层"。"层"是沉积岩中层状构造的基本单位，同一层内岩石的成分、结构、构造及颜色基本相同，这是因为同一层内的岩石是在沉积物的来源和沉积环境比较稳定的条件下连续沉积而成的。层与层之间有一个明显的接触面，叫作层面。

层理和层面的方向有时不一致，根据两者的关系，可对层理形态进行分类。当层理与层面延长方向相互平行时，称为平行层理；其中当层理面平直时，称水平层理（图2-7a）；当层理面波状起伏时，称波状层理（图2-7b）；当层理与层面斜交时，称为斜层理（图2-7c）；若是多组不同方向的斜交层理相互交错时，称为交错层理（图2-7d）。由此，可根据层理的形态来推断沉积物的沉积环境和介质搬运特征。

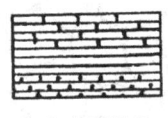 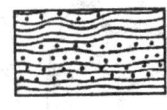 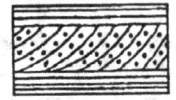 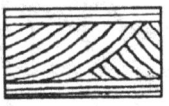

(a) 水平层理　　　(b) 波状层理　　　(c) 斜层理　　　(d) 交错层理

图 2-7　层理类型示意图

②层面构造

层面构造是指岩层层面上的构造特征，常见的有波痕、雨痕及泥裂等。波痕是沉积过程中，沉积物受风力或水流的波浪作用，在沉积岩层面上遗留下来的波浪痕迹。泥裂是黏土沉积物表面由于失水收缩而形成不规则的多边形裂缝，裂缝内常被泥沙、石膏等物质充填。雨痕是沉积物表面经受雨点、冰雹打击后遗留下来的痕迹。

在沉积岩中常可见到许多动植物化石，它们是经过石化作用保存下来的动植物的遗骸或遗迹，如鱼类化石、三叶虫化石、树叶化石等。化石常沿层面平行分布。化石是推断沉积物的古地理、古气候变化的主要依据之一，也是划分地层地质年代的重要方法之一。

4. 沉积岩的分类

根据沉积岩的成因、物质成分、结构及构造等，可将沉积岩分为碎屑岩、黏土岩、化学及生物化学岩，见表 2-5。

表 2-5　沉积岩分类简表

分类		结构特征	岩石名称	主要亚类及其组成物质
碎屑岩类	火山碎屑岩	粒径 <2 mm	凝灰岩	由 50% 以上粒径 <2 mm 的火山灰组成，其中有岩屑、晶屑、玻屑等细粒碎屑物质
		粒径 2～100 mm	火山角砾岩	主要由 2～100 mm 的熔岩碎屑、晶屑、玻屑及其他碎屑混入物组成
		粒径 >100 mm	火山集块岩	主要由粒径大于 100 mm 的熔岩碎块、火山灰尘等经压密胶结而成
	沉积碎屑岩	粉砂状结构（粒径 0.005～0.05 mm）	粉砂岩	主要由石英、长石及黏土矿物组成
		砂状结构（粒径 0.05～2 mm）	砂岩	石英砂岩：石英（含量 >90%）、长石和岩屑（含量 <10%） 长石砂岩：石英（含量 <75%）、长石（含量 >25%）、岩屑（含量 <10%） 杂砂岩：石英（含量 25%～50%）、长石（含量 15%～25%）及岩屑
		砾状结构（粒径 >2 mm）	砾岩	角砾岩：由带棱角的角砾经胶结而成 砾岩：由浑圆的砾石经胶结而成

续表2-5

分　类	结构特征	岩石名称	主要亚类及其组成物质
黏土岩类	泥质结构（粒径<0.005 mm）	泥岩	碳质泥岩、钙质泥岩、硅质泥岩：主要由黏土矿物组成
		页岩	黏土质页岩：由黏土矿物组成 碳质页岩、钙质页岩、硅质页岩：由黏土矿物及有机质组成
化学及生物化学岩类	化学结晶结构及生物结构	碳酸盐岩	石灰岩：方解石（含量>90%）、黏土矿物（含量<10%）
			白云岩：白云石（含量>90%）、方解石（含量<10%）
			泥灰岩：方解石（含量50%～75%）、黏土矿物（含量25%～50%）
			泥质白云岩：白云石（含量50%～75%）、方解石（含量25%～50%）

5. 常见沉积岩的特征

（1）碎屑岩类

①火山碎屑岩

火山碎屑岩是由火山喷发的碎屑物质，在地表经短距离搬运或就地沉积而成的。它是沉积岩和喷出岩之间的过渡产物。根据碎屑颗粒大小，火山碎屑岩又可分为：

● 凝灰岩　组成岩石的碎屑较细，一般小于2 mm。其成分多属火山玻璃、矿物晶屑和岩屑。外表颇似砂岩或粉砂岩，但其表面粗糙。胶结物为火山灰，颜色多呈灰、灰白色。凝灰岩孔隙性高，重力密度小，易风化。

● 火山角砾岩　火山碎屑物质占90%以上，粒径一般为2～100 mm。多数为熔岩角砾，呈棱角状，常为火山灰所胶结。颜色常呈暗灰、蓝灰、褐灰、绿及紫色。

● 火山集块岩　由粒径大于100 mm的粗大火山碎屑物质组成，胶结物主要为火山灰或熔岩，有时为$CaCO_3$、SiO_2或泥质物。

②沉积碎屑岩

沉积碎屑岩是将先成岩石风化剥蚀的碎屑物质，经搬运、沉积、固结而成的岩石，是沉积岩中最常见的岩石之一，分布极为广泛。常见的有：

● 粉砂岩　指颗粒粒径为0.005～0.05 mm的粉粒含量超过50%的碎屑岩，成分以石英为主，次为长石和白云母；胶结物以钙质、铁质为主。结构较疏松，强度较小，稳定性不高。

● 砂岩　指粒径为0.05～2 mm的碎屑颗粒含量超过50%的碎屑岩，具砂质结构，层状构造，层理明显。按砂粒的矿物成分，可分为石英砂岩、长石砂岩和长石石英砂岩等；按砂粒粒径大小，可分为粗砂岩、中砂岩和细砂岩；根据胶结物的成分，可分为硅质砂岩、铁质砂岩、钙质砂岩和泥质砂岩等。硅质砂岩的颜色浅，强度高（达80～200 MPa），抵抗风化能力强；泥质砂岩一般为黄褐色，吸水性大，易软化，强度低（为40～50 MPa）；铁质砂岩常呈紫红色或棕红色，钙质砂岩呈白色或灰白色，两者的强度和抗风化能力介于硅质和泥质砂岩之间。砂岩分布很广，由于多数砂岩岩性坚硬、性脆，在地质构造作用下张性裂隙发育而易于加工开采，强度较高又耐风化，是工程上广泛采用的建筑石料。

● 砾岩和角砾岩　指粒径大于2 mm的碎屑颗粒含量超过50%、黏土含量小于25%的碎屑岩，砾状结构。其中由磨圆度较好的砾石、卵石胶结而成的称砾岩，由带棱角的角砾石、碎石胶结而成的称为角砾岩。角砾岩多因搬运距离不远即沉积胶结而成，岩石成分比较单一；而砾岩因经长距离搬运，成分相对较复杂，常由多种岩石的碎屑和矿物颗粒组成。

（2）黏土岩类

黏土岩又称泥质岩，是沉积岩中最常见的一类岩石，约占沉积岩总体积的50%～60%，它是介于碎屑岩与化学岩之间的过渡类型，并具有独特的成分、结构、构造等特征，常为薄层至厚层状，多为水平层理，层面留有泥裂、雨痕、虫迹等构造。当黏土岩夹于坚硬岩层之间时，即形成软弱夹层，浸水后极易泥化。

①泥岩　一般具有泥状结构，成分以高岭石、蒙脱石和水云母等次生黏土矿物为主。以高岭石为主的泥岩，常呈灰白色或黄白色，吸水性强，吸水后可塑性增大，遇水后易软化；以蒙脱石为主的泥岩，常呈白色、玫瑰色或浅绿色，表面有滑感，可塑性小，干燥时表面有裂缝，能被酸溶解，有强吸水能力，吸水后体积急剧膨胀；以水云母为主的泥岩是介于上述两种岩石之间的过渡类型。

②页岩　由黏土脱水胶结而成，以黏土矿物为主，为黏土岩的一种构造变种，它具有能沿层理面分裂成薄片或页片的性质，常可见显微层理，称为页理，页岩因此得名。除硅质页岩强度稍高外，其余的页岩易风化成碎片，岩性软弱，强度低（抗压强度一般为20～70 MPa），与水作用易于软化，强度显著降低，但透水性一般很小，常作为不透水层。页岩分布广泛，由于强度低，变形模量小，此类岩石夹于坚硬岩层之间形成软弱夹层，浸水后易软化滑动，抗滑稳定性差。

（3）化学及生物化学岩

①石灰岩　简称灰岩。主要化学成分为碳酸钙，矿物成分以结晶细小的方解石为主，其次含有少量白云石、黏土、菱铁矿及石膏等矿物。颜色多为灰色、浅灰色、灰黑色及黑色等。石灰岩一般遇稀盐酸起泡剧烈，但硅质、泥质灰岩遇酸起泡较差。含硅质、白云质和纯石灰的灰岩强度高，含泥质、碳质和贝壳的灰岩强度低。抗压强度一般为40～80 MPa。石灰岩具有可溶性，易被地下水溶蚀，形成宽大的裂隙和溶洞，是地下水的良好通道，对工程建筑地基渗漏和稳定影响较大。因此，在石灰岩地区进行工程建设时，必须进行详细的地质勘探。

②白云岩　矿物成分主要是细小的白云石，结晶结构，其次含有少量方解石、石膏、菱镁矿及黏土等。白云岩的外表特征与石灰岩极为相似，但遇稀盐酸不起泡或起泡微弱，具有粗糙断面，且风化表面多出现格状溶沟或刀砍纹。白云岩中随着方解石含量的增多，有逐渐向石灰岩过渡类型，如灰质白云岩、白云质石灰岩等。纯白云岩为白色，可作耐火材料。白云岩随所含杂质不同而呈现不同的颜色。白云岩的强度比石灰岩高，是一种良好

的建筑材料。

③泥灰岩　当石灰岩中黏土矿物的含量为30%～50%时，称为泥灰岩。颜色有灰色、黄色、褐色、红色等。与石灰岩的区别是，滴盐酸起泡后留有泥质斑点。致密结构，易风化，抗压强度低，为6～30MPa。较好的泥灰岩可作水泥原料。

6. 沉积岩的工程地质特征

由于沉积岩是由已生成的岩石风化、剥蚀、搬运、沉积及成岩作用形成的，因此除泥质岩外，抗风化能力通常都较强。沉积岩的工程地质性质与其物质组成、结构与构造密切相关，不同种类沉积岩的力学性质、水理性质差异很大。

碎屑岩的工程地质性质一般较好，但其胶结物的成分对其强度影响显著：硅质胶结的强度较高、抗风化能力强、透水性低、抗水性好，铁质胶结的次之，泥质胶结的最差。火山碎屑岩的类型复杂，岩体结构变化较大，其中粗粒碎屑岩的工程地质性质较好，接近于岩浆岩。细粒的如凝灰岩，由细小火山灰组成，质软，水理性质差，遇水软化明显，为软弱岩层。

黏土岩的工程地质性质一般较差，其强度低，在外荷载作用下变形大，遇水易软化和泥化，可成为天然的隔水防渗层，若含蒙脱石成分，还具有较大的胀缩性。这两种岩石对水工建筑物地基和建筑场地边坡的稳定都极为不利，但其透水性小，可作为隔水层和防渗层。

化学及生物化学岩抗水性弱，常具有不同程度的可溶性。石灰岩的力学强度大多较高，抗水性弱（具溶解性），岩溶现象明显，是地下水的集中渗流通道，常形成溶洞或造成基岩起伏等不稳定地基。白云岩的力学强度较高，具有微弱的溶蚀性。硅质成分的化学岩强度较高，但性脆易裂，整体性差。

2.2.3　变质岩

地壳中已形成的岩石（岩浆岩、沉积岩或变质岩），由于地壳运动和岩浆活动等造成物理化学环境的改变，在高温、高压以及其他化学因素的作用下，原来的岩石的成分、结构和构造发生改变再造所形成的新岩石称为变质岩。变质岩是变质作用的产物。其岩性特征，一方面受原岩的控制，而且还常保留着原来岩石的某些特点，具有明显的继承性；另一方面由于变质作用的某些成因特点，又使其具有与原岩不同或不完全相同的成分和组构特征，具有明显的独特性。

1. 变质岩的物质组成

组成变质岩的矿物极为复杂多样，其矿物成分一方面与原岩的特点有密切的继承性和依存关系，另一方面又取决于变质的类型和程度。

组成变质岩的矿物，可分为两部分：一部分是与岩浆岩或沉积岩共有的矿物，如石英、长石、云母、角闪石、辉石、方解石、白云石等；另一部分是变质作用后所特有的变质矿物，主要有石榴子石、红柱石、蓝晶石、阳起石、硅灰石、透辉石、透闪石、矽线石、绿泥石、蛇纹石、绢云母、石墨、滑石等。变质岩所特有的变质矿物是鉴别变质岩的重要标志。

一定的原岩成分，经过变质作用会产生不同的矿物组合。变质矿物的共生组合还取决于原岩成分，不同的原岩，即使变质条件相同，所产生的变质矿物也不相同。例如，石英砂岩受热力作用变质生成石英岩；而石灰岩同样也受热力作用变质则只能形成大理岩。

2. 变质岩的结构和构造

（1）变质岩的结构

岩石在变质过程中，由于矿物的重结晶和新矿物的生成，相应的出现一些新的结构。变质岩的结构是指变质岩的变质程度、颗粒大小和连接方式，按变质作用的成因及变质程度的不同，可分为下列主要结构。

① 变余结构　是一种过渡型结构。有些岩石结构变质以后，重结晶作用不完全，原岩的矿物成分和结构特征一部分被保留下来，形成变余（残余）结构。

② 变晶结构　是变质岩最重要的结构，是指岩石在变质作用过程中重结晶所形成的结构。变晶结构和岩浆岩中的结晶结构有些相似，但因重结晶是在固态条件下进行，并在同一变质作用时期各种矿物几乎同时结晶和发育，因此，变晶结构的岩石均为显晶质，没有非晶质成分。

③ 碎裂结构　指由于岩石受挤压应力作用，矿物发生弯曲、破裂，甚至成碎块或粉末状后，又被黏结在一起形成的结构。碎裂结构具有明显的条带和片理，是动力变质中常见的结构。

（2）变质岩的构造

变质岩的构造是识别各种变质岩的重要标志。

① 片理构造　片理构造不仅是识别各种变质岩，而且是区别于其他岩类的重要特征。片理构造的形成，是由于岩石中的片状、板状和柱状矿物（如云母、长石、角闪石等），在定向压力作用下重结晶，垂直压力方向呈平行排列而形成的。顺着平行排列的面，可把岩石劈成薄片状，叫作片理。根据形态不同，片理构造又可分为以下几种。

- 板状构造（图2-8a）　页岩等柔性岩石在应力作用下产生一组密集平行的破裂面，片理面光滑平整，易沿片理面裂开成厚度均匀的薄板。新生矿物数量少，片理面偶有绢云母、绿泥石出现，光泽暗淡，有时片理面上有炭质斑点出现。其是板岩所具有的构造，常具变余结构。

- 千枚状构造（图2-8b）　岩石中各组分基本已重结晶并呈定向排列，片理清晰，使岩石呈薄片状，片理面上有许多细小的绢云母鳞片有规律地排列，呈现丝绢光泽，即称千枚状构造，是千枚岩所具有的构造。

- 片状构造（图2-8c）　岩石具显晶质变晶结构，主要由大量鳞片状、针状或柱状矿物作定向排列和分布，片理特别清楚，具有沿片理面劈开成不平整薄板状的特征。其是片岩所具有的构造，如云母片岩。有此种构造的岩石，具有各向异性的特征，沿片理面易于裂开，其强度、透水性、抗风化能力等也因方向不同而异。

• 片麻状构造（图2-8d）　岩石具显晶质变晶结构，岩石中的深色矿物（黑云母、角闪石等）和浅色矿物（长石、石英）相间呈条带状分布，构成黑白相间的断续条带，称为片麻状构造。具这种构造的岩石沿片理面不易劈开，如片麻岩。

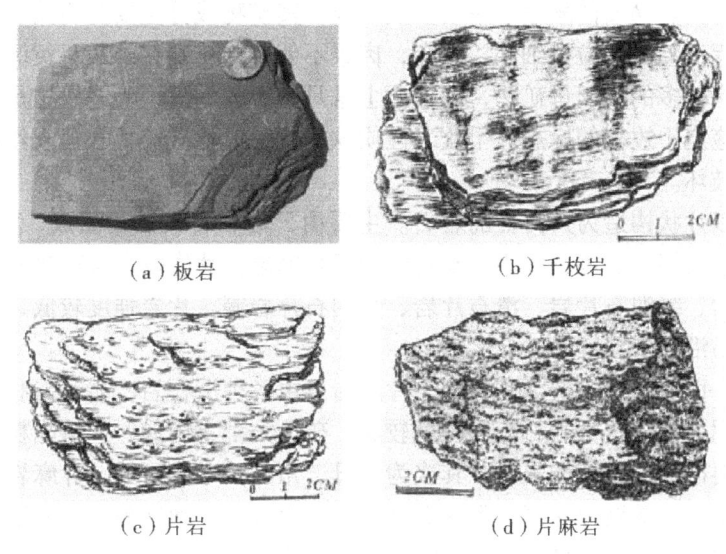

(a) 板岩　　(b) 千枚岩　　(c) 片岩　　(d) 片麻岩

图2-8　片理构造变质岩实例

②块状构造　岩石中的矿物成分和结构呈均匀分布，无定向排列，也不能定向裂开；矿物颗粒分布较均匀，是粒状矿物重结晶的岩石所特有的构造，如大理岩、石英岩等。

3. 变质岩的分类

根据变质作用的成因，即变质作用类型，变质岩可分为三大类：区域变质岩、接触变质岩和动力变质岩，见表2-6。

表2-6　变质岩分类简表

变质作用	结构、构造	岩石名称	主要矿物成分
区域变质	板状构造	板岩	黏土矿物、云母、绿泥石、石英、长石等
	千枚状构造	千枚岩	绢云母、石英、长石、绿泥石、方解石等
	片状构造	片岩	云母、绿泥石、滑石、角闪石、石榴子石等
	片麻状构造	片麻岩	石英、长石、云母、角闪石、辉石等
区域变质 接触变质	变晶结构 块状构造	石英岩	石英
		大理岩	方解石、白云石
动力变质	碎裂结构	碎裂岩 糜棱岩	岩石碎屑、矿物碎屑 长石、石英、绢云母、绿泥石

4. 常见的变质岩

①板岩　板岩是页岩经浅变质而成的，多为深灰至黑灰色，也有绿色及紫色的。其主要成分为硅质和泥质矿物，肉眼不易辨别，结构均匀致密，且具有板状构造，沿板状构造易于裂开成薄板状；击打时发出的清脆声可作为与页岩的区别。因板岩可沿板面裂开成平

整的石板,故广泛用作建筑石料。板岩透水性弱,可作隔水层,但在水的长期作用下易软化、泥化,形成软弱夹层。

②千枚岩 千枚岩的变质程度是介于板岩与片岩之间的一种岩石,多由黏土质岩石变质而成,少数可由隐晶质的酸性岩浆岩变质而成。其矿物成分主要为石英、绢云母、绿泥石等,但结晶程度差,晶粒极细小、致密,肉眼不能直接辨别;外表呈黄绿、褐红、灰黑等色。由于含有较多的绢云母矿物,片理面上常具有微弱的丝绢光泽,这是千枚岩的特有特征,可作为鉴定千枚岩的标志。千枚岩性质软弱,易风化破碎,在荷载作用下易产生蠕动变形和滑动破坏。

③片岩 以片状构造为其特征的岩石。主要由云母和石英矿物组成,其次为角闪石、绿泥石、滑石、石榴子石等,以不含长石区别于片麻岩。片岩按所含矿物成分的不同,又可分为云母片岩、绿泥石片岩、滑石片岩、角闪石片岩等。片岩强度较低,且易风化,由于片理发育,易沿片理裂开。

④片麻岩 以片麻状构造为其特征。片麻岩可由各种沉积岩、岩浆岩和原已形成的变质岩经变质作用而成。这类岩石变质程度较深,矿物大都重结晶,且结晶粒度较大,肉眼可以辨识。主要矿物为石英和长石,其次为云母、角闪石、辉石等。片麻岩可按成分进一步分类和命名,例如花岗片麻岩、角闪石片麻岩、黑云母片麻岩等。片麻岩具有典型的变晶结构、片麻状构造。岩石易风化,其物理力学性质因含有矿物成分不同而异,一般抗压强度达 $120 \sim 200\,MPa$,若云母含量增多,而且富集在一起,则岩石强度大为降低。

⑤大理岩 石灰岩和白云岩在区域变质作用下,由于重结晶而成大理岩,也有部分大理岩是在热力接触变质作用下产生的。这类岩石多具等粒变晶结构,块状构造。因主要矿物为方解石,故滴冷稀盐酸强烈起泡,以此可与其他浅色岩石相区别。大理岩色彩多异,有纯白色大理岩(又称汉白玉),还有浅红色、淡绿色、深灰色及其他各种颜色的大理岩,并因其含有杂质而呈现出美丽的花纹,故广泛用作建筑石料和雕刻原料。大理岩具有可溶性,强度因其颗粒胶结性质及颗粒大小而异,抗压强度一般为 $50 \sim 120\,MPa$。

⑥石英岩 由较纯的石英砂岩和硅质岩变质而成,矿物成分以石英为主,其次为云母、角闪石等,一般为白色,因含杂质常可呈灰色、黄色和红色等。多具等粒变晶结构,块状构造。石英岩是一种非常坚硬、抗风化能力很强的岩石,岩块抗压强度在 $300\,MPa$ 以上,可作为良好的建筑地基,但因性脆,较易产生密集性裂隙,形成渗漏通道,应采取必要的防渗措施。

⑦混合岩 原来的变质岩(片岩、片麻岩、石英岩等),由相当于花岗岩的物质(来自上地幔),沿片理贯注或与原岩发生强烈的交代作用(称混合岩化作用)而形成的一种特殊岩石,是在深成褶皱区的超变质作用下形成的。混合岩的构造多样,常呈眼球状、条带状及片麻状等。

5. 变质岩的工程地质特征

变质岩的工程地质性质与其原岩密切相关。原岩为岩浆岩的变质岩与岩浆岩相近,如花岗片麻岩与花岗岩的工程性质相近;原岩为沉积岩的变质岩与沉积岩相近,如板岩、千枚岩、片岩等与泥质岩的性质相近,石英岩则与硅质胶结的石英砂岩性质相近,大理岩与石灰岩性质相近。一般情况下,由于原岩的矿物成分在高温高压下重结晶,岩石的力学强度较变质前相对增高。但是,如果在变质过程中形成大量片状变质矿物(如滑石、绿泥石、云母和绢云母等）的岩石，其力学强度相对较低，抗水性弱，抗风化能力也较差。动力变质作用形成的变质岩（包括碎裂岩、断层角砾岩、糜棱岩等）的力学强度和抗水性均较差。

另外，变质岩的片理构造（片麻状、片状、千枚状和板状构造）使其具有各向异性的特征，而且片理面往往成为岩体中的薄弱面，在工程建筑中应注意其在垂直及平等于片理构造方向上的工程地质性质的变化。变质岩中往往裂隙发育，在裂隙发育部位或较大断裂带部位，常常形成渗漏通道。

思 考 题

1. 名词解释：

矿物、造岩矿物、解理、断口、硬度、条痕、岩石、岩浆岩、层理构造、气孔构造、流纹构造、岩浆作用、侵入作用、火山作用、喷出作用、侵入岩、喷出岩、火山碎屑、沉积岩、层理、层面、岩层厚度、水平层理、波状层理、斜层理、交错层理、化石、变质岩、片麻状构造、千枚状构造、砾岩

2. 有一岩石呈灰白色，可见结晶颗粒，铁小刀能刻划动，遇稀盐酸剧烈起泡，岩石中还可见生物碎屑遗骸、层理构造，该岩石可定名为（　　）

  A. 板岩　　　　B. 白云岩　　　　C. 玄武岩　　　　D. 石灰岩

3. 有一岩石手标本，外观呈肉红色，肉眼可见结晶颗粒、等粒结构、块状构造，主要矿物成分为石英、正长石、云母，次要矿物为角闪石。则该岩标本可定名为（　　）

  A. 花岗岩　　　B. 闪长岩　　　　C. 花岗斑岩　　　D. 石英岩

4. 下列哪一项是岩浆岩喷出地表冷凝后形成的喷出岩？（　　）

  A. 玄武岩　　　B. 石灰岩　　　　C. 千枚岩　　　　D. 石英岩

5. 不属于变质岩的岩石是（　　）

  A. 千枚岩　　　B. 大理岩　　　　C. 片麻岩　　　　D. 白云岩

6. 沉积岩常见的胶结方式有以下哪三种（　　）

①基底式胶结　②接触式胶结　③铁质胶结　④孔隙式胶结　⑤硅质胶结

  A. ①③⑤　　　B. ②③④　　　　C. ①②④　　　　D. ①④⑤

7. 矿物有哪些物理性质？
8. 矿物的解理与断口、颜色与条痕的关系是什么？
9. 如何区分石英和方解石矿物？
10. 岩石的成因分类有哪些？
11. 岩浆岩的结构构造特点与其形成环境有何联系？
12. 何谓沉积岩的层理构造？它与变质岩的片理有何区别？
13. 如何区分白云岩和石灰岩？
14. 变质岩的特征矿物有哪些？特有的构造有哪些？
15. 三大岩类各自的特点是什么？如何区分？列出各岩类的代表性岩石。
16. 试述三大岩类的工程地质特征。

第3章 地质构造

在地球历史演变过程中，地壳是不断地运动、变化和发展的。例如，喜马拉雅山地区，在约2500万年以前，曾是一片汪洋大海，后来由于地壳上升，才隆起成为今日的"世界屋脊"。地壳运动改变了岩层的原始产出状态，使地壳产生隆起或下沉，岩层发生弯曲、错断等，形成了各种不同的构造形迹，如褶皱、断层等，这种残留在岩层中的变形或变位的构造形迹称为地质构造。因此，地壳运动也常被称为构造运动。地壳运动至今仍在发展之中，控制着海陆变迁及其分布轮廓、地壳的隆起与凹陷，以及山脉、海沟的形成等。地质构造的规模大小不等，大者分布可达几千千米，而小的在显微镜下才能观察得到，但它们都是地壳长期、多次复杂构造运动造成的永久变形和岩石发生错位的踪迹。因而它们在形成、发展和空间分布上，互相干扰、互相切割，存在密切的内部联系，使区域地质构造显得十分复杂。但大型的复杂的地质构造，总是由一些较小的、简单的基本构造形态按一定方式组合而成。本章着重对简单的、典型的基本构造形态进行讨论。

地质构造的基本类型可分为水平构造、倾斜构造、褶皱构造和断裂构造等。地壳表层沉积的层面近于水平的原始岩层称为水平构造（图3-1a）。由于地壳运动使原始水平岩层发生倾斜，岩层面与水平面之间有一定夹角的岩层称为倾斜构造。当受到构造应力作用时，首先发生弯曲变形，使岩层形成褶皱（图3-1b），随着作用力的进一步增加，岩层弯曲越来越厉害，当应力超过岩石的强度极限时，岩层便产生破裂错动形成断裂构造（图3-1c）。褶皱构造和断裂构造是最主要的构造类型。

 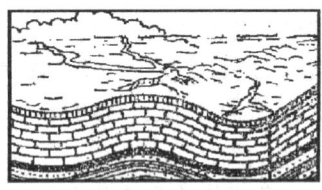 

（a）岩层的原生状态　　（b）岩层弯曲产生褶皱构造　　（c）褶皱进一步发展成断裂构造

图3-1　褶皱构造与断裂构造形成示意图

褶皱和断裂使岩层产生弯曲、破裂和错动，破坏了岩层的完整性，降低了岩层的稳定性，增大了其渗透性，使得工程地质条件复杂化。因此，学习地质构造的基本知识，对工程建设具有很重要的意义。

3.1　地质年代

地壳形成至今已有约46亿年的历史，研究其发展和变化历史的科学称为地史学，它阐明地壳发展变化的历史过程和生物演化的情况，确定岩层形成的先后次序、生成环境以及构造变动等。地壳发展演变的时间段落称为地质年代。为了认识各种地质构造和地层的接触关系，阅读和分析地质资料、图片等，必须具备地史学的基本知识，对地质年代有基本了解。

由两个平行或近于平行的界面（岩层面）所限制的同一岩性组成的层状岩石，称为岩层。岩层是沉积岩的基本单位而没有时代含义。而地层和岩层不同，它有时间含义。在地质学中，把某一地质时代形成的一套岩层（不论是沉积岩、岩浆岩还是变质岩）称为那个时代的地层。

3.1.1 地质年代的划分

在地壳演化的漫长历史过程中，地质环境和生物种类都经历了多次变迁。由于在不同的地质时代，地层生成顺序、岩性变化特征、生物演化阶段、构造运动性质和古地理环境等不同，相应地形成不同的地层，其地质年代单位与地层年代单位的对应关系如表3-1所示。

表3-1 地质年代单位与地层年代单位对照表

使用范围	国际性的范围	国内或大区域性的范围	地方性范围
地质年代单位	宙、代、纪、世	世、期	时（时代、时期）
地层年代单位	宇、界、系、统	统、阶、带	群、组、段、层

根据世界各地的地层划分对比，结合我国的实际情况，确定了我国的地质年代划分表（表3-2）。表中地质年代按从老到新的次序划分，同时，因生物的演化规律和主要构造运动，对地壳的发展演变和地质年代的划分起着重要的控制作用，表中也简述了我国地史的主要特征。

3.1.2 地质年代的确定

确定地层地质年代的方法有两种：一种是绝对地质年代，是指组成地壳的岩层从形成到现在的准确时间，它是通过岩石所含放射性同位素的蜕变衰减规律来测定的，得到所谓"绝对"地质年龄。它能说明该岩层形成的确切时间，但不能反映岩层形成的地质过程。另一种是相对地质年代，主要是根据地层的上下层序、地层中的化石、岩性变化和地层之间的接触关系等来确定的。它能说明岩层形成的先后顺序及其相对的新老关系，但并不包含用"年"表示的时间概念。可以看出，相对地质年代虽然不能说明岩层形成的确切时间，但能反映岩层形成的自然阶段，从而说明地壳发展的历史过程。所以，在工程建设中，一般以应用相对地质年代为主。

1. 绝对地质年代的确定

绝对地质年代是根据岩石中所含的放射性同位素和它的蜕变产物（稳定同位素）的相对含量来测定的，又称同位素地质年龄。当岩石和矿物形成时，一些放射性同位素就含在里面，从这时起，这些放射性同位素就以恒定的速度蜕变成稳定的同位素。同位素地质年龄的测定，主要用来确定不含化石的古老地层和岩浆岩的年龄。

表 3-2 地质年代划分表

相对地质年代				绝对年龄（百万年）	我国地史特征	我国古生物特征
宙	代	纪	世			
显生宙	新生代	第四纪（Q）	全新世（Q_4） 晚更新世（Q_3） 中更新世（Q_2） 早更新世（Q_1）	2~3	地球发展成现代地貌，冰川广泛分布，岩层多为疏松砂、砾、黄土	人类出现
		第三纪（R）	晚第三纪（N）	上新世（N_2） 中新世（N_1）		我国大陆轮廓基本形成，喜马拉雅山形成，岩层多为陆相沉积和火山岩，常见砂砾、红土、砂页岩、褐煤、玄武岩、流纹岩等	高等哺乳动物出现，如马、象、类人猿等，植物繁盛
			早第三纪（E）	渐新世（E_3） 始新世（E_2） 古新世（E_1）	70		
	中生代	白垩纪（K）	晚白垩世（K_2） 早白垩世（K_1）	135	岩浆活动强烈，岩层为火山喷出岩及砂砾岩	恐龙、植物茂盛
		侏罗纪（J）	晚侏罗世（J_3） 中侏罗世（J_2） 早侏罗世（J_1）	180	除西藏等地外，其他地区上升为陆地，以砂岩、页岩、煤层为主	
		三叠纪（T）	晚三叠世（T_3） 中三叠世（T_2） 早三叠世（T_1）	225	华北为陆地，沉积砂页岩；华南为浅海，沉积石灰岩	
	晚古生代	二叠纪（P）	晚二叠世（P_2） 早二叠世（P_1）	270	地壳运动强烈，海陆变迁频繁，华北为海陆交互相沉积，夹煤层。	植物、两栖动物繁殖
		石炭纪（C）	晚石炭世（C_3） 中石炭世（C_2） 早石炭世（C_1）	350	华南以灰岩为主，有煤层	
		泥盆纪（D）	晚泥盆世（D_3） 中泥盆世（D_2） 早泥盆世（D_1）	400	华北为陆地，受风化剥蚀、极少沉积。 华南为浅海，有砂页岩、灰岩	鱼类
	早古生代	志留纪（S）	晚志留世（S_3） 中志留世（S_2） 早志留世（S_1）	440	地壳运动强烈，华北上升为陆地。 华南为浅海，沉积砂页岩	无脊椎动物
		奥陶纪（O）	晚奥陶世（O_3） 中奥陶世（O_2） 早奥陶世（O_1）	500	地势低平，海水入侵广泛，以海相沉积灰岩为主，有页岩，华北在中奥陶纪后上升为陆地	
		寒武纪（∈）	晚寒武世（$∈_3$） 中寒武世（$∈_2$） 早寒武世（$∈_1$）	600		

续表 3-2

相对地质年代				绝对年龄（百万年）	我国地史特征	我国古生物特征
宙	代	纪	世			
隐生宙	元古代	震旦纪（Z）		—800—	开始有沉积岩覆盖，下部为砂砾岩、中部有冰碛层、上部为海相石灰岩，后期地壳运动强烈，岩石轻微变质	低等动物
	太古代			—2500— —4000—	太古代构造运动频繁，岩浆活动强烈，侵入岩和火山岩广泛分布，岩石普遍变质很深，形成古老的片麻岩、结晶片岩、石英岩、大理岩等。构成地壳的古老基底	无生物
	地球初期发展阶段			—4600—	地壳运动普遍强烈，变质作用显著	

2. 相对地质年代的确定

确定和了解地层的年代，在工程地质工作中是很重要的。同一时代形成的地层常具有相同或相似的工程地质特性，必须首先查明地层的时代关系才能进行地质结构分析。

（1）沉积岩相对地质年代的确定方法

沉积岩岩层的相对地质年代主要是根据地层层序、岩性对比、地层接触关系和古生物化石来确定的。

① 地层层序法　正常沉积的地层应该是先沉积的岩层在下、后沉积的岩层在上，形成上新下老的正常、自然的层序规律。这样，可以由岩层在层序中的位置来确定其相对地质年代（图 3-2）。经历了剧烈地质构造变动地区的岩层可能会使岩层的正常层序发生变化，地层层序出现倒转（图 3-3）。因此，判断此岩层的相对地质年代就要具体问题具体分析，充分利用沉积岩的泥裂、波痕、雨痕等层面构造特征，来恢复原始地层的层序，如泥裂开口所指的方向、波痕的波峰所指的方向及雨痕的凹面所指的方向，均为新岩层方向，并可据此判定岩层的正常与倒转。

② 岩性对比法　以岩石的颜色、组成、结构和构造等岩性特征和层序规律为对比的基础，认为在

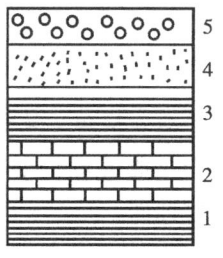

图 3-2　正常层位岩层
1～5—代表岩层由老到新

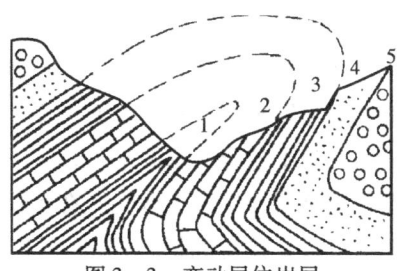

图 3-3　变动层位岩层
1～5—代表岩层由老到新

同一地质环境下，同一地质时期所形成的岩层，其岩性特点基本上是一致的或近似的。此法具有一定的局限性。因为同一地质年代的不同地区，其沉积物的组成、性质并不一定都是相同的；而同一地区在不同的地质年代也可能形成某些性质类似的岩层。所以岩性对比法只能适用于一定的地区。

③地层接触关系法　同一地区在不同地质时期发生不同性质的构造运动，根据不同地质年代地层之间的接触关系，来确定其相对地质年代。沉积岩的接触关系分为整合接触和不整合接触两类，其中不整合接触又分为平行不整合（假整合）接触和角度不整合接触。

- 整合接触　在稳定的沉积环境中，不同时代的沉积物一层层连续沉积，它们的岩石性质与生物演化连续而渐变，各地层之间彼此平行。这种上下地层间的连续、平行的，在时间和空间上无间断的接触关系称为整合接触（图3-4）。地层的整合接触反映了在这段地质时期，该地区的地壳相对稳定，没有强烈的构造运动，地壳处于持续的缓慢下降状态，或虽有短期上升，但沉积作用没有间断，或者地壳运动与沉积作用处于相对平衡状态，这样就形成了地层间的整合接触关系。

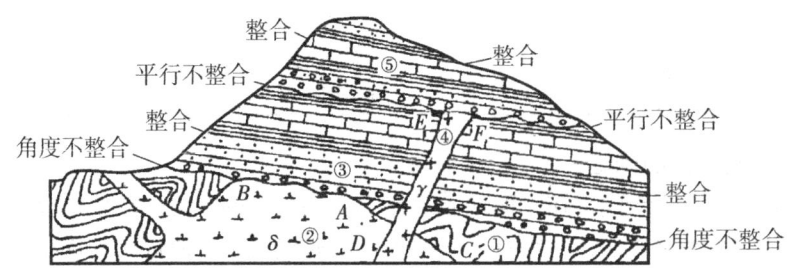

图3-4　地层接触关系剖面示意图

BA、EF—沉积接触；AC、DE—侵入接触；②与④之间—穿插构造；δ—闪长岩体；γ—花岗岩脉

- 平行不整合接触　又称假整合接触。地壳原来的沉积环境发生变化，地壳上升，且在上升过程中，地层又未发生明显弯曲或倾斜，只是发生沉积间断和遭受风化剥蚀，形成高低不平的侵蚀面，经过一段时期后，地壳又再次下降接受新的沉积，从而使上、下地层之间缺失了一些时代的地层，但地层彼此间却是基本平行的。这种新、老地层之间平行的，但有明显沉积间断造成某些地质时代地层缺失的地层接触关系称为平行不整合接触（图3-4）。地层的平行不整合接触反映了该地区经历了下降沉积→上升、沉积间断和遭受剥蚀→再下降、再沉积的过程，是地壳交替升降的结果，其接触面起伏不平，有古风化壳或底砾岩。

- 角度不整合接触　又称不整合接触。相邻的新、老地层之间缺失了部分地层，且彼此间成角度相交。不整合剥蚀面上常有底砾岩、古风化壳和古土壤等。上覆较新地层的底面通常与不整合面基本平行，而下伏的较老地层层面与不整合面则相截交（图3-4）。角度不整合接触反映了该地区在上覆地层沉积之前曾发生过倾斜、褶皱等重要构造事件，经历了下降、接受沉积→褶皱上升（常伴有断裂变动、岩浆活动和区域变质等）、沉积间断、遭受剥蚀→再次下降、再次沉积的过程。

当不整合面与斜坡坡向一致时，如开挖地基，经常会成为斜坡滑移的边界条件，对工程建筑的安全极为不利。

④古生物化石法 按照生物演化的规律，从古到今，生物总是由低级到高级、由简单到复杂不可逆发展的，即地质年代越古老，生物化石结构越简单。因此，在不同地质年代沉积的岩层中，都含有和地质年代对应的特征古生物化石群。在某一环境阶段，能大量繁衍、广泛分布，从发生、发展到灭绝的时间短，并且特征显著的生物，其化石称为标准化石，其便成为确定某一地层年代的标志。

（2）岩浆岩相对地质年代的确定方法

岩浆岩不含古生物化石，也没有层理构造，但它总是侵入或喷出于周围的已有岩层之中。因此，岩浆岩的相对地质年代可以根据岩浆岩体与周围已知地质年代沉积岩层的接触关系以及不同时期岩浆岩侵入体之间的穿插关系来确定。

①侵入接触 岩浆侵入到沉积岩层中，使围岩发生热力变质现象。根据侵入关系，岩浆侵入体的形成年代晚于周围围岩形成的地质年代（图3-4）。

②沉积接触 岩浆岩形成之后，经长期风化剥蚀，后来在剥蚀面上又产生新的沉积岩层（无变质现象），在新沉积岩的底部，有时可发现由岩浆岩组成的砾岩或岩浆岩风化剥蚀的痕迹。根据岩浆岩与沉积岩的接触关系，说明岩浆岩侵入体形成的地质年代早于沉积岩形成的地质年代（图3-4）。

③穿插构造 若不同时期的岩浆岩侵入体相接触，则主要表现为后期生成的岩浆岩插入到早期生成的岩浆岩中，将早期岩脉或岩体切割开。图3-4所示的穿插构造表明：穿插的岩浆岩侵入体④形成的地质年代晚于被它们所穿过的岩浆岩侵入体②。

对于喷出岩，可根据其中夹杂的沉积岩，或上覆、下伏的沉积岩层的年代，确定其相对地质年代。

3.2 岩层产状及其测定

由地壳运动形成的地质构造，无论其形态多么复杂，它们总是由一定数量和一定空间位置的岩层或岩石中的破裂面构成的。

3.2.1 岩层产状要素

岩层的产状是以岩层面在三维空间的延伸方位及其倾斜程度来确定的，即采用岩层面的走向、倾向和倾角三个要素来表示经过构造变动后的构造形态在空间的位置（图3-5）。

1. 走向

岩层的走向是表示岩层在空间的水平延伸方向。岩层面与水平面相交的线叫走向线，走向线两端所指的方向即为岩层的走向。所以，同一岩层的走向有两个方位角数值，二值相差180°。

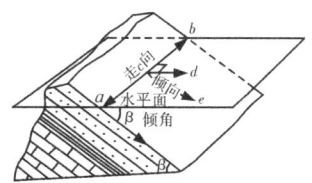

图3-5 岩层的产状要素
ab—走向；cd—倾向；β—倾角

2. 倾向

岩层的倾向是表示岩层在空间的倾斜方向。垂直走向线顺岩层倾斜面向下引出一条直线（真倾斜线），此直线在水平面上投影所指的方位角称为岩层的倾向（真倾向）。同一岩层的倾向只有一个方位角数值，与走向方位角相差90°。

3. 倾角

岩层的倾角是表示岩层在空间的倾斜程度的大小。倾斜线与其在水平面上的投影线（倾向线）的夹角称为岩层的倾角。

3.2.2 岩层产状的测定

岩层产状在野外是用地质罗盘仪（图3-6）直接测定其走向、倾向和倾角三个要素。

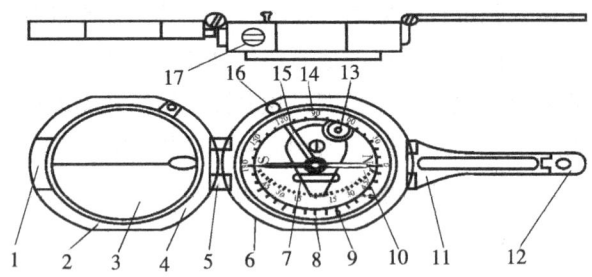

图3-6 地质罗盘仪构造

1—瞄准钉；2—固定圈；3—反光镜；4—上盖；5—连接合页；6—外壳；7—长水准器；
8—倾角指示器；9—压紧圈；10—磁针；11—长照准合页；12—短照准合页；13—圆水准器；
14—方位刻度环；15—拨杆；16—开关螺钉；17—磁偏角调整器

岩层产状的测定方法如下（图3-7）：

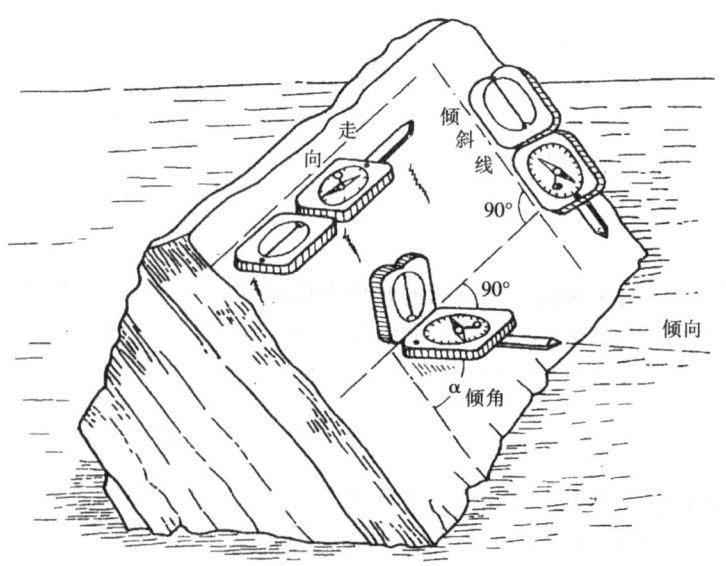

图3-7 罗盘仪的使用

(1) 选择岩层层面　测量前先正确选择岩层层面，不要将节理面误认为是岩层层面，另外注意确定岩层的真正露头，而不是滚石。选择的岩层层面要平整，且层面产状具有代表性。

(2) 测定岩层走向　将地质罗盘仪的长边（即罗盘刻度的南北方向）紧贴岩层层面，并使罗盘水平，读罗盘的南针或北针所指的方位角即为所测的岩层走向。

(3) 测定岩层倾向　将罗盘仪的短边紧贴岩层上层面，并使罗盘水平，读罗盘北针所指的方位角即为所测的岩层倾向。若罗盘仪的短边无法紧贴岩层上层面，只能贴下层面时，同样，应保持罗盘水平，但应读罗盘南针所指的方位角，此即所测的岩层倾向。

(4) 测岩层的倾角　将罗盘的长边的面沿着最大倾斜方向紧贴岩层层面，并旋转倾角指示针使垂直气泡居中（或放松倾斜悬锤），此时，倾角指示针所指的下刻度盘的度数即为所测岩层的倾角。

3.2.3　岩层产状的表示方法

岩层产状要素可用文字和符号两种方法表示。

1. 文字表示法

由于地质罗盘的方位标记既有以东（E）、南（S）、西（W）、北（N）为标志的象限角，也有以正北方向为0°，按顺时针方向划分360°为标志的方位角。因此，文字表示方法也有两种。

(1) 方位角表示法　岩层产状记录中最常用的方法，一般只记录倾向和倾角。如200°∠30°，表示岩层的倾向为SW200°，倾角为30°；其走向可用倾向加减90°得出，即走向为290°或110°。

(2) 象限角表示法　以南、北方向作为标准，一般记录走向、倾角和倾向。如N40°E／30°SE，表示某岩层的走向为NE40°，倾角为30°，向南东倾斜。目前，象限角表示法很少被应用。

工程上常用方位角表示法表示其产状。

2. 符号表示法

在地质图上，岩层产状要素是用符号来表示的，常用符号如下：

长线表示走向，短线表示倾向，数字表示倾角，长短线必须按实际方位标绘在地质图上；

岩层产状水平（倾角小于5°）；

岩层产状直立，箭头指向较新岩层；

岩层倒转，箭头指向倒转后的岩层倾向，即指向老岩层，数字表示倾角。

后面将要讲到的褶皱轴面、节理面、裂隙面和断层面等形态的产状意义、表示方法和测定方法，均与岩层相同。

岩层产状要素的符号和书写方式，在国内外的地质书刊和地质图上并不完全相同，参阅文献资料时应予以注意。

3.2.4 水平岩层、倾斜岩层和直立岩层

岩层是指被两个平行或近于平行的界面所限制的，同一岩性组成的层状岩石。岩层的上下界面叫层面，上层面又称顶面，下层面为底面。

岩层顶、底面之间的垂直距离是岩层的厚度。有的岩层厚度比较稳定，在较大范围内变化不大，有的岩层受形成环境、形成方式的影响，岩层原始厚度变化较大，向一个方向变薄以致尖灭，形成楔形体，如向两个方向尖灭，则成为透镜体（图3-8）。

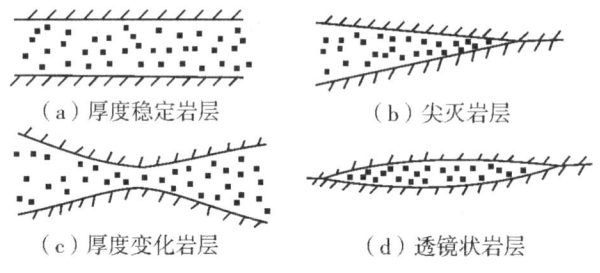

(a) 厚度稳定岩层　　　(b) 尖灭岩层

(c) 厚度变化岩层　　　(d) 透镜状岩层

图3-8　岩层的厚度及其形态

沉积岩是在比较广阔而平坦的沉积盆地（如海洋、湖泊）中一层一层堆积起来的，它们的原始产状大都是水平的，仅在盆地边缘才稍有倾斜，仅是局部现象。

岩层形成后，受到构造运动的影响，原始水平产状会发生变化。有的基本保持不变，仍呈水平产状；有的与水平面呈不同角度的交角，形成倾向岩层；有的形成直立甚至倒转岩层。

1. 水平岩层

岩层形成后，受构造运动影响轻微，仍保持原始水平产状的岩层称为水平岩层，亦称水平构造，如图3-9所示。绝对水平的岩层很少见，一般将倾角小于5°的岩层都称为水平岩层。水平岩层一般出现在构造运动轻微的地区或大范围内均匀抬升、下降地区，主要分布在平原、高原或盆地中部。水平岩层中的新岩层总是位于老岩层之上，同一高程的不同出露点为同一岩层。

图3-9　水平岩层　　　　　　　　图3-10　单斜岩层

2. 倾斜岩层

由于地壳运动使原始水平的岩层发生倾斜，岩层层面与水平面之间有一定夹角的岩层为倾斜岩层，亦称倾斜构造。它常常是褶皱的一翼或断层的一盘，也可以是由大区域内的不均匀抬升或下降所形成的。在一定地区内同一方向倾斜和倾角基本一致的岩层为单斜岩层，又称单斜构造，如图3-10所示。

一般情况下，倾斜岩层仍然保持顶面在上、底面在下，新岩层在上、老岩层在下的产出状态，称为正常倾斜岩层。当构造运动强烈，使岩层发生倒转，出现底面在上、顶面在下，老岩层在上、新岩层在下的产出状态时，称为倒转倾斜岩层。

岩层的正常与倒转主要依据化石来确定，也可依据岩层层面构造特征（如岩层面上的泥裂、波痕、虫迹和雨痕等）或标准地质剖面来确定。

倾斜岩层按倾角 α 的大小又可分为缓倾岩层（α<30°）、陡倾岩层（30°≤α<60°）和陡立岩层（α≥60°）。

3. 岩层产状与边坡的稳定性

岩层产状与岩石路堑边坡坡向间的关系控制着边坡的稳定性。根据岩层倾角和边坡坡角的关系可初步判断边坡稳定性。

①当岩层倾向与边坡倾向一致，岩层倾角大于或等于边坡坡脚时，边坡是稳定的，如图3-11a所示。

②若坡角大于岩层倾角，则岩层因失去支撑而有发生顺层滑动的危险，如图3-11b所示。

③当岩层倾向与边坡坡向相反时，若岩层完整，层间结合好，则边坡是稳定的；若岩层内有倾向坡外的节理，层间结合差，岩层倾角又很陡，则易发生切层破坏，如图3-11c所示。

④水平岩层或直立岩层中的路堑边坡，一般是稳定的，如图3-11d、3-11e所示。

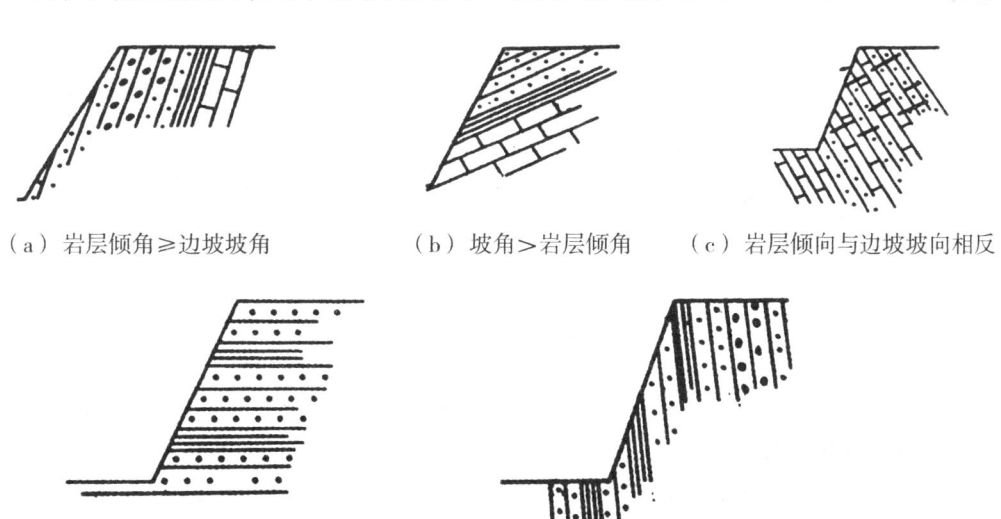

（a）岩层倾角≥边坡坡角　　（b）坡角＞岩层倾角　　（c）岩层倾向与边坡坡向相反

（d）水平岩层　　（e）直立岩层

图3-11　岩层产状与边坡坡角的关系

3.3 褶皱构造

褶皱构造是岩层在构造变动中,受力形成一系列连续弯曲的永久变形。绝大多数褶皱是在水平挤压力作用下形成的,但有的是在垂向力作用下形成的;还有一些是在力偶作用下形成(图3-12),这种褶皱多发育在夹于两个坚硬岩层间的较弱岩层中或断层带附近。褶皱是地壳上广泛分布、最常见的地质构造形态之一,是岩层塑性变形的结果,在沉积岩层中最明显,在块状岩体中很难见到。

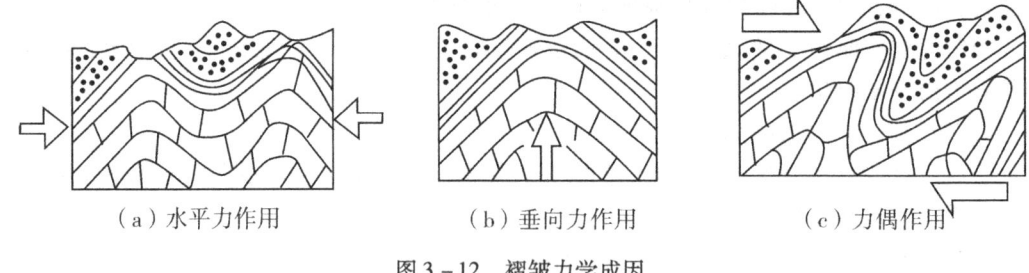

图3-12 褶皱力学成因

褶皱构造的规模差异很大,大型褶皱构造延伸几十千米,小的褶皱构造在手标本上也可见到。褶皱构造还不同程度地影响水文地质及工程地质条件。因此,研究褶皱的形态、时代、产状、分布、组合特点及其形成方式,对于揭示一个地区地质构造的形成规律和发展史具有重要意义。

褶皱的形态是多种多样的,褶皱构造中任何一个单独的弯曲,称为褶曲,是组成褶皱的基本单元。其基本形态有两种(图3-13)。

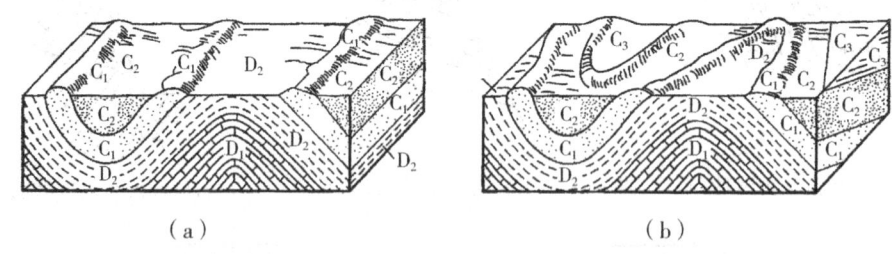

图3-13 背斜和向斜在平面和剖面上的表征

①背斜 岩层向上弯曲,在同一水平面上,其核心部位的岩层时代较老,两侧岩层较新,两边岩层对称分布。

②向斜 岩层向下弯曲,在同一水平面上,其核心部位的岩层时代较新,两侧岩层较老,两边岩层也对称分布。

如果岩层形成褶皱后未经风化剥蚀,则背斜成山,向斜成谷;但野外背斜常遭受强烈风化剥蚀而夷为谷地,向斜反而成为山脊的现象也是很普遍的。

3.3.1 褶皱的组成要素及形态分类

1. 褶皱要素

褶皱构造的各个组成部分称为褶皱要素（图3-14）。

①核部 褶皱的中心部分岩层叫核部。

②翼部 褶皱核部两侧的岩层叫翼部。

③轴面 平分两翼的假想面叫轴面，轴面可以是直立的、倾斜的甚至是水平的，也可以是曲面。

④轴线 轴面与水平面的交线叫轴线，褶皱轴的方向就是褶皱的延伸方向。

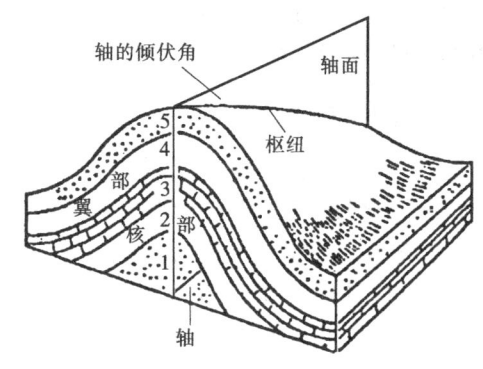

图3-14 褶皱要素示意图

⑤枢纽 轴面与岩层层面的交线叫枢纽，是指褶皱的同一岩层面上各最大弯曲点的连线。

2. 褶皱的分类

不同形态的褶皱反映了褶皱形成时不同的力学条件及成因。为了更好地描述褶皱在空间的分布，研究其成因，常以褶皱的形态为基础，对褶皱进行分类。下面介绍常用的两种分类法。

（1）根据褶皱轴面和两翼的产状分类（图3-15）

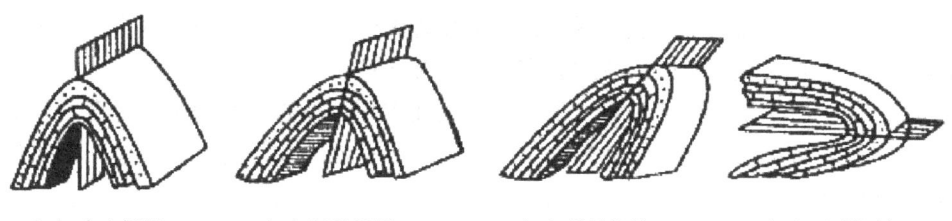

(a) 直立褶皱　　(b) 倾斜褶皱　　(c) 倒转褶皱　　(d) 平卧褶皱

图3-15 根据褶皱轴面和两翼产状的分类

①直立褶皱 轴面直立，两翼岩层倾向相反，倾角大致相等。

②倾斜褶皱 轴面倾斜，两翼岩层倾向相反，倾角不相等。

③倒转褶皱 轴面倾斜，两翼岩层倾向相同，一翼岩层层序正常，另一翼岩层倒转，即新岩层位于老岩层之下。

④平卧褶皱 轴面近于水平，两翼岩层产状也近于水平，一翼岩层层序正常，另一翼岩层层序倒转。

（2）根据褶皱的枢纽产状分类

①水平褶皱 枢纽近于水平延伸，两翼岩层走向大致平行并对称分布。

②倾伏褶皱 枢纽向一端倾伏，两翼岩层走向不平行，发生弧形合围。对于背斜，合

围的尖端指向枢纽的倾伏方向；对于向斜，合围的开口指向枢纽的倾伏方向。

若褶皱枢纽向两端倾伏或扬起，形成长宽之比小于3：1的背斜叫穹隆（图3-16a）。若为向斜则叫构造盆地（图3-16b）。

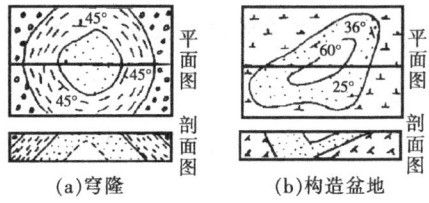

图3-16 穹隆与构造盆地

3.3.2 褶皱构造的识别

褶皱形成以后，一般遭受风化剥蚀作用，背斜核部由于节理发育，易于风化破坏，可能会形成河谷低地，而向斜核部则可能会形成高山（图3-17）。因此，不能把现代地形的山脊、洼地与褶皱形态混同起来。在野外，除一些岩层出露良好的小型背斜和向斜，可以直接观察到褶皱的完整形态外，大部分褶皱均遭剥蚀、破坏或露头情况不好，不能直接观察到它的形态，这时应按下述方法进行观察分析。

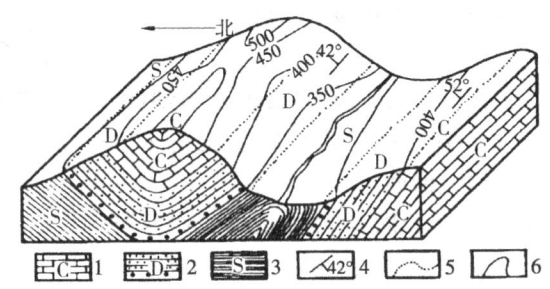

图3-17 褶皱构造立体图
1—石炭系；2—泥盆系；3—志留系；
4—岩层产状；5—岩层界线；6—地形等高线

1. 穿越法

首先，应垂直岩层走向进行观察，了解岩层产状、层序和新老关系。当岩层出现重复且对称分布时，便可肯定有褶皱构造。图3-17是一个地区的地质构造立体示意图，区内岩层走向近东西向，如果从南北向观察，就会发现志留系及石炭系地层两个对称中线，其两侧地层分布重复出现，所以，该地区有两个褶皱构造。

其次，分析岩层新老组合关系。如果老岩层在中间，新岩层在两边，是背斜；如果新岩层在中间，老岩层在两边，则是向斜。图3-17所示地区北部的褶皱构造，中间是新岩层（C），两边对称分布的是老岩层（D、S），所以是向斜；而南部的褶皱构造，中间是老岩层（S），两边对称分布的是新岩层（D、C），所以是背斜。

再次，分析岩层产状。如果两翼岩层均向外倾斜或向内倾斜，倾角大体相等者，为直立背斜或向斜；倾角不等者，则为倾斜背斜或向斜。图3-17所示地区中的向斜，两翼岩层向内倾斜，倾角相近，所以是一个直立向斜；背斜中两翼岩层产状均向北倾斜，因此，是一个倒转背斜。

最后，若岩层界线沿褶皱轴平行延伸，且和枢纽平行，则为水平褶皱；若两翼岩层在转折段闭合或呈"S"形弯曲时，则为倾伏褶皱。图3-17所示地区中的向斜和背斜两翼岩层界线均大致延伸，在图示区没有交汇，均为水平褶皱。

2. 追索法

即平行于岩层走向进行观察的方法，便于查明褶皱延伸的方向和构造变化情况。

3.3.3 褶皱构造的工程地质评价

褶皱构造对建筑工程有以下几方面的影响。

①褶皱核部的岩层节理发育，岩石破碎，易风化剥蚀，强度低，渗透性大，直接影响到岩体的完整性和强度高低（图3-18a、c）。所以，在核部布置各种建筑工程时，如修建厂房、路桥、水坝、隧道等，应尽量避开褶皱的核部，无法绕避时，必须注意岩层的坍落、渗漏及涌水问题。

②在褶皱翼部布置建筑工程时，应重点关注岩层的倾向及倾角的大小（图3-18b）。如果开挖边坡的走向近于平行岩层走向，且边坡倾向与岩层倾向一致，

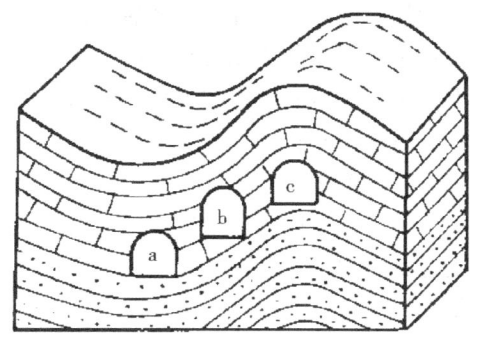

图3-18 褶皱构造对洞室布置影响示意图
a—洞室布置于背斜核部；b—洞室布置于翼部；
c—洞室布置于向斜核部

边坡坡角大于岩层倾角，则容易造成顺层滑动现象。如果边坡走向与岩层走向的夹角在40°，两者走向一致，且边坡倾向与岩层倾向相反或者两者倾向相同，但岩层倾角更大，则对开挖边坡的稳定较有利。

③对于隧道或道路工程线路等深埋地下工程，一般应布置在褶皱翼部。因为隧道通过均一岩层有利于稳定，而背斜顶部岩层受张力作用，可能坍落，向斜核部则是储水较丰富的地段。

④当隧道轴线与岩层走向近于垂直时（图3-19、图3-20），隧道可能穿过不同性质的岩层，要特别注意岩性软弱、节理发育及含水层地段，这些地段常因岩性破碎、大量漏水而发生坍塌事故。

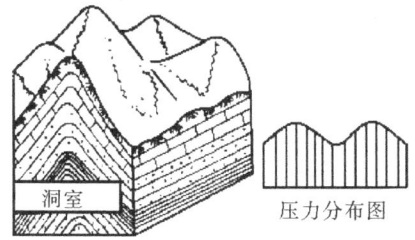
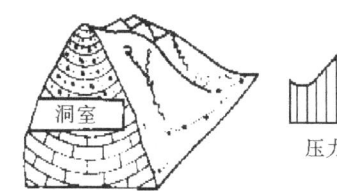
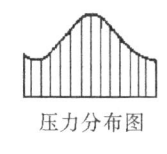

图3-19 背斜地段洞室轴线压力强度分布示意图　　图3-20 向斜地段洞室轴线压力强度分布示意图

3.4 断裂构造

岩体受到的构造应力作用超过其强度时，其连续完整性遭到破坏，发生裂缝或错断，形成断裂构造。按照断裂后两侧岩层沿断裂面有无明显的相对位移，又分为节理和断层两种类型。

断裂构造是主要的地质构造类型，在地壳中广泛分布，对岩体的稳定和渗漏影响很

大，常对建筑物地基的工程地质评价和规划选址、设计施工方案的选择起控制作用。

3.4.1 节理

节理指岩层受力断开后，断裂面两侧岩体没有明显位移的断裂构造。

节理常把岩体分割成形状不同、大小不等的岩块，使得岩块的强度与包含节理的岩体强度明显不同。岩质边坡的失稳和隧道洞顶的坍塌往往与节理有关。

1. 节理的分类

（1）按节理的成因分类

①原生节理　在成岩过程中形成的节理。如岩浆在冷凝过程中形成的收缩节理，玄武岩中的柱状节理等。

②次生节理　由卸荷、风化、爆破等作用形成的节理，多分布在地表浅层，向下延伸不深，无一定方向性。

③构造节理　由构造应力作用形成的节理。其特点是分布广，具有明显的方向性和规律性，常常成组出现，可将同一方向的平行节理称为一组节理。

（2）按节理的力学性质分类

根据节理的力学性质，可把构造节理分为剪节理、张节理。

①剪节理　是指当岩石所受的最大剪应力达到并超过岩石的抗剪强度时，产生的节理。剪节理一般为构造节理，常成对出现，成对出现的剪节理称为共轭 X 节理，由构造应力形成的剪切破裂面组成（如图 3-21 Ⅰ）。

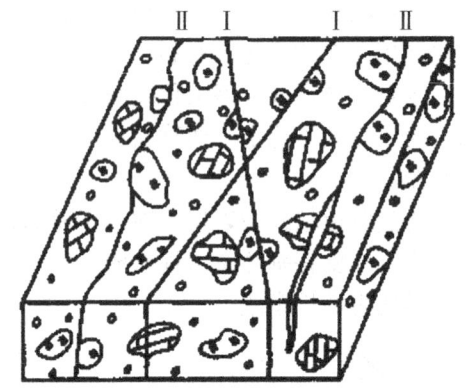

图 3-21　剪节理和张节理
Ⅰ—剪节理；Ⅱ—张节理

剪节理的主要特征是节理产状稳定，沿走向和倾向延伸较远。节理面平直光滑，常有剪切滑动留下的擦痕，可用来判断节理两侧岩石相对移动方向。剪节理面两壁的裂缝小，一般呈闭合状态。剪节理常成对以"X"形出现，一般发育较密，节理之间距离较小，特别是在软弱薄层岩石中，常密集成带。由于剪节理交叉互相切割岩层成碎块体，破坏岩体的完整性，因而剪节理面常是易于滑动的软弱面。

②张节理　是垂直主张应力方向发生张裂而生成的节理，可以是构造节理，也可以是原生节理、次生节理（如图 3-21 Ⅱ）。

张节理的主要特征是节理产状不稳定，延伸不远。节理面弯曲且粗糙，张节理两壁间的裂缝较宽，呈开口或楔形，常被岩脉充填。张节理一般发育较稀，节理间距较大，很少密集成带。张节理往往是渗漏的通道。

此外，按构造节理的走向与岩层走向的关系，可分为走向节理（与岩层的走向平行）、倾向节理（与岩层的走向垂直）及斜交节理（与岩层的走向斜交）。根据节理的走向与褶皱轴向的关系，还可分为纵节理（与褶皱轴向一致）、横节理（与褶皱轴向正交）和斜节理（与褶皱轴向斜交）。

2. 节理的调查、统计和表示方法

节理对工程岩体稳定和渗漏的影响程度取决于节理的成岩、形态、数量、大小、连通以及充填等特征。通过岩土工程勘察，查明这些特征后，应对节理进行统计分析，研究建筑地区的地质构造、地层发育规律及其特征，评价地基的完整性及对工程的影响。

（1）节理野外调查

调查节理时，应根据工程要求，结合建筑物的位置，选择一个具有代表性的露头，对一定面积内的节理按表3-3所列的内容进行测量，同时注意研究节理的成因和填充情况。测量节理产状的方法和测量岩层产状的方法相同，当节理面出露不佳时，可将硬纸片插入节理，用测得的纸片产状代替节理的产状。

表3-3 节理野外测量记录表

编号	节理产状			长度/m	宽度/m	条数	填充情况	成因类型
	走向	倾向	倾角/（°）					
1	NW300°	NE60°	22	1.5	0.2	46	裂隙面夹泥	扭性
2	NE15°	NW280°	75	0.5	0.1	17	无填充	剪切
3	NE20°	NW287°	55	1	0.5	3	泥岩	张性

（2）节理的统计和表示方法

对野外调查的统计资料，要进行整理，并用各种统计图把它表示出来，以便对比分析。统计图种类很多，常采用节理玫瑰图来表示，可以用节理的走向来编制，也可以用节理的倾向来编制。

①节理走向玫瑰图 在任意半径的半圆上标出均匀刻度，把测得的节理按走向以5°或10°分组，统计每一组内的节理数并算出平均走向。自圆心沿半径引射线，射线的方向代表每组节理平均走向的方位，射线的长度代表每组节理的条数，然后用折线把射线的端点连接起来，即得到节理走向玫瑰图，如图3-22所示。图中每一个"玫瑰花瓣"代表一组节理的走向，"花瓣"的长度代表这个方向上节理的条数，"花瓣"越长，反映沿这个方向分布的节理越多。从"花瓣"的长度可以看出比较发育的节理有30°、60°、85°、300°、330°五组。

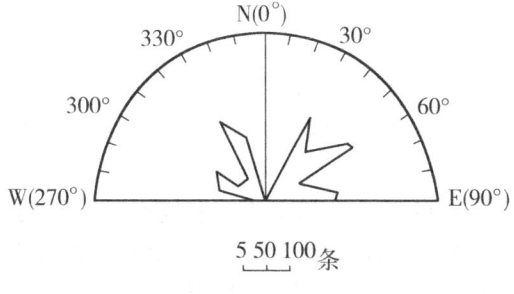

图3-22 节理走向玫瑰图

②节理倾向玫瑰图 按节理走向玫瑰图的类似作图方法可作出节理倾向玫瑰图。与节理走向玫瑰图不同的是将图中参数换成与节理倾向方位角相关的参数，如图3-23所示。

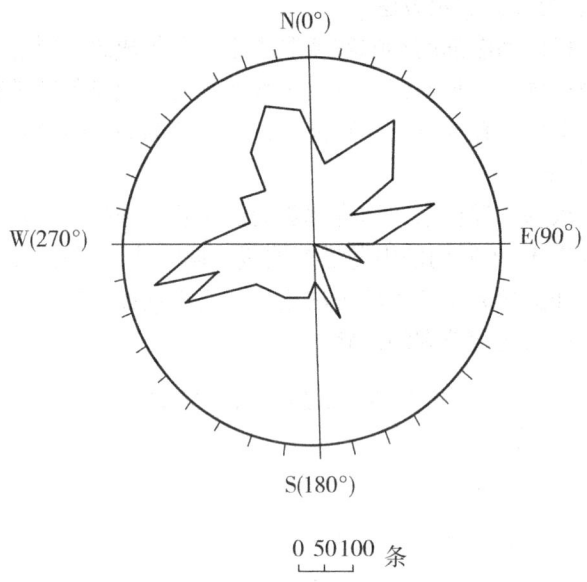

图 3-23 节理倾向玫瑰图

如果用倾角代替倾向,也可按照上述作图法编制节理倾角玫瑰图。

节理玫瑰图容易编制,但最大的缺点是不能在一张图上把节理的走向、倾向、倾角同时表示出来。

3. 节理的工程地质评价

地壳中广泛发育的节理,除了有利于开挖外,节理对岩体的强度和稳定性均有不利的影响,表现在以下几方面。

① 破坏了岩体的完整性,水易沿裂隙渗入,加速岩石的风化,降低了基岩的承载力,增大了岩石的渗透性等。

② 节理会造成边坡失稳和人工开挖边坡崩塌和塌方,可使地下工程围岩失稳和隧道洞顶坍塌。

因此,在节理裂隙发育地区,应对其进行深入的调查研究,详细论证对工程建筑的不利影响,采取相应的处理措施,以保证工程建筑的安全和正常使用。

3.4.2 断层

断层是一种有明显位移的断裂构造。断层在地壳内分布很广泛,规模大小悬殊,自几米至数百千米,形态各异,影响地壳深浅不一,形成时代有早有晚。断层可以是一次构造运动的结果,也可以是多次运动的影响,反复活动的结果,有的至今仍在活动。地震与活动性断层有关,隧道中大多数的塌方、涌水均与断层有关。断层破坏了岩体的连续完整性,它不仅对岩体的稳定性和渗透性、地震活动、区域稳定都有重大的影响,而且是地下水运动的良好通道和汇聚的场所,在规模较大的断层附近或断层发育地区,常赋存有丰富的地下水资源。

1. 断层的组成要素

断层的各个组成部分以及与其空间位置和运动性质有关的几何因素称为断层要素。断层要素包括断层面、断层线、断盘、断距和断层破碎带等（图3-24）。

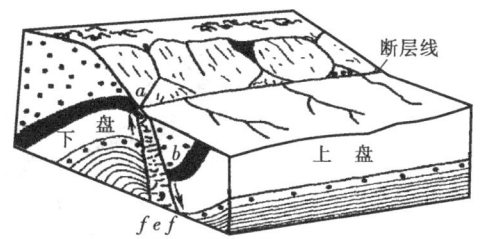

①断层面　岩层发生断裂错动的面称为断层面。断层面可以是平面，也可以是弯曲或波状起伏的曲面。由于断层面两侧岩体的错动，常在断层面上留有擦痕。断层面产状的测定和岩层面的产状测定方法一样，即用走向、倾向和倾角表示它的空间状态。

图3-24　断层要素

ab—断距；e—断层破碎带；f—断层影响带

②断层线　是断层面与地面的交线。断层线反映了断层在地表的延伸方向。它可以是直线，也可以是曲线，主要取决于断层面的产状和地形的起伏情况。

③断盘　是断层面两侧相对移动的岩块。若断层面是倾斜的，则在断层面上方的断盘叫上盘，在断层面下方的断盘叫下盘。若断层面直立，则无上下盘之分。

④断距　是断层两盘相对错开的距离。岩层原来相连的两点，沿断层面错开的距离称为总断距，总断距的水平分量称为水平断距，铅垂分量称为铅垂断距。

⑤断层破碎带与影响带　较大的断层，往往不只是一个破裂面，而是有几个甚至很多个大致互相平行的破裂面。破裂面之间的岩层十分破碎，成为多棱角的碎块和砂泥物质，从而组成具有一定宽度的断层破碎带。破碎带内的岩石动力变质现象十分明显，常见到有因断层错动而破裂搓碎的岩石碎块、碎屑部分，如断层角砾岩、糜棱岩和断层泥等，有时还能见到岩层的揉皱现象（即岩层中的小型褶皱）。在断层破碎带两侧的一定宽度范围内，岩体受断层影响、节理发育或岩层产生牵引弯曲，呈现比较破碎的现象，称为断层影响带。

2. 断层的分类

最常用的断层分类方法有按断层的两盘运动方向划分和按力学性质划分。

（1）按断层的两盘运动方向分类

根据断层两盘相对位移情况，可将断层分为正断层、逆断层和平移断层（图3-25）。

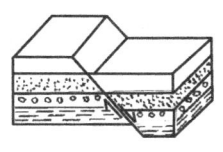 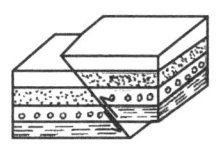 

（a）正断层　　　　　（b）逆断层　　　　　（c）平移断层

图3-25　断层的基本类型

①正断层

正断层的基本特征是上盘沿断层面相对下降，下盘相对上升。它一般是受水平张应力或重力作用，使上盘向下滑动形成的，所以在构造变动中多垂直于张力的方向发生。其断距可以从几厘米到数百米，延伸范围一般自几米到数千米。正断层的断层线较平直，倾角较陡，一般大于45°。在野外有时可见数条正断层排列组合在一起，形成阶梯式断层、地垒和地堑等（图3-26）。

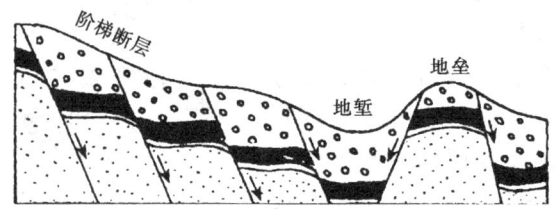

图 3-26 地垒、地堑及阶梯式断层

- 阶梯式断层 岩层沿多个相互平行的断层面向同一方向依次下降形成。
- 地垒 两边岩层依次沿断层面下降,中间岩层相对上升形成。
- 地堑 两边岩层沿断层面上升,中间岩层相对下降形成。

②逆断层

逆断层的基本特征是上盘沿断层面相对上移,下盘相对下移。逆断层一般受水平压力作用沿剪切破裂面形成,常与褶皱构造相伴生。断层带中往往夹有大量的角砾岩和岩石碎屑。

③平移断层

平移断层是断层两盘产生相对水平位移的断层。平移断层一般受剪应力作用形成,因此多与褶皱轴斜交,与"X"节理平行或沿该节理发育,断层的倾角常常近于直立。这种断层的破碎带一般较窄,沿断层面常有近水平的擦痕。

(2) 按断层力学成因性质分类

断裂构造的性质、发育规律及其组合关系,主要受构造应力场控制。构造应力场是指地壳中一定范围内,均匀的或随地点和时间不同而有变化的构造应力状态场。构造应力的方向与大小是呈规律变化的。构造应力主要有压应力、张应力和扭(剪)应力,因此,断裂构造按力学性质可分为压性、张性、扭(剪)性以及压扭性等五类(图 3-27)。

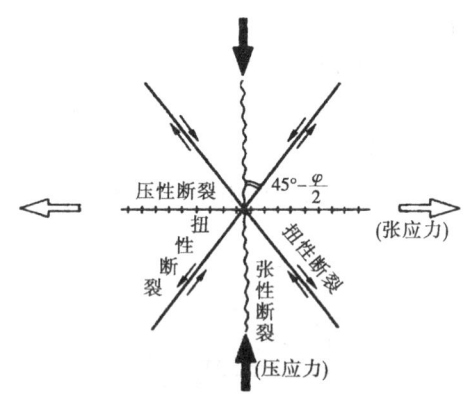

图 3-27 断裂面与构造应力场间的关系

①压性断层 由压应力作用形成。压性断层的走向与压应力方向垂直,在断层面两侧,主要是上盘岩体受挤压相对向上位移,如逆断层等。压性断层常成群出现构成挤压构造带。断层带往往有断层角砾岩、糜棱岩和断层泥,形成软弱破碎带。在较硬脆的岩石中,断层面上常有反映错动方向的擦痕。

②张性断层 主要由张(拉)应力形成。张性断层的走向垂直于张应力方向,断层上盘岩体因拉张相对向下位移,如正断层等。张性断层面较粗糙,形状不规则,有时呈锯齿状。断层破碎带宽度变化大,断层带中常有较疏松的断层角砾岩和破碎岩块。

③扭性断层 由扭(剪)应力作用形成。扭性断层一般是两组共生,呈 X 形交叉分布,往往一组发育,另一组不发育,如平移断层等。扭性断层面平直光滑,产状稳定,延

伸很远，断层面上有时见到近水平的擦痕，断层带内伴有角砾岩或糜棱岩。

④压扭性断层 具有压性断层兼扭性断层的力学特性，如平移逆断层。

⑤张扭性断层 具有张性断层兼扭性断层的力学特性，如平移正断层。

此外，根据断层走向与岩层走向的关系，可分为走向断层（与岩层走向平行）、倾向断层（与岩层走向垂直）、斜交断层（与岩层走向斜交）。又根据断层走向与褶皱轴向的关系还可分纵断层（与褶皱轴向一致）、横断层（与褶皱轴向正交）及斜断层（与褶皱轴向斜交）。

3．断层的野外识别

为防止断层对工程建筑的不利影响，首先必须识别断层的存在。当岩层发生断裂错动形成断层后，不仅改变了原有地层的分布规律，还常在断层面及其相关部分形成各种伴生构造，并形成与断层构造有关的地貌现象。同时，大部分断层由于后期遭受剥蚀破坏和覆盖，在地表上暴露的也不清楚。因此，需要根据地层分布、构造特征等直接证据和地貌、水文特征等方面的间接证据来判断断层的存在及其断层类型。

（1）断层的重复与缺失

在倾斜岩层中，地层出现重复或缺失现象是断层存在的重要识别标志。地层的重复或缺失一般出现在走向断层（断层走向与岩层走向一致）的断层面两侧，其形式见图3-28。断层造成的地层重复和褶皱造成的地层重复的区别是，前者是单向重复，后者是对称重复。断层造成的缺失与不整合造成的缺失也不同，断层造成的地层缺失只限于断层两侧，而不整合造成的缺失有区域性特征。

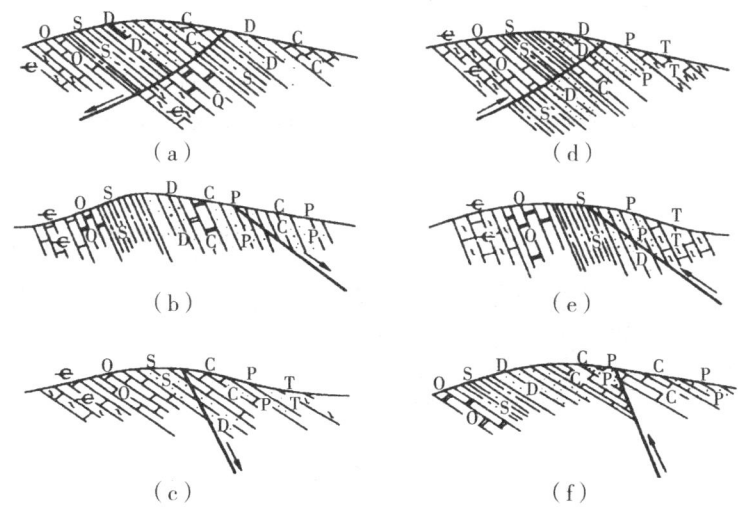

图3-28 断层造成的地层重复或缺失

(a)、(b) 正断层（重复）；(c) 正断层（缺失）；(d)、(e) 逆断层（缺失）；(f) 逆断层（重复）

（2）构造线和地质体的不连续

任何线状或面状的地质体，如地层、岩脉、岩体、不整合面、侵入体与围岩的接触界面、褶皱的枢纽及早期形成的断层等，在平面或剖面上突然中断、错开等不连续现象是判断断层存在的一个重要标志，断层横切褶皱轴时，表现为断层两侧褶皱核部宽度突然变化，背斜核部相对变宽的那一侧为上升盘，而向斜核部相对变宽的那一侧为下降盘（见图3-29、图3-30）。

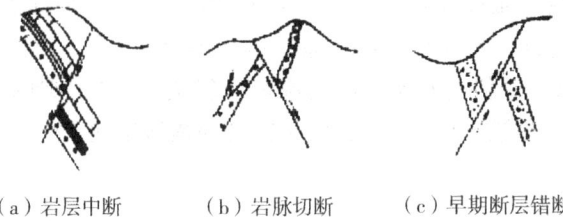

(a) 岩层中断　　(b) 岩脉切断　　(c) 早期断层错断

图3-29　断层造成的不连接标志

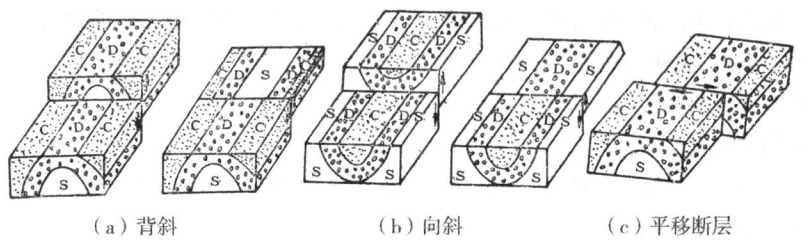

(a) 背斜　　　　(b) 向斜　　　　(c) 平移断层

图3-30　垂直褶皱轴线的断层形成的地层特征

（3）断层面（带）的构造特征

断层面两侧岩块的相互滑动和摩擦，在断层面上及其附近会留下各种证据（图3-31）。

① 擦痕、阶步和摩擦镜面　断层上、下盘沿断层面作相对运动时，因摩擦作用，在断层面上形成一些刻痕、小阶梯或磨光的平面，分别称为擦痕、阶步和摩擦镜面（图3-31a）。

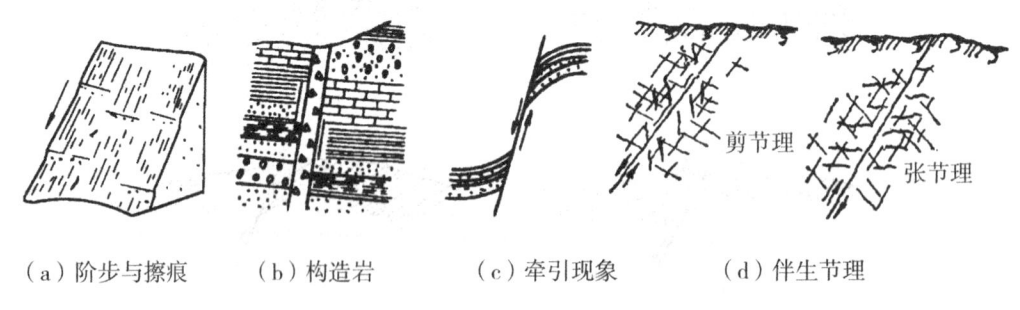

(a) 阶步与擦痕　(b) 构造岩　　(c) 牵引现象　　(d) 伴生节理

图3-31　断层面（带）的构造特征

② 构造岩　断层破碎带内碎裂的岩、土体经胶结或重结晶后所形成的岩石称为构造岩（图3-31b）。构造岩中碎块颗粒直径大于2 mm时称断层角砾岩，当碎块颗粒直径为2～0.01 mm时称碎裂岩；当颗粒被碾磨成泥状单个颗粒不易分辨而又未固结时称断层泥。

③ 牵引现象与伴生节理　断层运动时，断层面附近的岩层受断层面上摩擦阻力的影响，在断层面附近形成弧形弯曲现象，称为断层牵引现象。弧形突出的方向指示本盘相对移动的方向，据此可判别断层的性质（图3-31c）。断层两侧的岩层由于断层剪切滑动而

诱导的局部应力所产生的节理称为伴生节理（图3-31d）。伴生张节理有两组，多与断层斜交，其锐角指示本盘的错动方向。伴生剪节理常为两组，一组剪节理与断层呈大角度斜交，其方位不稳定；另一组剪节理与断层呈小角度斜交，方位比较稳定，与其断层相交的锐角指示对盘的错动方向。

④地貌及地下水特征　在断层通过地区，沿断层线常形成一些特殊地貌现象。如：在断层两盘的相对运动中，上升盘常常形成陡崖，称为断层崖；当断层崖受到与崖面垂直方向的地表流水侵蚀切割，使原崖面形成一排三角形陡壁时，称为断层三角面；沿断层带常形成一些串珠状分布的断陷盆地、洼地、湖泊、泉水等，可指示断层延伸方向；以及正常延伸的山脊突然被错断或山脊突然断陷成盆地、平原，正常流经的河流突然产生急转弯，一些顺直深切的河谷，均可指示断层延伸的方向。

判断一条断层是否存在，主要是依据地层的重复、缺失和构造不连续这两个标志，但不能孤立地根据一种标志进行分析，应详细地进行调查研究，综合分析判断，才能得到可靠的结论。

4. 断层的工程地质评价

断层的存在，破坏了岩体的完整性，加速风化作用、地下水的活动以及岩溶的发育，使断层面或破碎带的抗剪强度远低于岩体其他部位的抗剪强度。由此，断层对工程建筑产生了极大的影响。

①断层降低了地基岩体的强度及稳定性。断层破碎带力学强度低，压缩性增大，会发生较大沉陷，易造成建筑物断裂或倾斜。断裂面是极不稳定的滑移面，对岩质边坡稳定及桥墩稳定有重要影响。

②断裂构造带不仅岩体破碎，而且断层上、下盘的岩性也可能不同，如果在此处进行建筑工程，有可能产生不均匀沉降。

③隧道工程通过断裂破碎带地段，易发生坍塌甚至冒顶。

④沿断裂破碎带地段易形成风化深槽及岩溶发育带。断层陡坡或悬崖多处于不稳定状态，容易发生崩塌等。

⑤断裂破碎带常为地下水的良好通道，地下水的出露也常被断裂构造所控制。在施工中，若遇到断层带，常会发生涌水问题。

⑥构造断裂带在新的地壳运动影响下，可能发生新的移动。因为构造断裂带是地壳表层薄弱地带，若有新的地壳运动发生时，往往引起附近断裂带产生新的移动，从而影响建筑物的稳定。

3.5　地质图及其阅读

地质图是将反映某一地区的各种地质现象和地质条件，如地层、地质构造等，按一定的比例缩小，用规定的图例符号、颜色、花纹和线条，投影绘制在平面上的图件。一幅完整的地质图，包括平面图、剖面图和综合地层柱状图，并标明图名、比例、图例等。平面图是用各种图例反映地表相应位置分布的地貌、地层、地质构造等地质现象,剖面图反映地表以下的地层和地质构造的地质特征,综合地层柱状图反映测区内所有出露地层的顺序、厚度、岩性特征和区域地质发展史的柱状剖面图等。工程建设的规划、设计与施工都需要以地质图作为依据。因此,学会阅读和分析地质图的方法是很重要的。

1. 地质图的类型与规格

(1) 地质图的类型

地质图种类很多,由于建设目的不同,绘制的地质图也不同,常见的地质图有以下几种。

①普通地质图 又称地形地质图,是表示某地区地形、地层岩性和地质构造条件的基本图件,它是把出露于地表的不同地质年代的地层分界线和主要构造线等地质界线投影到地形图上编制而成的,并附以典型地质剖面图和地层柱状图。

②第四纪地质与地貌图 是根据一个地区的第四系地层的成因类型、岩性及其形成时代、地貌的类型、形态特征而编制的综合图件。

③水文地质图 是表示一个地区地下水的形成、分布规律、赋存条件、循环特征和有关参数的图件。有综合水文地质图或为某项工程建设需要而编制的专门水文地质图,如岩溶区水文地质图等。

④工程地质图 一般是在普通地质图的基础上,增加各种与工程建筑有关的工程地质内容而成。如房屋建筑工程地质图、水库坝址工程地质图、矿山工程地质图、铁路工程地质图、公路工程地质图、港口工程地质图、机场工程地质图等。可在工程地质图上,表示出围岩类别、地下水位和水量、岩石风化界线以及滑坡、泥石流及崩塌等不良地质现象的分布情况等。

⑤地质剖面图及地层柱状图(或钻孔柱状图) 是指在地形地质图的基础上,为了更清楚地反映一个地区地表以下一定深度范围内的各种地质现象而编制的垂直方向的地质图件。其包括地质剖面图、水文地质剖面图、综合地质剖面图、综合地层柱状图、钻孔柱状图(图 9-17)及工程地质剖面图(图 9-18)等。它们常与地形地质图配合使用。

(2) 地质图的规格

①地质图应有图名、图例、比例尺、编制单位和编制日期等。

②地层图例严格要求自上而下或自左而右,从新地层到老地层排列,且先地层、岩浆岩,后地质构造等,其所用的岩性符号、地质构造符号、地层代号及颜色都有统一的规定(见附录)。

③比例尺的大小反映了图的精度,比例尺越大,图的精度越高,对地质条件的反映也越详细、准确。一般地质图比例尺的大小,是由工程的类型、规模、设计阶段和地质条件的复杂程度决定的。

2. 地质图的表示方法

当岩层产状、断层类型等地质条件按规定的图例符号绘入图中时,按符号即可阅读。但有一些地质现象是没有图例符号的,如接触关系,这时需要根据各种界线之间或地形等高线的关系来分析判断。掌握这些现象在图中的表现规律,对阅读和分析地质图是很重要的。

在地质图中,岩层产状常用符号来表示。但有时图中没有直接表示产状,可根据地形等高线与不同产状岩层界线的分布关系进行判断,水平岩层在地质图上的特征见图3-32,倾斜岩层在地质图上的特征见图 3-33~图 3-35,直立岩层在地质图上的特征见图3-36。

(1) 水平岩层

水平岩层的地层界线(即岩层面与地面的交线)与地形等高线平行或重合,呈不规则的同心圆状或条带状,在沟、谷中呈锯齿状条带延伸,地层界线的转折尖端指向上坡。水平岩层的分布形态完全受地形控制,如图 3-32 所示。

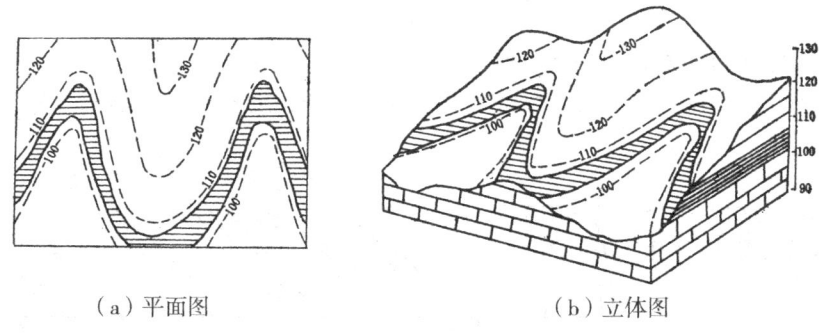

(a)平面图　　　　　　　　　(b)立体图

图 3-32　水平岩层在地质图上的特征

(2) 倾斜岩层

倾斜岩层的分界线在地质图上是一条与地形等高线相交呈"V"或"U"字的曲线,在地质图上的"V"字形特点也有所不同。

①当岩层倾向与地面坡向相反时,岩层界线与地形等高线弯曲方向相同,但岩层界线弯曲程度较小,等高线弯曲程度较大,如图 3-33 所示。岩层界线的"V"字形尖端在沟谷中指向上坡,在山脊上指向脊下坡。

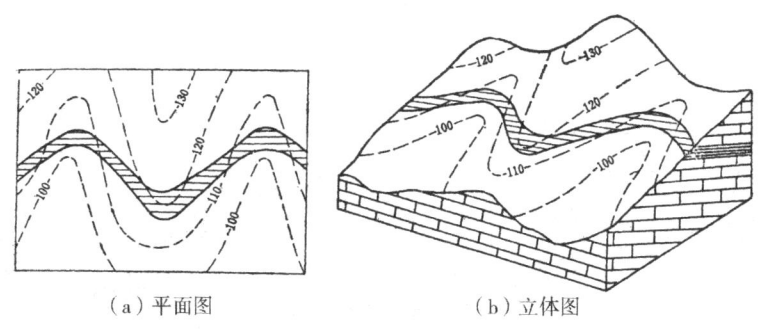

(a)平面图　　　　　　　　　(b)立体图

图 3-33　倾斜岩层在地质图上的特征(一)

②当岩层倾向与地面坡向相同,且岩层倾角大于地形坡角时,岩层界线与地形等高线弯曲方向相反,岩层界线的"V"字形尖端在沟谷中指向下坡,在山脊上指向山脊上坡,

如图 3-34 所示。

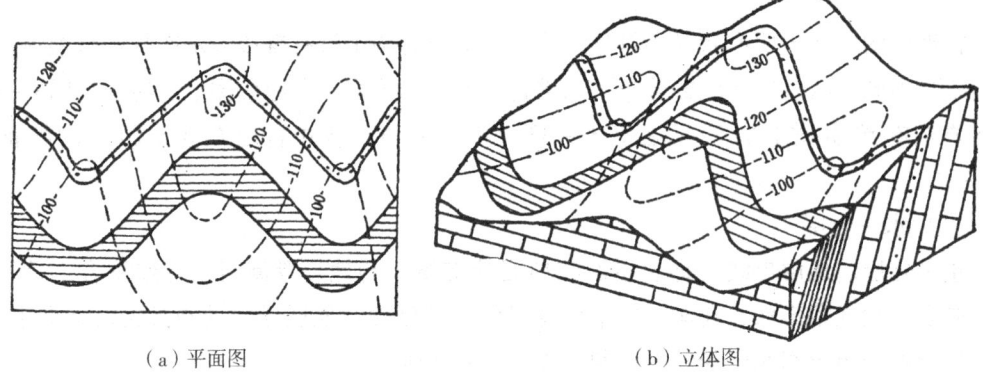

(a) 平面图　　　　　　　　　(b) 立体图

图 3-34　倾斜岩层在地质图上的特征（二）

③当岩层倾向与地面坡向相同，但岩层倾角小于地形坡角时，岩层界线与地形等高线弯曲方向相同，但岩层界线弯曲程度较大，等高线弯曲程度较小，如图 3-35 所示。

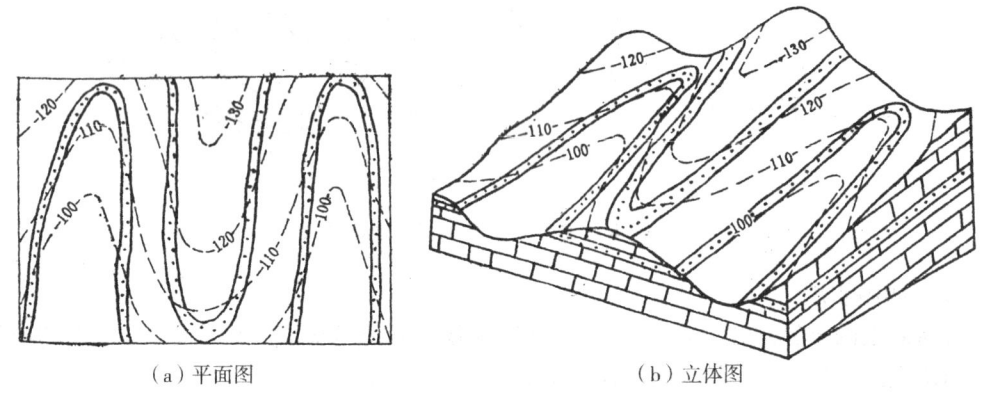

(a) 平面图　　　　　　　　　(b) 立体图

图 3-35　倾斜岩层在地质图上的特征（三）

（3）直立岩层

直立岩层地质界线在空间是一条沿走向延伸的直线，不受地形影响，如图 3-36 所示。

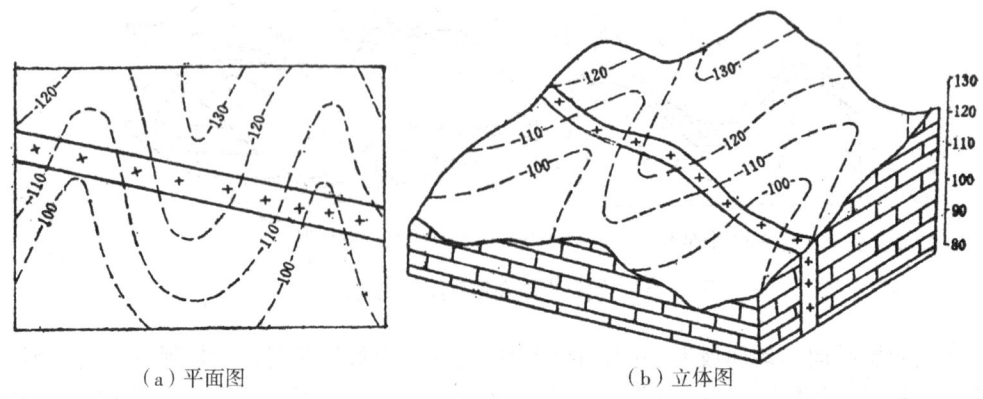

(a) 平面图　　　　　　　　　(b) 立体图

图 3-36　直立岩层在地质图上的特征

(4) 褶皱

在地质图上,一般根据图例符号识别褶皱(图3-37)。若没有图例符号,则需根据岩层的新、老对称分布关系来确定,见图3-39。

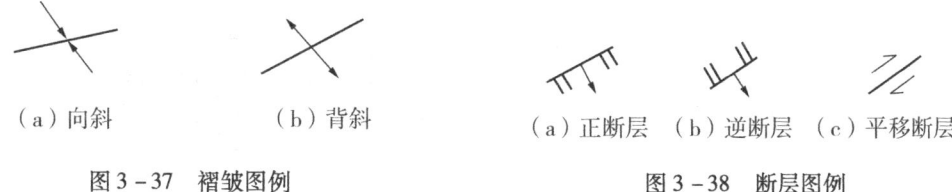

（a）向斜　　　　（b）背斜　　　　　　（a）正断层　（b）逆断层　（c）平移断层

图3-37　褶皱图例　　　　　　　　　图3-38　断层图例

(5) 断层

在地质图上,一般也是根据图例符号来识别断层(图3-38)。若没有图例符号,则需根据岩层分布重复、缺失、中断,岩层的宽窄变化或错动等现象来进行识别,见图3-39。

(6) 地层接触关系

整合、平行不整合在地质图上的表现是相邻界线弯曲特征一致,前者地质时代连续,后者地质时代不连续。角度不整合在地质图上的特征是新岩层的分界线遮断了老岩层的分界线;侵入接触使沉积岩层界线在侵入体出露处中断,但在侵入体两侧无错动;沉积接触表现出侵入体被沉积岩层覆盖中断。

3. 地质图的阅读与分析

下面以太阳山地区地质图为例,介绍地质图的阅读方法。

(1) 图名、比例尺和图例阅读

太阳山地区地质图件有地形地质图及 A—B 地质剖面图(图3-39)。该地质图比例尺为1:100 000,即图上1 cm代表实地距离1 000 m。

了解地质图所表示的内容、位置、范围及精度,同时了解图中岩层的地质时代,并熟悉图例的颜色及符号。

(2) 地形地貌特征阅读

了解本区的地形起伏、相对高差、山川形势、地貌特征等。

区内最高点为太阳山,高程达1 100多米,山脊呈南北向。区内有三条河谷,最大的河谷在西南部,高程约300 m,河谷两岸有第四纪冲积物分布。区内地势以太阳山脉(南北向)最高,其两侧(东、西部)逐渐变低。

(3) 地层分布、产状、地质构造及接触关系等特征阅读

分析不同地质时代地层的分布规律、岩性特征及接触关系等。

区内出露的地层有石炭系（C）、二叠系（P）、中上三叠系（T_{2-3}）、中上侏罗系（J_{2-3}）、下白垩系（K_1）及第四系。图中石炭系与二叠系地层间、下白垩系与侏罗系地层之间没有缺失地层,其岩层产状一致,为整合接触;二叠系与三叠系地层之间岩层产状一致,但缺失下三叠系地层,两者为平行不整合接触;图中的侏罗系与石炭系、二叠系、三叠系中上统三个地质年代较老的地层接触,其岩层产状斜交,以及第四系与老地层之间均为角度不整合接触。辉绿岩是沿三条近南北向的张性断裂侵入到石炭系、二叠系及中上三叠系地层中,因此区内出露的三条辉绿岩岩墙或岩脉与石炭系、二叠系及中上三叠系地

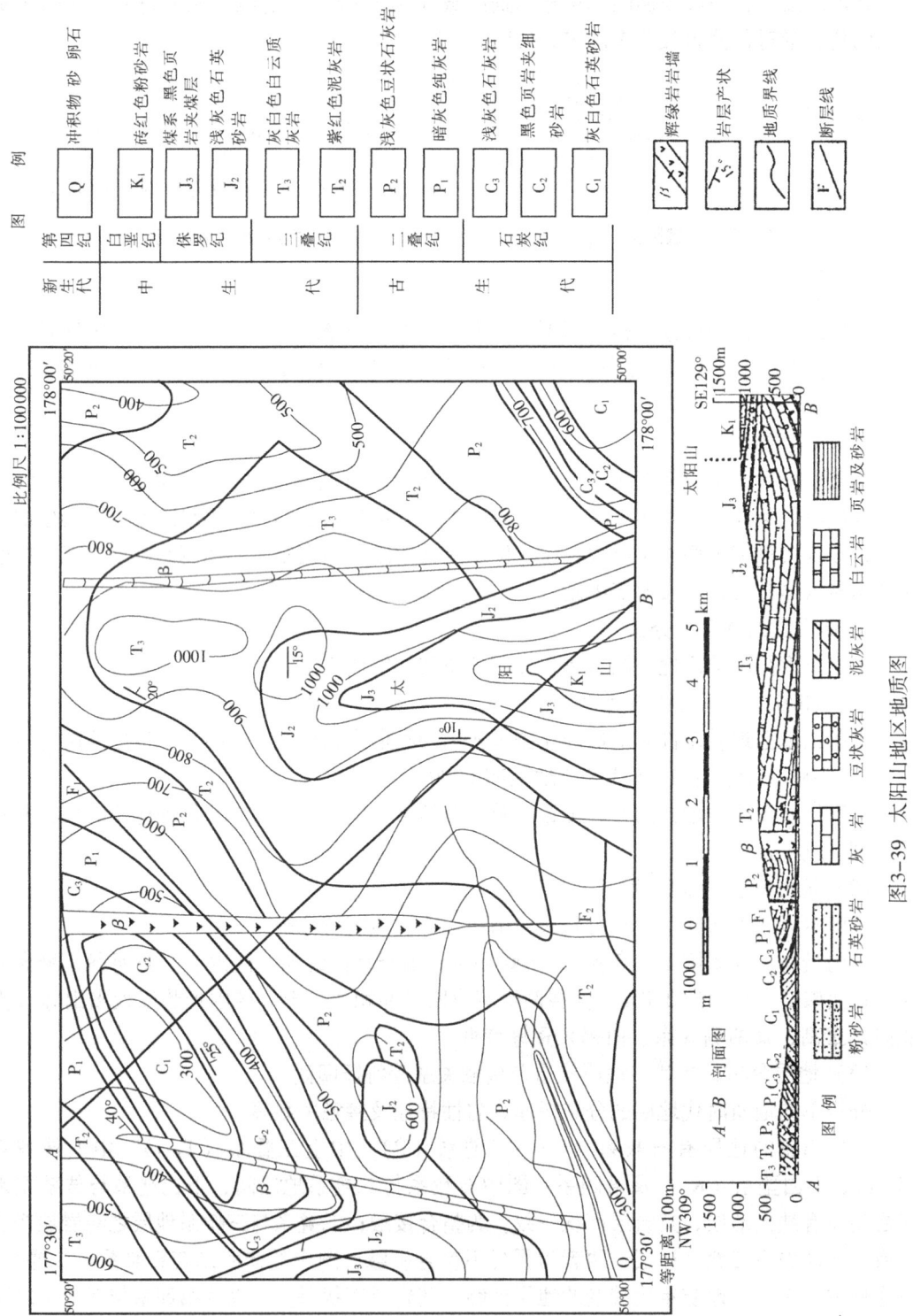

图3-39 太阴山地区地质图

层为侵入接触，而与中上侏罗系及下白垩系之间为沉积接触。

太阳山地区基底褶皱构造由三个褶曲组成，轴向均为 NE—SW 向。其中，西北部的短轴背斜和东南角的短轴背斜（图幅内仅出露了该背斜的西北翼），其核部均由下石炭系（C_1）地层的灰白色石英砂岩组成，两翼对称分布的是 C_2、C_3、P_1、P_2、T_2 和 T_3 地层。两个短轴背斜之间开阔地带则以上三叠系灰白色白云质灰岩为核部的向斜，两翼对称分布的是 T_2、P_2、P_1、C_3、C_2、C_1 地层，两翼岩层倾角平缓，为 20°左右。

区内有两组断裂，一组为 NE—SW 走向的 F_1 断裂，和区内基底褶皱轴向一致，其倾角近于直立，断裂面两侧岩层无明显位移；另一组为三条南北走向张性断裂，均被辉绿岩浆侵入而形成辉绿岩墙或岩脉，只有中间一条断裂尚保留了一段 F_2 没有被辉绿岩侵入。

（4）综合分析各种地层、构造等现象之间的关系，说明其规律性及地质发展简史

从该区的地层分布及接触关系分析，辉绿岩的形成地质时代，应为三叠纪以后，中侏罗纪之前，区内缺失下侏罗系（J_1）地层，且上三叠系（T_3）与中侏罗系（J_2）地层间呈角度不整合接触。从图 3-39 中看出，辉绿岩墙被 F_1 断裂所切割，则 F_1 断裂形成时间晚于 F_2 断裂。F_1、F_2 两组断裂切割了上三叠系（T_3）地层，而没有切割中侏罗系（J_2）地层。因此，F_1、F_2 断裂都形成于早侏罗世（J_1），但 F_2 断裂早于 F_1 断裂。所以在早侏罗世（J_1）时期，本地区发生过一次规模较大的构造运动，称印支运动，形成了本区的基底褶皱构造形态和南北向张性断裂，本次构造运动后期伴有岩浆活动，并沿张性断裂侵入形成辉绿岩岩墙或岩脉。

思 考 题

1. 什么是相对地质年代？什么是绝对地质年代？地层相对地质年代是怎样确定的？
2. 地质年代单位和地层年代单位的含义及相互关系怎样？
3. 什么是岩层的产状？产状三要素是什么？岩层产状的表示方法有哪些？
4. 什么是褶皱构造？褶皱要素及基本形态有哪些？
5. 如何识别褶皱并判断其类型？
6. 如何对褶皱进行工程地质评价？
7. 如何区别张节理与剪节理？
8. 节理、解理有何区别？
9. 什么叫断层？断层由哪几个部分组成？断层的基本类型有哪些？在野外如何识别断层？
10. 如何对断层进行工程地质评价？
11. 试述岩层间接触关系的类型、各自的含义及识别方法。

第4章　第四纪地质与地貌

第四纪是地球发展的最新阶段，距今仅200万年左右，包括更新世和全新世。由于长期的内、外力地质作用，在地壳表面形成的各种不同成因、类型及规模的起伏形态，称为地貌。

"地形"与"地貌"的含义不同。"地形"专指地表既有形态的某些外部特征，如高低起伏、坡度大小和空间分布等，这些形态在地形图中是以地形等高线表达的。"地貌"含义广泛，它不仅包括地表形态的全部外部特征，还要分析和研究这些形态的成因和发展。

4.1　概述

4.1.1　第四纪沉积环境及沉积物特征

1. 沉积环境

沉积环境是指形成松散碎屑物的水动力、生物、地貌、物理、化学等条件因素的总和。一般将沉积环境大致分为表4-1所示的类型。

表4-1　第四纪沉积环境分类

沉积环境	陆相环境	地面环境	沙漠、冰川
		水下环境	河流、湖泊、沼泽
	海陆相过渡环境	滨海环境	滨岸、河口、三角洲、泻湖、湖海
	海相环境		浅海、半浅海、深海

沉积环境的不同常常会造成沉积物的成分、性质、厚度、结构和构造等在水平方向或垂直方向上产生很大的差异性，而相似的沉积环境中形成的第四纪沉积物又具有很多的一致性。

2. 第四纪沉积物的特征

（1）陆相环境沉积物的特征

陆相沉积物与地貌的演变和风化、剥蚀、堆积作用的关系密切。其形成时间短，处于不同气候带的起伏不平的沉积物，受到各种地质营力影响，成因复杂，岩性、厚度和粒径范围变化大，表现出松散性、多变性、移动性及多样性的特征。

（2）海相沉积物的特征

海洋随深度和地貌条件不同，其动力条件、压力、光照和含氧量均不相同，第四纪沉积物亦有很大区别，以泥质和钙质为主，还常常伴有化学沉积物、珊瑚和腕足类等海洋生物的遗体。海洋沉积物的结构和构造还会因海侵和海退而形成水平和垂直方向上的变化。

（3）海陆相过渡环境

海陆相过渡环境较为复杂，具有海相、陆相混合特点。因此，认识海、陆相过渡环境的沉积物，对于了解区域性古地理背景和海侵、海退沉积旋迴等意义很大。

4.1.2 第四纪沉积物的分带性

第四纪沉积物受气候、地形地貌条件的影响，具有明显的空间与时间上带状分布的特征。

随着气候带的不同，我国自北向南，沉积物呈纬向的带状分布：寒带的冻土、温带的黑土、暖温带的黄土和红土及亚热带与热带的红土。

随着距海的远近、气候的干湿变化，我国自西向东，沉积物呈经向的带状分布：干旱区的戈壁和风成地貌、半干旱区的黄土、潮湿区的冲积物及沿海的海相堆积物。

同时，第四纪冲积物在空间分布上表现出严格的地带性。在山地主要为冰碛物和冰缘沉积；在山麓则长期进行冰水沉积和洪积，并向内陆盆地、平原方向过渡为洪积—冲积物、黄土、红土等。

4.2 第四纪地貌分类

1. 地貌的形态分类

地貌的形态分类，就是按地貌的绝对高度、相对高度及地面的平均坡度等形态特征进行分类。表4-2是大陆上山地和平原的一种常见的分类。

表4-2 大陆地貌的形态分类

形态类别		绝对高度/m	相对高度/m	平均坡度/（°）	我国分布举例
山地	高山	>3500	>1000	>25	喜马拉雅山、天山
	中山	3500～1000	1000～500	10～25	大别山、庐山、雪峰山
	低山	1000～500	500～200	5～10	川东平行岭谷、华蓥山
	丘陵	<500	<200		闽东沿海丘陵
平原	高原	>600	>200		青藏、内蒙古、黄土、云贵高原
	高平原	>200			成都平原
	低平原	0～200			东北、华北、长江中下游平原
	洼地	低于海平面高度			吐鲁番洼地

2. 地貌的成因分类

目前尚无统一的地貌成因分类方案，这里仅介绍以地貌形成的主导因素作为基础的分类方案。

（1）内力地貌

以内力地质作用为主所形成的地貌为内力地貌，根据内力的不同又可分为：

①构造地貌 由地壳的构造运动所造成的地貌，其形态能充分反映原来的地质构造形

态。如高原符合于构造隆起和上升运动为主的地区，盆地符合于构造凹陷和下降运动为主的地区。

②火山地貌　由火山喷发出来的熔岩和碎屑物质堆积所形成的地貌为火山地貌，如熔岩盖、火山锥等。

（2）外力地貌

以外力地质作用为主所形成的地貌为外力地貌。根据外动力的不同，可将第四纪地貌形态划分为：风化地貌、重力地貌、水成地貌、冰川地貌、冻土地貌、风成地貌、岩溶地貌等。

①风化地貌　以风化作用为地貌形成和发展的基本因素。如风化壳与风化带、残积土等。

②重力地貌　以重力作用为地貌形成和发展的基本因素。其所形成的地貌如崩塌、滑坡等。

③水成地貌　以水的作用为地貌形成和发展的基本因素。可分为面状冲刷地貌、线状冲刷地貌、河流地貌、湖泊地貌与海岸地貌等。

④冰川地貌　以冰雪的作用为地貌形成和发展的基本因素。可分为冰川侵蚀地貌与冰川堆积地貌。在高纬度及高山地区，地表一定厚度的积雪，经过一系列物理变化，能成为具有可塑性的冰川冰，冰川冰可在其本身的压力作用下沿山谷及斜坡流动，在冰川运动过程中使床底基岩压碎并被冰川掘起，冰川所携带的基岩碎块沿途对床底和两侧基岩进行磨蚀，形成一系列的冰川侵蚀地貌，如冰斗、刃脊、角峰、冰川槽谷等。被冰川搬运的碎屑物质叫运动冰碛，当冰川消融后，运动冰碛便堆积下来，形成一系列的冰川堆积地貌，如侧碛、终碛等。

⑤冻土地貌　以冻融作用为地貌形成和发展的基本因素。处在大陆性气候条件下的高纬度极地以及高山高原地区，由于缺少冰雪覆盖，土层直接暴露于地表，从而导致土层中热量不断散失，引起地温的逐步下降，于是在土层下部形成了多年不化的冻结层，称为冻土或永久性冻土。常见的冻土地貌有石海和石川、冰冻结构土等。

⑥风成地貌　以风的作用为地貌形成和发展的基本因素。它是干旱及半干旱地区常见的地貌形态，包括风蚀地貌与风积地貌，前者如风蚀洼地、蘑菇石等，后者如新月形沙丘、沙垄等。

⑦岩溶地貌　以地表水和地下水的溶蚀作用为地貌形成和发展的基本因素。其所形成的地貌如溶沟、石芽、溶洞、峰林和地下暗河等。

外力地质作用与人类的工程活动有密切关系，是工程地质研究的主要对象。因此，研究第四纪地貌形态以及成因类型与工程地质特征，对人类合理地开发地质环境，利用地质资源，使工程活动和人类生存的地质环境协调发展，都是极其重要的。

本章主要介绍山岭地貌、风化地貌、水成地貌的特征与性质。

4.3 山岭地貌

山岭地貌具有山顶、山坡、山脚等明显的形态要素。山顶呈长条状延伸时称山脊。相连的两山顶之间较低的山腰部分称为垭口。一般来说，山体岩性坚硬、岩层倾斜或因受冰川的刨蚀时，多呈尖顶或很狭窄的山脊；在气候湿热、风化作用强烈的花岗岩或其他松软岩石分布地区，山顶多呈圆顶；在水平岩层或古夷平面分布地区，山顶则多呈平顶。

山坡的形状取决于新构造运动、岩性、岩体结构及坡面剥蚀和堆积的演化过程等因素。

山脚是山坡与周围平地的交接处。由于坡面剥蚀和坡脚堆积，使山脚在地貌上一般并不明显，通常存在有缓坡作用的过渡地带。它主要由一些坡积裙、冲积锥、洪积扇及岩堆、滑坡堆积体等流水堆积地貌和重力堆积地貌组成。

1. 山岭地貌的类型

山岭地貌可以按形态或成因分类。按形态分类一般是根据山地的海拔高度、相对高度和坡度等特点进行划分，如表4-2所示。按地貌成因，可以将山岭地貌划分为以下类型：构造运动形成的山岭、火山作用形成的山岭、剥蚀作用形成的山岭。

(1) 构造运动形成的山岭

①平顶山　由水平岩层构成的一种山岭，多分布在顶部岩层坚硬（如灰岩、胶结紧密的砂岩或砾岩）和下卧层软弱（如页岩）的硬软互层发育地区，在侵蚀、溶蚀和重力崩塌作用下，使四周形成陡崖或深谷，由于顶面岩石抗风化力强而兀立如桌面。

②单面山　由单斜岩层构成的沿岩层走向延伸的一种山岭，它常常出现在构造盆地的边缘和舒缓的穹隆、背斜和向斜构造的翼部，其两坡一般不对称。与岩层倾向相反的短而陡的坡，称为前坡。前坡多是经外力的剥蚀作用所形成，故又称为剥蚀坡。与岩层倾向一致的长而缓的坡，称为后坡或构造坡。如果岩层倾角超过40°，则两坡的坡度和长度均相差不大，其所形成的山岭外形很像猪背，所以又称猪背岭。单面山的发育，主要受构造和岩性控制。

③褶皱山　由褶皱岩层所构成的一种山岭。在褶皱形成的初期，往往是背斜形成高地（背斜山），向斜形成凹地（向斜谷），地形是顺应构造的，所以称为顺地形。但随着外力剥蚀作用的不断进行，有时地形也会发生逆转现象，背斜因长期遭受强烈剥蚀而形成谷地，而向斜则形成山岭，这种与地质构造形态相反的地形称为逆地形。一般在较新的褶皱构造上顺地形居多，在较老的褶皱构造上，由于侵蚀作用进一步发展，逆地形则比较发育。

④断块山　由断裂变动所形成的山岭。它可能只在一侧有断裂，也可能两侧均为断裂所控制。断块山在形成的初期可能有完整的断层面及明显的断层线，断层面构成了山前的陡崖，断层线控制了山脚的轮廓，使山地与平原或山地与河谷间界线相当明显而且比较顺直。以后由于剥蚀作用的不断进行，断层面便可能遭到破坏而后退，崖底的断层线也被巨厚的风化碎屑物所掩盖。此外，在第3章中已经指出过，由断层所构成的断层崖，也常受

垂直于断层面的流水侵蚀，因而在谷与谷之间就形成一系列断层三角面，它常是野外识别断层的一种地貌证据。

⑤褶皱断块山　上述山岭都是由单一的构造形态所形成，但在更多情况下，山岭常常是由它们的组合形态所构成。由褶皱和断裂构造的组合形态构成的山岭称为褶皱断块山，这里曾经是构造运动剧烈和频繁地区的证据。

（2）火山作用形成的山岭

火山作用形成的山岭，常见有锥状火山和盾状火山。锥状火山是多次火山活动造成的，其岩熔黏性较大、流动性小，冷却后便在火山口附近形成坡度较大的锥状外形。盾状火山是由黏性较小、流动性大的岩熔冷凝形成，故其外形呈基部较大、坡度较小的盾状。

（3）剥蚀作用形成的山岭

这种山岭是在山体地质构造的基础上，经长期外力剥蚀作用所形成的。例如，地表流水侵蚀作用所形成的河间分水岭，冰川刨蚀作用所形成的刃脊、角峰，地下水溶蚀作用所形成的峰林等，都属于此类山岭。由于此类山岭的形成是以外力剥蚀作用为主，山体的构造形态对地貌形成的影响已不明显，所以此类山岭的形态特征主要取决于山体的岩性、外力的性质及剥蚀作用的强度与规模。

2. 垭口与山坡的特征

（1）垭口

对于公路、铁路工程来说，研究山岭地貌必须重点研究垭口。因为越岭的公路路线若能寻找到合适的垭口，可以降低公路高程和减少展线工程量。从地质作用看，可以将垭口归纳为如下三个基本类型：构造型垭口、剥蚀型垭口和剥蚀–堆积型垭口。

①构造型垭口

这是由构造破碎带或软弱岩层经外力剥蚀所形成的垭口。常见的有下列三种：

• 断层破碎带型垭口　这种垭口的工程地质条件比较差。岩体的整体性被破坏，经地表水侵入和风化，岩体破碎严重，一般不宜采用隧道方案，如采用路堑，也需控制开挖深度或考虑边坡防护，以防止边坡发生崩塌，如图4–1所示。

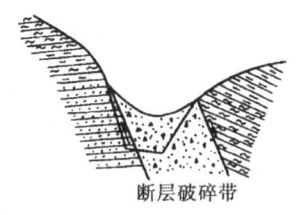

图4–1　断层破碎带型垭口

• 背斜张裂带型垭口　这种垭口虽然构造裂隙发育，岩层破碎，但工程地质条件较断层破碎带型要好，这是因为垭口两侧岩层外倾，有利于排除地下水，有利于边坡稳定，一般可采用较陡的边坡坡度，使挖方工程量和防护工程量都比较小。如果选用隧道方案，

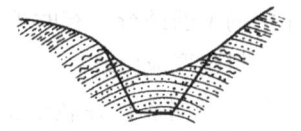

图4–2　背斜张裂带型垭口

施工费用和洞内衬砌也比较节省，是一种较好的垭口类型，如图4–2所示。

• 单斜软弱层型垭口　这种垭口主要由页岩、千枚岩等易于风化的软弱岩层构成。两侧边坡多不对称，一坡岩层外倾、略陡。由于岩性松软，风化严重，稳定性差，故不宜深挖。若采取路堑深挖方案，与岩层倾向一致的一侧，边坡的坡角应小于岩层的倾角，两侧坡面都应有防风化的措施，必要时应设置护壁或挡土墙。穿越这一类垭口，宜优先考虑隧道方案，可以避免因风化带来的路基病害，还有利于降低越岭线的高程，缩短展线工程量或提高公路纵坡标准，如图4-3所示。

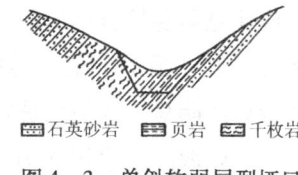

图4-3 单斜软弱层型垭口

②剥蚀型垭口

这是以外力强烈剥蚀为主导因素所形成的垭口，其形态特征与山体地质结构无明显联系。此类垭口的共同特点是松散覆盖层很薄，基岩多半裸露。垭口的宽窄和形态特点主要取决于岩性、气候及外力的切割程度等因素。在气候干燥寒冷地带，岩性坚硬和切割较深的垭口，宜采用隧道方案，采用路堑深挖也比较有利，是一种最好的垭口类型；在气候温湿地区和岩性较软弱的垭口，则采用深挖路堑或隧道对穿都比较稳定，但工程量比较大；在石灰岩地区的溶蚀性垭口，无论是明挖路堑或开凿隧道，都应注意溶洞或其他地下溶蚀地貌的影响。

③剥蚀-堆积型垭口

这是在山体地质结构的基础上，以剥蚀和堆积作用为主导因素所形成的垭口。其开挖后的稳定条件主要取决于堆积层的地质特征和水文地质条件。这类垭口宽厚，外形浑缓，宜于公路展线，但松散堆积层的厚度较大，有时还发育有湿地或高地沼泽，水文地质条件较差，故不宜降低过岭标高，通常多以低填或浅挖的断面形式通过。

（2）山坡

山坡是山岭地貌形态的基本要素之一，不论越岭线或山脊线，路线的绝大部分都是设置在山坡或靠近岭顶的斜坡上的。所以在路线勘测中总是把越岭垭口和展线山坡作为一个整体通盘考虑的。山坡的形态特征是新构造运动、山坡的地质结构和外动力地质条件的综合反映，对公路的建筑条件有着重要的影响。

山坡的外部形态特征包括山坡的高度、坡度及纵向轮廓等。山坡的外形是各种各样的，下面根据山坡的纵向轮廓和山坡的坡度，将山坡简略地概括为以下几种类型。

①按纵向轮廓分类的山坡

• 直线形坡 在野外见到的直线形山坡，一般可分为三种情况。第一种是山坡岩性单一，经长期的强烈冲刷剥蚀，形成纵向轮廓比较均匀的直线形山坡，其稳定性一般较高。第二种是由单斜岩层构成的直线形山坡，这种山坡在介绍单面山时曾经指出过，其外形在山岭的两侧不对称，一侧坡度陡峻，另一侧则与岩层层面一致，坡度均匀平缓，从地形上看，有利于布设路线，但开挖路基后遇到的顺倾向边坡，在不利岩性和水文地质条件下，很容易发生大规模的顺层滑坡，因此不宜深挖。第三种是由于山体岩性松软或岩体相当破碎，在气候干旱、寒冷，物理风化强烈的条件下，经长期剥蚀碎落和坡面堆积而形成的直线形山坡；这种山坡在青藏高原和川西峡谷比较发育，其稳定性最差，若选作傍山公路的路基，应注意避免挖方内侧的坍方和路基沿山坡滑塌。

• 凸形坡（图4-4a） 这种山坡上缓下陡，自上而下坡度渐增，下部甚至呈直立状态，坡脚界线明显。这类山坡往往是由于新构造运动加速上升，河流强烈下切所造成。其稳定条件主要取决于岩体结构，一旦发生山坡变化，则会形成大规模的崩塌。凸形坡上部的缓坡可选作公路路基，但应注意考察岩体结构，避免因人工扰动和加速风化导致失去稳定。

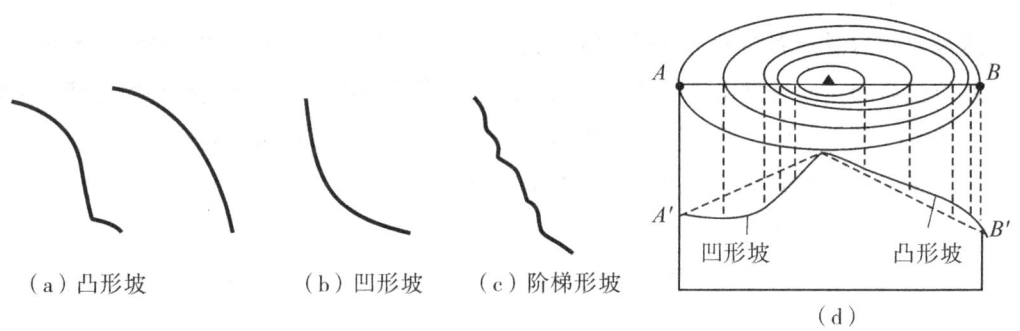

图4-4 按纵向轮廓分类的山坡

• 凹形坡（图4-4b） 这种山坡上部陡，下部急剧变缓，坡脚界线很不明显。山坡的凹形曲线可能是新构造运动的减速上升造成的，也可能是山坡上部的破坏作用与山麓风化产物的堆积作用相结合的结果。分布在松软岩层中的凹形山坡，多是在过去特定条件下由大规模的滑坡、崩塌等山坡变形现象形成的，凹形坡面往往就是古滑坡的滑动面或崩塌体的依附面。地震后的地貌调查表明，凹形山坡在各种山坡地貌形态中是稳定性比较差的一种。在凹形坡的下部缓坡上，也可进行公路布线，但设计路基时，应注意稳定平衡，沿河谷的路基应注意冲刷防护。

• 阶梯形坡（图4-4c） 阶梯形山坡有两种不同的情况，一种是由软硬不同的水平岩层或微倾斜岩层组成的基岩山坡，由于软硬岩层的差异风化而形成阶梯状的山坡外形，山坡的表面剥蚀强烈，覆盖层薄，基岩外露，稳定性一般比较高。另一种是由于山坡曾经发生过大规模的滑坡变形，由滑坡台阶组成的次生阶梯状斜坡，这种斜坡多存在于山坡的中下部，如果坡脚受到强烈冲刷或不合理的切坡，或者受到地震的影响，可能引起古滑坡复活，威胁建筑物的稳定。

在地形图上，从山顶向四周观察，等高线先密后疏，为"凹形坡"；等高线先疏后密，为"凸形坡"（图4-4d）。

②按纵向坡度分类的山坡

山坡的纵向坡度，小于15°的为微坡，介于16°～30°之间的为缓坡，介于31°～70°的为陡坡，山坡坡度大于70°的为垂直坡。

山坡的稳定性高，坡度平缓，便于公路展线，对于布设路线是有利的，但应注意考察其工程地质条件。平缓山坡特别是在山坡的一些凹洼部分，通常有厚度较大的坡积土和其他重力堆积物分布，坡面径流也容易在这里汇集，当这些堆积物与下伏基岩的接触面因开挖而被揭露后，遇到不良水文地质情况，就可能引起堆积物沿基岩顶面滑动。

4.4 风化地貌

风化作用是一种最普遍的外力地质作用，在大陆的各种地理环境中都存在，使坚硬致密的岩石松散破坏，改变了岩石原有的矿物组成和化学成分，使岩石的强度和稳定性大为降低，对工程建筑条件有着不良的影响。此外，如滑坡、崩塌、岩堆及泥石流等不良地质现象，大部分都是在风化作用的基础上逐渐形成和发展起来的。所以，了解风化作用，分析岩石的风化程度，对评价工程建筑条件是必不可少的。

1. 风化带划分

遭受风化作用的地壳岩石圈表层称为风化壳。风化岩石自地表至新鲜岩石的垂直距离为风化壳厚度。岩石的风化是由表及里的，风化作用的影响由地表至新鲜基岩逐渐减弱，一般总是在地表较强烈。因此，在风化剖面的不同深度上，岩石的物理力学性质也会有明显的差异。从工程地质的角度，一般对整个风化壳剖面自上而下按照岩石风化程度的不同分为 4 个带：全风化带、强风化带、中风化带和微风化带。表 4-3 列出了岩石风化分带及各带的基本特征，且这种分带是对保留完整的风化剖面而言的，实际上经常出现缺失或重复上部某些风化带。分清各个风化带对建筑场地的选择、工程设计、施工和处理等都是十分必要的。

岩石风化带的界线，在工程实践中是一项重要的工程地质资料。在许多地方都需要运用地表岩体不同风化带的分界线，作为拟定挖方边坡坡度、基坑开挖深度以及采取相应的加固与补强措施的参考。但是，到目前为止，我国还没有一个比较明确的定量指标作为分界的依据，通常只是根据当地的地质条件并结合实践经验予以确定。另一方面，虽然岩石的风化是由表及里的，但往往由于当地的岩性、地质构造、地形和水文地质条件不同，岩体风化带的分布情况变化很大，不一定都能清楚地划分出上述 4 个风化带；或者由于受到其他外力作用，部分风化层已被剥蚀，因而看不到完整的风化带的情况也相当普遍。因此，划分岩石风化带时需要结合实际情况进行综合分析。

表 4-3 岩石风化分带及各带基本特征

风化带	野外特征	力学性质	风化程度参数指标	
			波速比 K_v	风化系数 K_f
全风化带	结构基本破坏，但尚可辨认，有残余结构强度，锤击声哑，可用镐挖，干钻可钻进	强度很低，抗压强度仅为新鲜岩石的 1/4 左右	0.2～0.4	—

续表 4-3

风化带	野外特征	力学性质	风化程度参数指标	
			波速比 K_v	风化系数 K_f
强风化带	结构大部分破坏，矿物成分显著变化，风化裂隙很发育，岩体破碎，锤击声哑，用镐可挖，干钻不易钻进	强度较低，岩块抗压强度低于新鲜岩石的 1/3	0.4～0.6	<0.4
中风化带	结构部分破坏，沿节理面有次生矿物，风化裂隙发育，岩体被切割成岩块。锤击发音清脆，用镐难挖，需爆破开挖，岩芯钻方可钻进	强度较原岩低，抗压强度为原岩的 1/3～2/3	0.6～0.8	0.4～0.8
微风化带	结构基本未变，仅节理面有渲染或略有变色，有少量风化裂隙	与新鲜岩石相差无几，不易区别	0.8～0.9	0.8～0.9
未风化带	岩质新鲜，偶见风化痕迹	新鲜基岩强度	0.9～1.0	0.9～1.0

注：波速比 K_v 为风化岩石与新鲜岩石压缩波速度之比；风化系数 K_f 为风化岩石与新鲜岩石饱和单轴抗压强度之比。

2. 风化作用的工程评价与调查

（1）工程评价

岩石受风化作用后，物理化学性质发生了改变，其变化的情况随着风化程度的轻重而不同。如岩石的裂隙度、孔隙度、透水性、亲水性、胀缩性和可塑性等都随风化程度加深而增加，岩石的抗压和抗剪强度都随风化程度加深而降低，风化成分产物的不均匀性、产状和厚度的不规则性都随风化程度加深而增大。所以，岩石风化程度愈深的地区，工程建筑物的地基承载力愈低，岩石的边坡愈不稳定。风化程度对工程设计和施工都有直接影响，如矿山建设，场址选择，水库坝基、大桥桥基和公路路基等地基开挖深度，浇灌基础应到达的深度和厚度，边坡开挖的坡度以及防护或加固的方法等，都将随岩石风化程度不同而异。因此，工程建设前必须对岩石的风化程度、速度、深度和分布情况进行调查和研究。

（2）调查

查明风化程度，确定风化层的工程性质，以便考虑建筑物的结构和施工的方法；查明风化层厚度和分布，以便选择最适当的建筑地点，合理地确定风化层的清基和挖方的土石方量，确定加固处理的有效措施；查明风化速度和引起风化的主要因素，对那些直接影响工程质量和风化速度快的岩层，必须制定预防风化的正确措施。

3. 残积土（Q^{el}）的特征与工程地质评价

（1）残积土的特征

岩石风化后未经搬运而残留在原地的松散碎屑物质，称为残积土，由残积土组成的地层称为残积层（图 4-5），它包括物理风化形成的碎屑物、化学风化形成的难溶物和生物风化形成的土

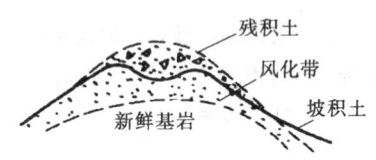

图 4-5 残积土层剖面

壤。由于风化作用的复杂性，各地残积物的特点有所不同，但其共同的特点是：原地堆积形成；残积物中的碎屑物质大小不均、棱角明显；堆积物无分选、无层理；土的物理力学性质各处不一，且其厚度变化大，在山坡上较薄，坡脚处较厚；由表往里与基岩是逐渐过渡关系，上部风化程度深，下部风化程度浅；残积土中残留碎屑的矿物成分，在很大程度上与下卧基岩一致，这是它区别于其他沉积物的主要特征。

（2）残积土的工程地质评价

①由于残积土的孔隙很多，成分及厚度很不均匀，物理力学性质变化很大，若以黏性土组成的残积土作为地基时，应着重研究可能产生的不均匀沉降问题。一般在粗岩碎屑组成的残积土地区，沉降量较小，危害不大。

②在残积土中开挖基坑时，边坡的稳定性取决于其组成成分。在山坡的残积土分布地段，常有因修建建筑物而产生沿下部基岩面或软弱面的滑动问题。

③在残积土地区进行建筑时，如果残积土很薄，可以把它挖除而将基础建在基岩上。当残积土的厚度较大时，应尽量利用残积土作为地基，只有在残积土的强度和变形不能满足建筑物要求的情况下，才考虑采取加固措施或将其挖除。

④我国南部地区的某些残积层，还具有一些特殊的工程性质。如：由石灰岩风化而成的残积红黏土，虽然其孔隙比较大，含水率高，但因其结构性强，因而承载力高。又如，由花岗岩风化而成的残积土，虽室内测定的压缩模量较低，孔隙也比较大，但其承载力并不低。

4.5 水成地貌

4.5.1 坡积土（Q^{dl}）的特征与工程地质评价

由于重力、雨水或雪水的作用将原处于高处的风化碎屑物质向下搬运，堆积在平缓的斜坡或坡脚处而形成的堆积物称为坡积土，由坡积土组成的地层称为坡积层。它一般分布在坡腰或坡脚，其上部与残积土相接（图4-5）。

1. 坡积土的特征

坡积土由于搬运距离短，其物质来源于坡上，一般以黏土、粉质黏土为主，碎屑颗粒呈棱角状，分选性差，无层理或局部有层理；坡积土厚度不均匀，一般是坡脚处最厚，向山坡上及远离坡脚方向逐渐变薄；坡积土底部的倾斜度取决于下卧基岩面的倾斜程度，而其表面倾斜度则与生成的时间有关；时间越长，搬运、沉积在山坡下部的物质越厚，表面倾斜度也越小。坡积土与残积土的主要区别是坡积土的矿物成分与下卧基岩没有直接关系。

2. 坡积土的工程地质评价

坡积土与下卧基岩的接触面是不整合面，因此，在这种地区进行建筑时，坡积土的稳定性就应特别注意。坡积土的稳定性主要与下卧基岩面的坡度及形态、坡积土本身性质、下卧基岩的性质等因素有关。

（1）坡积土的稳定程度首先取决于下卧基岩面的坡度。一般基岩面的坡度愈大，坡积土的稳定性就愈差。有时在地表很平缓的地区出现了坡积土滑动的情况，这主要是由于基岩面的坡度较大。所以不能单凭地表的坡度来判断坡积土的稳定性。在山区常可碰到坡积土覆盖在老的沟槽之上。在沟槽的横向方向上，由于受到空间的限制，坡积土一般不易产生滑动；而在沟槽的纵向方向上，坡积土的稳定性则主要取决于沟槽方向的基岩面的坡度。此外，下卧基岩面的形态对坡积土的稳定性也有影响，如果基岩面凹凸不平或是阶梯状，对坡积土的稳定是有利的。

（2）黏粒含量较多的坡积土，雨季时含水量将增加，因而它的稳定性就会大大降低。由黏土组成的坡积土的天然孔隙率往往很高，具有较大的压缩性，加上坡积土的厚度多是不均匀的，因此，在这种坡积土上修建建筑物时还应注意不均匀沉降问题。

（3）当坡积土下的基岩是不透水或弱透水的岩石时，渗入土中的水就会在坡积土中聚集成地下水并沿基岩顶面向下运动，这对坡积土的稳定性是不利的；如果下卧基岩又是遇水易软化的岩石，将更容易引起坡积土的滑动；如果坡积土的坡脚受水冲刷或不合理开挖，都可促使坡积土滑动。另外在坡积土上加荷，对其稳定性也不利。

由于坡积土在山区和丘陵地区分布很广，在这些地区进行建筑时，如果对它处理不当就会留下很严重的隐患。薄的坡积土可以用挖除的办法；当坡积土较厚时，应当尽量避免挖除，这时可以考虑采用桩基或墩基。

4.5.2 洪积土（Q^{pl}）的特征与工程地质评价

当山洪携带的大量碎屑物质流至山麓平原或沟口时，因地势突然变得开阔，水流分散，搬运能力骤减，它所携带的大量碎屑物质便沉积下来，形成洪积土。

随着离沟口距离的增加，山洪的搬运能力逐渐减弱，且沉积的区域逐渐开阔，因而洪积土所携带的大量泥沙、石块，流出沟口沉积后常堆积成扇形，形成洪积扇（图4-6）。洪积扇逐渐扩大，有时与相邻沟口的洪积扇互相连接起来，则形成洪积裙，甚至形成洪积平原。洪积平原地形平缓，有利于道路、城镇及工厂建设。

图4-6 洪积扇

1. 洪积土的特征

洪积土具有很强的规律性，一般呈现出以下特征：

（1）由于洪积物的搬运距离较短，且沉积时的水动力条件变化迅速，所以洪积物大小混杂，分选性差，颗粒多带棱角。但由于受水动力条件的影响，块石、碎石及粗砂等粗颗粒物质常首先在沟口大量沉积下来，较细的物质则继续被水搬运至离沟口较远的地方，从而呈现出离沟口的距离越远，沉积物质越细的特点。

（2）经过多次洪水而形成的洪积扇常呈较不规则的斜交层理，有时还夹有透镜体和条带状的细粒碎屑和黏土混合物等。

（3）洪积土中的地下水一般属于潜水，在顶部埋藏较深；在边缘地带，地下水埋藏浅；局部低洼地段，地下水可能溢出地表。

(4) 洪积扇的厚度一般是随离沟口的距离的增加而逐渐减小。

2. 洪积土的工程地质评价

洪积土作为建筑物地基，要注意洪积扇的活动性。正在活动的洪积扇，每当暴雨季节，仍将发生新的洪积物沉积。

(1) 离山前较近的洪积土（图4-7，A区），颗粒较粗，地下水埋藏较深，具有较高的承载力，压缩性低，可作为良好的天然地基，但应注意透镜体等引起的地基不均匀沉降。

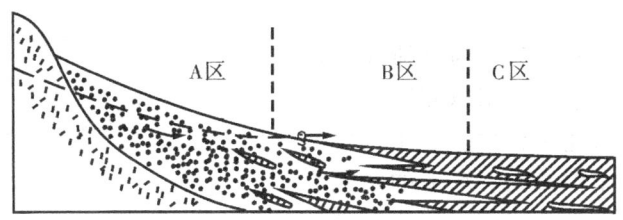

图4-7 洪积土分区及地下水分带示意图
1—卵砾石；2—砂土；3—黏性土；4—基岩；5—潜水位；
6—承压水位；7—地下水流向；8—下降泉；9—井
A区—近山区，潜水深埋带；B区—中间过渡带，地下水溢出带；C区—远山区

(2) 在离山区较远的地带（图4-7，C区），洪积土的颗粒较细，成分较均匀，厚度较大，一般也是良好的建筑地基。

(3) 应注意的是上述两地段的中间过渡地带（图4-7，B区），常因粗碎屑土与细粒黏性土的透水性不同，使得地下水溢出地表形成沼泽地带且存在尖灭或透镜体，因此土质较差，承载力较低，对建筑不利，工程建设中应注意这一地区的复杂地质条件。

4.5.3 冲积土（Q^{al}）的特征与工程地质评价

河流在河床坡度平缓的地带及河口附近，由于水流的流速变缓，所搬运的物质便沉积下来，这种沉积过程称为河流沉积，所沉积的物质构成冲积土。冲积土的特征表现为物质有明显的分选现象，上游及中游沉积的物质多为大石块、卵石、砾石及粗砂等，下游沉积的物质多为中、细砂及黏性土等，颗粒的磨圆度较好，多具层理，并有透镜体等。

受基岩性质、地质构造和河流地质作用等因素的控制，河谷的形态是多种多样的。在中、下游的平原地区，由于水流缓慢，多以沉积作用为主，河谷多发展为谷底平缓、谷坡较陡的"U"形谷；在上游山区，河流的下切侵蚀作用超过侧向侵蚀作用，因而多形成两壁陡峭的"V"形河谷。不仅如此，河谷两侧的形态有对称的，也有不对称的。

阶地若有数级，则按照高低位置的不同，自下而上可分别称为Ⅰ级阶地、Ⅱ级阶地、Ⅲ级阶地等（图4-8），阶地的形成是受地壳运动的影响，河流侧向侵蚀和垂直侵蚀交替进行的结果。由于形成阶地的原因是复杂的，因而可出现不同的类型：主要是由河流侵蚀作用而形成的称为侵蚀阶地，其特征是阶地面上没有或只有很少的沉积物（图4-8a）；由于地壳下降或海平面上升，河流以沉积作用为主时，则形成堆积阶地（图4-8b）；若

河流的沉积作用和下切作用是交替进行的，还可形成下部为基岩、上部为沉积物的基座阶地（图4-8c）。

河流冲积土在地表分布广泛，可分为平原区河流冲积土、山区河流冲积土、山前平原冲洪积土、三角洲及溺谷沉积土等类型。

1. 平原区河流冲积土的特征与工程地质评价

平原河谷大多数有河床、河漫滩及阶地等单元（图4-9）。平原河流以侧向侵蚀为主，因而河谷不深而宽度很大。处于正常流量时，河水仅在河床中流动。河床的两侧为宽广的河漫滩。处于洪水期间，河漫滩则被洪水淹没。河谷阶地是在地壳升降运动与河流侵蚀、沉积等作用相互配合下形成的。由河漫滩向上依次为Ⅰ级阶地、Ⅱ级阶地……阶地位置越高，其形成的年代越早。

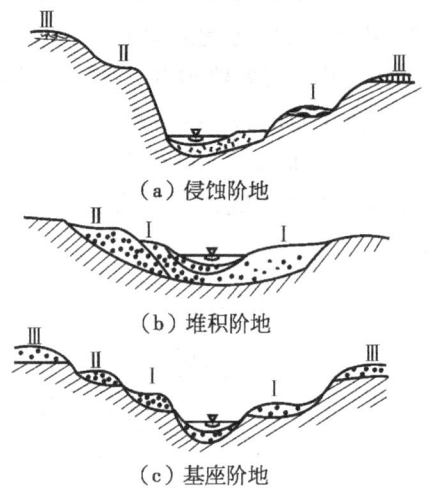

图4-8 河流阶地的类型
(a) 侵蚀阶地
(b) 堆积阶地
(c) 基座阶地

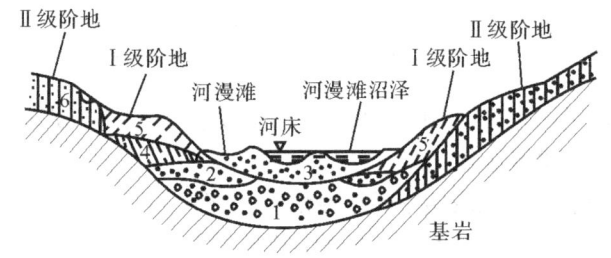

图4-9 平原河谷横断面示例（垂直比例尺放大）
1—砾卵石；2—中粗砂；3—粉细砂；4—粉质黏土；5—粉土；6—粉砂土

平原河流的上游，河谷成"V"字形，由于水的流速较快，多不能形成固定的冲积土。所沉积的砂砾物质，在洪水期多被带到中、下游。在河谷下游出现河曲，在河曲的凹岸处河岸受到侵蚀，而在河曲的凸岸处则多会有砂、砾、卵石等沉积形成平原区河流冲积土。

（1）平原区河流冲积土的特征

平原河流冲积土包括河床冲积土、河漫滩冲积土、牛轭湖冲积土和湖积土等。河床冲积土有卵石、砾石、砂、粉土、粉质黏土、淤泥等。河漫滩冲积土是洪水期河水溢出河床两侧时形成的沉积物，主要沉积一些较细的物质，如细砂、粉土及粉质黏土；其主要特征是上部的细砂和黏土与下部的河床沉积的粗粒土组成二元结构，具斜层理与交错层理。牛轭湖冲积土主要是含有机质的沉积物，如淤泥、泥炭等。一般河床冲积土是构成河谷谷底的最主要物质；它分布在整个河谷谷底范围内，厚度较大；在河床冲积土上覆盖着厚度较小的河漫滩冲积土；而牛轭湖冲积土多以透镜体的形式分布在河床冲积土和河漫滩冲积土中。

(2) 平原区河流冲积土的工程地质评价

①河床冲积土 大多为中密砂砾，作为建筑物地基，其承载力较高，但必须注意河流冲刷作用可能导致建筑物地基的毁坏以及凹岸边坡的稳定问题。

②河漫滩冲积土 其下层为砂砾、卵石等粗粒物质，上部则为河水泛滥时沉积的较细颗粒的土，局部夹有淤泥和泥炭层。河漫滩地段地下水埋藏很浅，当沉积物为淤泥和泥炭土时，其压缩性高，强度低，作为建筑物地基时，应认真对待，尤其是在淤塞的古河道地区，更应慎重处理；如冲积物为砂土，则其承载力可能较高，但开挖基坑时必须注意可能发生的流砂现象。

③河流阶地冲积土 是由河床冲积土和河漫滩冲积土演变而来的，其形成时间较长，又受周期性干燥作用，故土的强度较高，可作为建筑物的良好地基。

2. 山区河流冲积土的特征与工程地质评价

山区河流冲积土大多由卵石、砾石等组成，分选性较平原区河流冲积土差，大小不同的砾石互相交替，成为水平排列的透镜体或不规则的带状。由于山区河流流速大且河床的深度不大，故冲积土的厚度也不大，多不超过 10～15 m。一般山区河谷谷地是由单一的河床砾石组成，不像平原河谷冲积土那样复杂。山区冲积土透水性很大，抗剪强度高，压缩性很小，是建筑物的良好地基。当山区河谷宽广时，也会有河漫滩冲积土出现，主要为含泥的砾石，并具有交错层理。此外，山区河谷中还可能有泥石流沉积物。

3. 山前平原冲洪积土的特征与工程地质评价

山前平原冲洪积土沿山麓分布，厚度有时可能达数百米。这种沉积土有分带性，近山处为冲积和部分洪积成因的粗碎屑物质组成，向平原低地逐渐变为粗砂、砂及黏土。因此，山前平原的工程地质条件也随分带性的不同而变化。愈往平原低处，工程地质条件愈差。

4. 三角洲及溺谷冲积土的特征与工程地质评价

三角洲冲积土是河流所搬运的大量物质在河口、河流入海或入湖处沉积而成。三角洲冲积土的厚度很大，能达几百米或几千米，面积也很大。三角洲冲积土可分为水上部分及水下部分。水上部分主要是河床及河漫滩冲积土。水下部分则由河流冲积土和海、湖的堆积物混合组成，成倾斜沉积土，如图 4-10 所示。

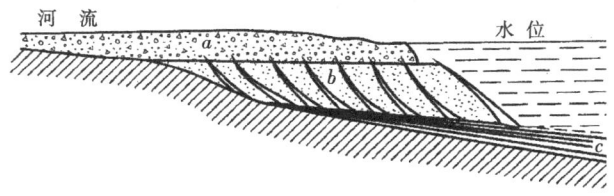

图 4-10 三角洲冲积层示意图
a—顶积层；b—前积层；c—底积层

三角洲冲积物的颗粒较细，含水量大，呈饱和状态，承载力较低，有的还有淤泥分布。在三角洲冲积物的最上层，由于经过长期的干燥和压实，形成"硬壳"层，其承载力较下面的土层高，应很好地利用这一层。另外，在三角洲进行工程建设时，还应查明暗滨或暗沟的分布情况。

溺谷是被海水淹没的河谷。溺谷沉积土中大多含有有机混合物的淤泥质物质，具有高孔隙度、高压缩性和低抗剪强度，不宜做重型建筑物的地基。

5. 湖泊沉积土的特征与工程地质评价

湖泊是大陆上主要的沉积场所，湖水在风力的作用下产生的波浪称为湖浪。湖浪的大小与风力强弱、湖面的大小、积水深度等有关。一般在水深 20 m 以下的湖底就不受波浪干扰成为静水环境。在湖岸带，湖浪冲蚀湖岸形成湖蚀洞穴和湖蚀崖等地形。湖浪侵蚀的碎屑物以及由入湖河流等带来的碎屑物被湖流和湖浪等动力向湖心方向搬运。一般来说，搬运动力由湖岸向湖心逐渐减弱。较粗的砾、砂沉积在湖岸的附近，形成湖滩、沙洲、沙坝及沙嘴等地形，具有较好的磨圆度及明显的层理和交错层理。而较细的碎屑物质被带到湖心发生沉积，常带有粉砂、细砂薄层。

湖岸沉积土近岸带土的承载力高，远岸较差。湖心沉积土一般压缩性高、强度很低。湖泊淤塞后可变成沼泽，地表水聚集或地下水出露的洼地也会形成沼泽。沼泽沉积土主要是腐烂的植物残体、泥炭和部分黏土与细砂，组成沼泽土。泥炭含水量极高，承载力低，一般不宜做天然地基。

6. 海洋沉积物的特征与工程地质评价

根据海底地形起伏和海水深度，由海岸向海洋方向，海洋被分为滨海带、浅海带、大陆斜坡和深海带。

滨海带是海水运动强烈的近岸水域，波浪一方面与其他外力作用共同破坏海岸带形成大量碎屑物质，另一方面又能引起海岸带物质的搬运与沉积。滨海沉积土主要由卵石、砂砾和砂等粗碎屑物质组成（可能有黏性土夹层），具有基本水平或缓倾斜的层理构造，在进流和回流的作用下，碎屑物质得到很好的磨圆和分选。滨海带沉积土一般都具有高承载力，但透水性强。黏性土夹层干时强度较高，但遇水软化后，强度很低。由于海水大量含盐，因而使形成的黏土具有较大的膨胀性。

浅海带位于大陆架主体上，水深下限为 200 m，受较强的波浪影响，较为动荡。浅海带沉积物主要来自大陆，有细粒砂土、黏性土及淤泥，水平层理和交错层理十分发育。除碎屑沉积外，浅海带还有化学沉积和生物化学沉积。浅海带沉积物较海滨沉积物疏松、含水量高、压缩性大而强度低。

大陆斜坡和深海沉积以生物软泥、黏土及粉细砂为主。海洋沉积物中，海底表层的砂砾层稳定性差，作为地基时应注意海浪作用下发生的移动。

4.6 岩溶地貌

岩溶又称喀斯特（karst），是由于地表水和地下水活动所引起的可溶性岩石溶蚀作用，以及由于这种作用所形成的各种地表和地干溶蚀现象的总称。在可溶性岩石地区，地下水和地表水对可溶岩进行化学溶蚀作用、机械侵蚀作用以及与之伴生的迁移、堆积作用，总称为岩溶作用。在岩溶作用下所产生的地貌形态，称为岩溶地貌。

4.6.1 岩溶地貌的形态与类型

1. 岩溶地貌的形态

岩石分布地区，溶蚀作用在地表和地下形成了一系列溶蚀现象，称为岩溶的形态。岩溶形态可分为地表岩溶形态和地下岩溶形态。地表岩溶形态有溶沟（槽）、石芽、漏斗、溶蚀洼地、坡立谷、溶蚀平原等。地下岩溶形态有落水洞（井）、溶洞、暗河、钟乳石等（图4-11）。

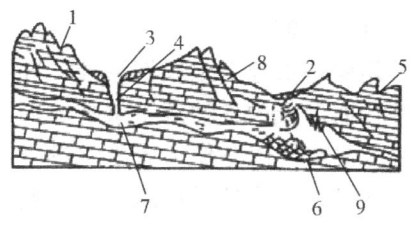

图4-11 岩溶形态示意图
1—石芽、石林；2—塌陷洼地；3—漏斗；
4—落水洞；5—溶沟、溶槽；6—溶洞；
7—暗河；8—溶蚀裂隙；9—钟乳石

(1) 溶沟（槽）、石芽和石林

溶沟、溶槽是微小的地形形态，它是地表水沿地表岩石低洼处或沿节理溶蚀和冲刷，在可溶性岩石表面形成的沟槽。溶沟溶槽将地表刻切成参差状，起伏不平，其宽深可由数十厘米至数米不等。当沟槽继续发展，以致各沟槽互相沟通，在地表上残留下一些石笋状的岩柱，这种岩柱称为石芽。石芽一般高1～2m，多沿节理有规则排列。如果溶沟继续向下溶蚀，石芽逐渐高大，沟坡近于直立，且发育成群，远观像石芽林，称为石林。如云南石林。

(2) 溶蚀洼地和坡立谷

由溶蚀作用为主形成的一种封闭、半封闭洼地称为溶蚀洼地。溶蚀洼地多由地面漏斗群不断扩大汇合而成，平面上呈圆形或椭圆形，面积由数十平方米至数万平方米。溶蚀洼地周围常有溶蚀残丘、峰丛、峰林，底部有漏斗和落水洞。

坡立谷是一种大型封闭洼地，也称溶蚀盆地。面积由数十平方千米至数百平方千米，进一步发展则成溶蚀平原。坡立谷谷底平坦，常有较厚的第四纪沉积物，谷周为陡峻斜坡，谷内有岩溶泉水形成的地表流水至落水洞又降至地下，故谷内常有沼泽、湿地或小型湖泊。底部经常有残积洪积层或河流冲积层覆盖。

(3) 漏斗及落水洞

漏斗是由地表水顺着可溶性岩石的竖直裂隙下渗，最先产生溶隙，待顶部岩石溶蚀破碎及竖直溶隙扩大，岩层顶部塌落形成近乎圆形的坑。圆形坑多具向下逐渐缩小的凹底，形状酷似漏斗称为溶蚀漏斗。漏斗的形态有垂直的、倾斜的或弯曲的，直径也大小不等，漏斗深度一般为几米至数百米。漏斗常成群地沿一定方向分布，常沿构造破碎带方向排列。漏斗底部常有裂隙通道，通常连通大溶洞或地下暗河，溶隙可能扩大成地面水通向地下暗河或溶洞的通道，称落水洞。它是岩层裂隙受流水溶蚀、冲刷扩大或坍塌而成，常出现在漏斗、槽谷、溶蚀洼地和坡立谷的底部，或河床的边部，呈串珠状排列。

(4) 峰丛、峰林和孤峰

此三种形态是岩溶作用极度发育的产物。溶蚀作用初期，山体上部被溶蚀，下部仍相连通称峰丛；峰丛进一步发展成分散的、仅基底岩石有少许相连的石林称峰林；耸立在溶蚀平原中孤立的个体山峰称孤峰，它是峰林进一步发展的结果。如：我国桂林、阳朔，峰丛、峰林与孤峰大量分布，构成美丽景致。

（5）干谷

原来的河谷，由于河水沿谷中漏斗、落水洞等通道全部流入地下，使下游河床干枯而成干谷。

（6）溶洞

溶洞是由地下水长期溶蚀、冲刷和塌陷作用而形成的各种近于水平方向发育的洞穴。溶洞早期是作为岩溶水的通道，其形态多变，洞身曲折，断面不规则。地面以下至潜水面之间，地表水垂直下渗，溶洞以竖向形态为主；在潜水面附近，地下水多水平运动，溶洞多为水平方向迂回曲折延伸的洞穴。地下水中多含碳酸盐，在溶洞顶部和底部饱和沉淀，而成石钟乳、石笋和石柱（图4-12）。规模较大的溶洞，长达数十千米，洞内宽处如大厅，窄处似长廊。

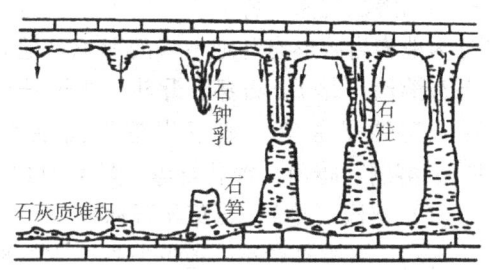

图4-12 石钟乳、石笋和石柱生成示意图

（7）暗河

暗河是地下岩溶水汇集和排泄的主要通道。部分暗河常与地面的沟槽、漏斗和落水洞相通，暗河的水源经常是通过地面的岩溶沟槽和漏斗经落水洞流入暗河内。因此，可以根据这些地表岩溶形态及分布位置，概略地判断暗河的发展和延伸。溶洞和暗河对各种工程建筑物特别是地下工程建筑物造成较大危害，应予特别重视。

（8）天生桥

天生桥是溶洞或暗河洞道塌陷直达地表而局部洞道顶板不发生塌陷，形成的一个横跨水流的石桥。天生桥常为地表跨过槽谷或河流的通道。

（9）土洞

在坡立谷和溶蚀平原内，可溶性岩层常被第四系土层所覆盖。由于地下水的作用，土体中可溶成分被溶滤，带走细小颗粒，使土体被掏空成洞穴，而形成土洞。当土洞发展到一定程度时，上部土层发生塌陷，危害地表建筑物的安全。

2. 岩溶地貌的类型

岩溶地貌按形态可分为岩溶盆地、峰林地形、石芽残丘和溶蚀准平原，其成因与特征见表4-4。

表4-4 岩溶地貌分类

地貌类型	成因与特征
岩溶盆地	岩溶盆地是一种漏斗状或盆状的凹地，常以较高、较陡的悬崖与周围相隔离，盆地的规模大小不一，形态上变化也很大，有时由数个岩溶盆地串通而成狭长形的带状凹地。 岩溶盆地的底部比较平坦（底部低洼部分常有软土、淤泥存在），地表河流或地下暗河流经其中，并常有漏斗、竖井、落水洞等分布，在盆地边缘常有石灰岩的风化残积物（红黏土）及悬崖崩塌物的堆积

续表4-4

地貌类型	成 因 与 特 征
岩溶盆地	岩溶盆地的周围常有岩溶下降泉出露，地表水及周围的下降泉均由无数的落水洞或暗河所排泄；当洪水期间，这些落水洞或暗河被堵，排泄不畅时，则形成暂时性积水，淹没盆地底部或成为一个季节性的岩溶湖泊。 岩溶盆地常一连串地沿着断层线、褶皱轴或主要节理方向发育，因这些构造形迹的存在，使岩溶盆地更易发育。 落水洞、竖井：是由地表水沿着石灰岩凹地、高倾角节理、裂隙密集交叉处溶蚀扩大而成，起着近代地表水流入地下的通道作用者称落水洞，不起近代地表水流入地下通道作用者，称竖井或天然井。 漏斗：为倒圆锥状或漏斗状的低洼地形，由于水的侵蚀作用并伴随着塌陷而成。 溶洞、暗河：是以岩溶水的溶蚀作用为主，间有潜蚀和机械塌陷作用而造成的近于水平方向延伸的洞穴称溶洞；当溶洞中有经常性的水流，而流量又较大时，则称为暗河
峰林地形	岩溶盆地的边缘进一步受到溶蚀破坏，使连续的石灰岩悬崖切割分离而成柱形或锥形的陡峭石峰，就形成了峰林地形。 许多石峰分布在一起的称峰丛或峰林；当峰林地形形成后，由于地表河流的侧蚀作用和进一步的溶蚀作用，石峰的高度减低，相互间的距离增大，形成了孤立挺拔的孤峰，有时称为残峰；在厚层水平的石灰岩地区，当垂直节理发育时，经强烈的溶蚀作用而成密集壁立的石峰称为石林。 峰林地区的地面常崎岖不平，常有石芽发育，并伴有漏斗、竖井、落水洞、暗河等分布。 峰林往往顺岩层走向排列，在背斜的轴部，峰林最易形成，而且发育也较完善；在产状平缓、层厚、质纯的石灰岩地区，峰林则常呈星点状分布
石芽残丘	当地表水沿石灰岩的表面或裂隙流动时，常将岩石溶切成很深的沟槽，其长度小于五倍宽度者，称为溶沟，大于五倍者称为溶槽；溶沟之间凸起的石脊，称为石芽，石芽分布在石灰岩裸露的地面上，称为石芽残丘。 石芽的形态表现多种多样，有山脊式、棋盘式和石林式，或裸露于地面，或隐伏于地下；石芽之间溶沟底部的红黏土，一般含水量较大，土质较软
溶蚀准平原	岩溶盆地经过长期的溶蚀破坏，形成比较开阔的平原称溶蚀准平原，其上常有稀落低矮的残峰分布，地表为河流冲积层或石灰岩的风化残积物（红黏土）所覆盖，河流两旁或河床底部有时有灰岩出露，地面分布着漏斗或落水洞，或有石芽出露地表，暗河时出时没，常见有地表塌陷及造成塌陷的土洞

4.6.2 岩溶发育的规律

1. 岩溶与岩性的关系

岩溶指可溶性岩石，可溶岩是岩溶发育的必备条件。可溶岩的化学成分、矿物成分、岩石结构对岩溶的发育程度、发育速度和发育特征等有直接影响。

（1）岩石性质不同，岩溶的发育速度也不同，两者的关系见表4-5。可溶岩按化学成分和矿物成分可分为三种类型：碳酸盐类岩石（如石灰岩、白云岩等）、硫酸盐类岩石

（如石膏、芒硝等）和卤素类岩石（如岩盐）。

表 4-5 可溶岩性质与岩溶速度的关系

可溶岩的岩石性质	岩溶速度	岩溶分布范围
碳酸盐类岩石（如石灰岩、白云岩等）	较慢	分布广
硫酸盐类岩石（如石膏、芒硝等）	中等	分布少
卤素类岩石（如岩盐）	较快	稀少

（2）质纯、层厚的可溶岩层的岩溶发育强烈，且形态齐全，规模较大。

（3）含泥质或其他杂质的岩层，岩溶发育较弱。

（4）岩石结晶颗粒的粗细对岩溶发育的强弱有直接影响。

2. 岩溶和地质构造的关系

（1）断裂构造对岩溶发育的控制

断裂构造破坏了岩层的完整性，断层带附近的岩石破碎，节理裂隙特别发育，极有利于岩溶水的循环及溶蚀作用的进行。岩溶程度与断层性质、断层带的状态密切相关。岩溶常沿各种断层带发育，且有如下特征：

①正断层带岩溶通常很发育；

②逆断层带岩溶一般不发育，但逆断层的上盘的岩溶化程度往往很强烈，这是由于逆断层的上盘位移时，在断层面上产生了拖拉作用，岩层剧烈向上拱起，产生大量的张节理，并使层间裂隙进一步扩大；

③在节理裂隙的交叉处或密集带，岩溶最易发育。

（2）褶皱轴部岩溶一般较发育

单斜岩层，岩溶一般顺层面发育。在不对称的褶皱中，陡的一翼较缓的一翼发育。

（3）各种岩层产状条件下岩溶发育的特点

在岩溶分布地区，可溶岩与非可溶岩的产状和空间分布位置的不同，构成了不同的径流条件，因此，岩溶的发育也具有不同的特点。

①产状水平或缓倾的可溶岩，其上覆为非可溶岩分布时，因可溶岩不能从垂直方向得到降水的补给，因而，岩溶一般不发育。只有当地表沟谷切割强烈，山岭两侧侵蚀基准有显著高差时，才产生水平的岩溶系统。

②产状水平或缓倾的可溶岩，其下伏为非可溶岩分布，且二者接触面高于邻近的河水面时，由于受非可溶岩的阻隔，岩溶水在其向下的溶蚀过程中不易继续下切。这样，非可溶岩与可溶岩的接触面就成为控制岩溶水排泄的基准面。因而，此处常有岩溶泉以悬挂的形式出露在河谷斜坡之上。当二者接触面低于邻近的河水面时，此接触面是岩溶水向深部运动的下限，往往控制着当地岩溶发育的深度。

③陡倾及直立产状的可溶岩，上覆与下伏均为非可溶岩时，上下接触带处岩溶发育。常有一系列竖井、落水洞、漏斗等垂直岩溶形态；在下接触带常有活跃的水动力现象，出现一系列的接触上升泉，在这种情况下，岩溶水总的流动方向常与岩层走向一致。

3. 岩溶与地壳升降运动的关系

（1）地壳强烈上升时，侵蚀基准面相对下降，岩溶水在适应侵蚀基准面的过程中强烈下切，岩溶以垂直方向发育为主。

（2）地壳处于相对稳定时期，侵蚀基准面相对静止，岩溶水为适应稳定的基准面，进行着侧向溶蚀和机械侵蚀，在水平循环带内，形成水平岩溶系统。地壳稳定的时期愈长，对岩溶的发育愈有利，在长期水的作用下，可以发育成规模巨大的地下溶洞和暗河。同时，由于洞顶板的塌陷，会使垂直循环带下陷，造成巨大的岩溶形态（如大型溶蚀盆地）。

（3）地壳下降时，原来水平发育的岩溶处于侵蚀基准面以下，原来垂直发育的岩溶又增加了水平发育，使岩溶更加复杂。

4. 岩溶与地形的关系

（1）地形越陡，地表水体径流越快，岩溶的发育常以表面的岩溶形态为主，常有溶沟、溶槽、石芽等地表形态出现。由于水体很难进入深部，则深部的岩溶不发育。

（2）当地形平缓时，则地表水易于下渗而进入可溶岩体内溶蚀岩层，这时地表与地下的岩溶发育的速度几乎相同，地下的岩溶形态多以漏斗、落水洞、岩溶竖井、岩溶塌陷、岩溶洼地等形态出现。

5. 岩溶与大气降水的关系

降水多，地表水体强度大、气候潮湿，地下水能得到补给，则岩溶的发育就较快；反之，气候干旱，降雨量少，地表水体强度弱，地下水得不到补给，则岩溶发育较慢。

思 考 题

1. 试说明地貌的分类。
2. 地貌按形态和成因可划分为哪几种类型？它们各自的特征是什么？
3. 山岭地貌有哪些形态要素？
4. 山坡和垭口各有哪些基本形态？它们和公路建设有何关系？
5. 残积土的特征有哪些？如何对其进行工程地质评价？
6. 坡积土的特征有哪些？如何对其进行工程地质评价？
7. 洪积土的特征有哪些？如何对其进行工程地质评价？
8. 冲积土的特征有哪些？如何对其进行工程地质评价？
9. 岩溶地貌的形态有哪些？有哪些发育规律？

第5章 地下水

5.1 概述

地下水是地球上极其重要的天然资源之一，赋存于地表以下岩土空隙中，与人类的生产、生活和工程活动密切相关。它一方面是饮用、灌溉和工业供水的重要水源；另一方面，地下水与岩土相互作用，会使岩土体的强度和稳定性降低，导致各种不良的地质现象产生，如滑坡、岩溶、潜蚀、泥石流等，对土木工程建设和使用造成危害。此外，如果地下水中含有 CO_3^{2-}、SO_4^{2-}、Cl^- 等侵蚀性物质，会使地下混凝土结构、钢结构遭到破坏。因此，地下水的性质、成分、形成与分布、埋藏条件、运动规律以及地下水的不良作用与控制等就成为土木工程建设中不可忽视的问题。

5.1.1 水在岩土中的赋存形式

自然界岩土孔隙中赋存着各种形式的水，按其存在形态分为液态水、气态水、固态水。

1. 液态水

根据水分子受力状况可分为结合水、重力水、毛细管水。

（1）结合水

岩土颗粒表面均带有电荷，水分子又是偶极体，由于静电引力作用，固相（岩土颗粒）表面便具有吸附水分子的能力。受到固相表面的吸引力大于其自身重力的那部分水称为结合水。由于固相表面对水分子的吸引力自内向外逐渐减弱，因此结合水的物理性质也随之发生变化。最接近固相表面的结合水称为强结合水（又称吸着水），其外层称弱结合水（又称薄膜水）。

①强结合水　其所受引力高达一万个大气压，该水的密度比普通水大一倍左右，可以抗剪切，但不传递静水压力，-78℃时仍不结冰。在外界土压力作用下，强结合水（吸着水）不能移动，但在105℃下将土烤干保持恒温时，可将其排除。强结合水不能被植物根吸收。黏性土仅含强结合水时呈现为固体状态。砂土也可含有极微量的强结合水。

②弱结合水　其厚度大于强结合水的厚度，抗剪强度较小，在外界土压力下可以变形，可以由膜相对厚处向薄处移动。弱结合水溶解盐类的能力较低（相当于重力水），因蒸发可由土中逸出地表，其外层可被植物根吸收。

黏性土的一系列物理力学性质都与弱结合水（薄膜水）有关。砂土由于颗粒的比表面积较小以及其他原因，弱结合水含量甚微，可忽略不计。

（2）重力水

在重力作用下能在岩土孔隙中运动的水称为重力水，即常称的地下水。它不受分子力的影响（或所受分子引力远小于其所受的重力），可以传递静水压力。

（3）毛细管水

由于毛细管力支持充填在岩土细小孔隙中的水称为毛细管水，又称毛细水。它同时受毛细管力和重力的作用，当毛细管力大于水的重力时，毛细管水就上升。因此，地下水面以上普遍形成一层毛细管水带。毛细管水能垂直上下运动，能传递静水压力。根据毛细管力作用情况的不同可分为支持毛细管水、悬着毛细管水、孔角毛细管水。

毛细管水和重力水又称为自由水，均不能抗剪切，但可传递静水压力，密度在 $1g/cm^3$ 左右。

2. 气态水

呈气态和空气一起充填在非饱和的岩土孔隙中的水称为气态水。它可随空气的流动而运移，即使空气不流动，也能由湿度相对大的地方向小的地方移动。在一定温度、压力条件下可与液态水相互转化，两者之间保持动态平衡。当岩土空隙内水气增多达到饱和或周围温度降低到露点时，气态水便凝结成液态水。

3. 固态水

指常压下当岩土体温度低于零度时，岩土孔隙中的液态水（甚至气态水）凝结成冰（冰夹层、冰锥、冰晶体等）称为固态水。固态水在土中起到胶结作用，形成冻土，提高其强度。但解冻后土的强度往往低于冻结前的强度。因为岩土孔隙中的液态水转变为固态水时，其体积膨胀，使土的孔隙增大，结构变得松散，故解冻后的土压缩性增大，其强度降低。

5.1.2 地下水的形成条件

地下水的形成与地质、地貌、气候等条件有关。

1. 地质条件

地下水的形成，必须具有一定的岩石性质和地质构造条件。岩石的孔隙性是地下水形成的先决条件。地下水的储存和运动与孔隙、裂隙的大小、数量多少及连通情况有关。

岩（土）层性质不同，其孔隙性及透水性也各异。岩（土）层的颗粒愈大，形状愈不规则，排列愈疏松，粒度愈均匀，则孔隙愈大，透水性也愈强；反之，孔隙愈小，透水性也愈弱。例如，砾岩、中粗砂岩一般孔隙较大，透水性强；而粉砂岩的孔隙较小，透水性也弱。有的岩（土）层孔隙或裂隙数量虽多，但因孔隙、裂隙过小，加之连通情况不好，地下水就难以在其间流动。例如，黏土层、页岩、泥岩及裂隙不发育的结晶岩石。

根据岩（土）层的透水性不同，可将岩（土）层分为透水层和不透水层（图5-1）。

（1）透水层

孔隙和裂隙多而大，能使地下水流通过的水岩（土）层，称为透水层，如砂砾层，以及裂隙与岩溶发育的岩层。

（2）含水层

贮存有地下水的透水层，称为含水层。

（3）隔水层

孔隙和裂隙少而小，相对

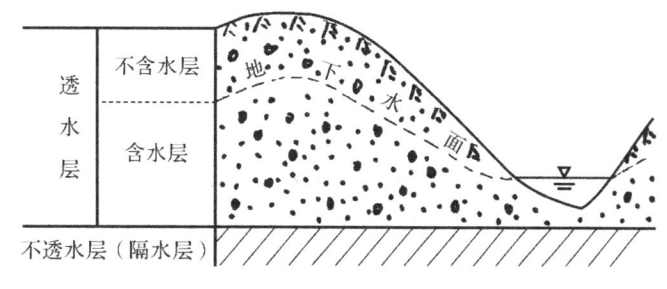

图5-1 地下水储水构造示意图

不透水的致密岩（土）层，称为不透水层或称为隔水层。

含水层的形成，需要岩层具有蓄水的空间、存水的地质结构和充足的补给来源，三个条件缺一不可。含水层与隔水层是相对而言的，其间并无截然的界限和绝对的定量指标。在水源丰富的地区，只有供水能力强的岩层，才能作为含水层。而在缺水地区，某些岩层虽然只能提供较少的水量，也被视为含水层。

地质构造常对岩层的裂隙发育起着控制作用，因而也影响着岩石的透水性。致密的不透水岩层，当其位于褶曲轴附近时可因裂隙发育而强烈透水；断层破碎带是地下水流动的通道。地质构造同时还影响着透水层与隔水层的不同组合。因而也就形成了不同类型的地下水。另外，向斜构造及张裂性断裂构造可直接形成良好的蓄水构造。

2．气候条件

气候条件对地下水的形成有着重要的影响。因为这是决定地下水来源、带有区域性的因素。如大气降水、空气湿度以及当地的蒸发和凝结速度等方面的变化都将影响到地下水的水量。

3．地貌条件

地貌条件与地下水的形成关系也很密切。例如在平原地区，由于第四纪冲积层较厚，往往是地下水形成和埋藏的良好含水层。在山前倾斜平原的顶部和中上部地带，多由洪积、冲积的粗大碎屑颗粒组成，也是地下水形成和埋藏的有利地带。在河谷地带，当河流经透水性良好的冲积层时，河水下渗，往往在河谷两岸分布有丰富的地下水。在山岭地区，一般不易停集大量地下水，而在山岭顶部因风化强烈或裂隙发育，岩体松散、破碎，也能储存来自大气的降水或冰雪融水。

4．人为因素

随着人类经济活动的日益增多，人为因素对地下水的形成、埋藏深度、储量以及动态的影响日益增大。如修建水库或进行灌溉，可以增加地下水的补给量，促使地下水位上升，扩大地下水的分布范围或产生新的地下藏水。而大规模的排水和抽取地下水，又可引起地下水位大幅度下降，有时甚至因此而引起地面下沉，导致建筑物发生变形甚至破坏。

5.2 地下水的物理性质和化学成分

由于地下水在运动过程中与各种岩石相互作用、溶解岩石中可溶物质等原因，地下水成为一种复杂的液体。

研究地下水的物理性质和化学成分，对于了解地下水的成因与动态、确定地下水对混凝土等的侵蚀性等，都有着实际的意义。

5.2.1 地下水的物理性质

地下水的物理性质包括温度、颜色、透明度、嗅（气）味、味道和导电性等。

地下水的温度变化范围很大。地下水温度的差异，主要受各地区的地温条件所控制。通常随埋藏深度不同而异，埋藏越深，水温越高。

地下水一般是无色、透明的，但当水中含有某些元素或含有较多的悬浮物质时，便会带有各种颜色而显得混浊。如含高铁的水为黄褐色，含腐殖质的水为淡黄色。

地下水一般是无臭、无味的，但当水中含有硫化氢气体时，水便具有臭蛋味，含氯化钠的水味咸，含氯化镁或硫酸镁的水味苦。

地下水的导电性取决于所含电解质的数量与性质（即各种离子的含量与离子价），离子含量越多，离子价越高，则水的导电性越强。

5.2.2 地下水的化学成分

1. 地下水中常见的成分

地下水中含有多种元素，有的含量很大，有的含量甚微。地壳中分布广、含量高的元素，如 O、Ca、Mg、Na、K 等在地下水中最为常见。有的元素如 Si、Fe 等在地壳中分布很广，但在地下水中却不多；有的元素如 Cl 等在地壳中极少，但在地下水中却大量存在。这是各种元素的溶解度不同的缘故。所有这些元素是以离子、化合物分子和气体状态存在于地下水中。

2. 氢离子浓度（pH 值）

氢离子浓度是指水的酸碱度，用 pH 值表示地下水的氢离子浓度主要取决于水中 HCO_3^-、CO_3^{2-} 和 H_2CO_3 的数量。自然界中大多数地下水的 pH 值在 6.5～8.5 之间。

氢离子浓度为一般酸性侵蚀指标。酸性侵蚀是指酸可分解水泥混凝土中的 $CaCO_3$ 成分，其反应式为：

$$2CaCO_3 + 2H^+ \longrightarrow Ca(HCO_3)_2 + Ca^{2+}$$

3. 矿化度

水中离子、分子和各种化合物的总量称为矿化度，以 g/L 表示。通常以在 105～110℃ 温度下将水蒸干后所得干涸残余物的含量来确定。根据矿化程度不同，可将水分为五类（表5-1）。

表5-1 水按矿化度的分类

水的类别	淡水	微咸水（低矿化水）	咸水（中等矿化水）	盐水（高矿化水）	卤水
矿化度（干涸残余物含量，g/L）	<1	1～3	3～10	10～50	>50

高矿化度水能降低混凝土的强度，腐蚀钢筋，促使混凝土表面风化，故拌和混凝土时不允许用高矿化度水，在高矿化度水中的混凝土建筑亦应注意采取防护措施。

4. 水的硬度

水中 Ca^{2+}、Mg^{2+} 的总含量称为总硬度。将水煮沸后，水中一部分 Ca^{2+}、Mg^{2+} 的重碳酸盐因失去 CO_2 而生成碳酸盐沉淀下来，致使水中 Ca^{2+}、Mg^{2+} 的含量减少，由于煮沸而减少的这部分 Ca^{2+}、Mg^{2+} 的含量称为暂时硬度，其反应式为

$$\begin{matrix} Ca^{2+} \\ Mg^{2+} \end{matrix} + 2HCO_3^- \xrightleftharpoons{\triangle} \begin{matrix} Ca \\ Mg \end{matrix} CO_3 \downarrow + H_2O + CO_2 \uparrow$$

总硬度与暂时硬度之差称为永久硬度,相当于煮沸时未发生碳酸盐沉淀的那部分Ca^{2+}、Mg^{2+}的含量。

工程中常采用的硬度表示法是每升水中Ca^{2+}和Mg^{2+}的毫克当量数,根据硬度可将水分为五类(表5-2)。

表5-2 水按硬度的分类

水的类别		极软水	软水	微硬水	硬水	极硬水
硬度	$Ca^{2+}+Mg^{2+}$的毫克当量/L	<1.5	1.5~3.0	3.0~6.0	6.0~9.0	>9.0

硬度对评价生活用水和工程用水均有很大意义。根据暂时硬度可以判定水溶解混凝土中$CaCO_3$成分的溶出性侵蚀。

5. 侵蚀性CO_2和游离CO_2

CO_2是地下水中的气体成分之一。以气体状态存在于水中的CO_2称为游离CO_2。由于CO_2的存在使水呈酸性。当水中游离CO_2的含量增加时,水溶解碳酸盐的能力相应增强,其反应式为

$$CaCO_3 + H_2O + CO_2 \rightleftharpoons Ca(HCO_3)_2 \rightleftharpoons Ca^{2+} + 2HCO_3^-$$

上式为可逆反应。当水中含有一定数量的HCO_3^-时,必须有相当的游离CO_2与之保持平衡,这部分游离CO_2称为平衡CO_2。如果水中游离CO_2含量多于平衡的需要,则多余的CO_2便可溶解$CaCO_3$,并生成HCO_3^-,使反应向右进行,直到新的平衡为止。新生成的HCO_3^-又需要一定数量的游离CO_2与之平衡,这部分CO_2必然从上述超过平衡所需的CO_2中来。因此,原来超过平衡所需的游离CO_2,一部分与新生的HCO_3^-相平衡,另一部分则消耗于对碳酸盐的溶解,后一部分的CO_2称为侵蚀性CO_2。由此可见,不是所有的游离CO_2都能和碳酸盐起作用,能溶解碳酸盐的只是其中的一部分。

地下水中只要有一定数量的侵蚀性CO_2,便具有碳酸性侵蚀,它可以溶解碳酸盐类岩石,腐蚀破坏混凝土构件。

6. 水对混凝土的侵蚀性

除了上述氢离子浓度、矿化度、暂时硬度以及侵蚀性CO_2决定水对混凝土的侵蚀性外,下述化学成分也决定着水对混凝土的侵蚀性。

SO_4^{2-}与混凝土中某些成分相互作用,生成含水硫酸盐结晶,体积膨胀,使混凝土结构破坏,故亦称结晶性侵蚀。如生成$CaSO_4 \cdot 2H_2O$,体积增大一倍,生成$MgSO_4 \cdot 7H_2O$体积增大4.3倍。

镁盐和混凝土中的$Ca(OH)_2$作用,形成$Mg(OH)_2$和易溶于水的$CaCl_2$,而使混凝土结构破坏。

5.3 地下水的类型及其特征

地下水的分类方法很多,本节仅介绍按地下水埋藏条件和含水层空隙性质的综合

分类。

根据地下水的埋藏条件，可将地下水分为包气带水、潜水和承压水三类；根据含水层的空隙性质的不同，把地下水分为孔隙水、裂隙水和岩溶水三类。上述分类可组成9种不同的地下水（表5-3）。

表5-3 地下水分类

按埋藏条件分	按含水层性质分		
	孔隙水 （松散堆积物孔隙中的水）	裂隙水 （基岩裂隙中的水）	岩溶水 （可溶岩空隙中的水）
包气带水（地面以下，潜水位以上，未饱和的岩层中的水）	土壤水——土壤中悬浮未饱和的水；上层滞水——局部隔水层以上的饱和水	露出地表的裂隙岩石中季节性存在的水	垂直渗入带中的水
潜水（地面以下，第一个稳定不透水层以上具有自由表面的水）	各种松散堆积物中的水	基岩上部裂隙中的水，沉积岩层间裂隙水	裸露岩溶化岩层中的水
承压水（两个不透水层间承受水压力的水）	松散堆积物构成的承压盆地和承压斜地中的水	构造盆地、向斜及单斜岩层中的层状裂隙水	构造盆地、向斜及单斜岩层中的水

5.3.1 按埋藏条件分类的地下水及其特征

1. 包气带水

①土壤水 包气带表层土壤中的毛细水和结合水，称为土壤水。其主要特征是受气候控制，季节性明显，变化大，雨季水量多，旱季水量少，甚至干涸。

②上层滞水 贮存于包气带中局部隔水层之上的重力水，称为上层滞水（图5-2）。上层滞水接近地表，接受大气降水补给，以蒸发形式或向隔水底板边缘排泄，水量不大，动态变化显著。上层滞水危害工程建设，常突然涌入基坑，危害基坑施工安全。

2. 潜水

埋藏在地表以下，第一个稳定隔水层之上具有自由表面的重力水，称为潜水。一般是存在于第四纪松散堆积物的孔隙中（孔隙潜水）及出露于地表的基岩裂隙和溶洞中（裂隙潜水及岩溶潜水）。

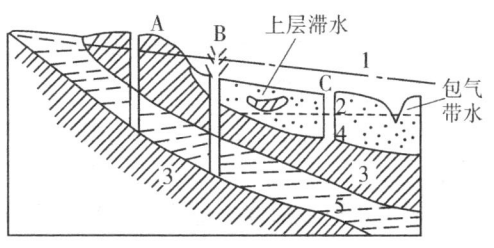

图5-2 岩层的厚度及其形态
1—承压水位；2—潜水位；3—隔水层；
4—含水层（潜水）；5—含水层（承压水）
A—承压水井；B—自流水井（承压水位高出地表）；
C—潜水井

潜水的自由水面称为潜水面，潜水面至地表的距离称为潜水的埋藏深度，潜水面上每一点的高程称为潜水位,潜水面到隔水层顶板的垂直距离称为含水层厚度。

(1) 潜水的特征

潜水的这种埋藏条件决定了潜水具有如下特征：

潜水与大气相通,具自由水面,为无压水;潜水的补给区与分布区一致,直接接受大气降水、地表水、凝结水以及灌溉用水、生活和工业废水等的补给,其中大气降水为主要补给来源;潜水水位、埋藏深度、水量、水质等受气候影响大,具有明显的季节性变化特征;潜水易受污染。

(2) 等水位线图

潜水面上标高相等各点的连线图（图5-3）,即潜水面的等水位线图。潜水面的形状主要受地形控制,基本上与地形倾斜一致,但比地形平缓,该图的主要用途为：

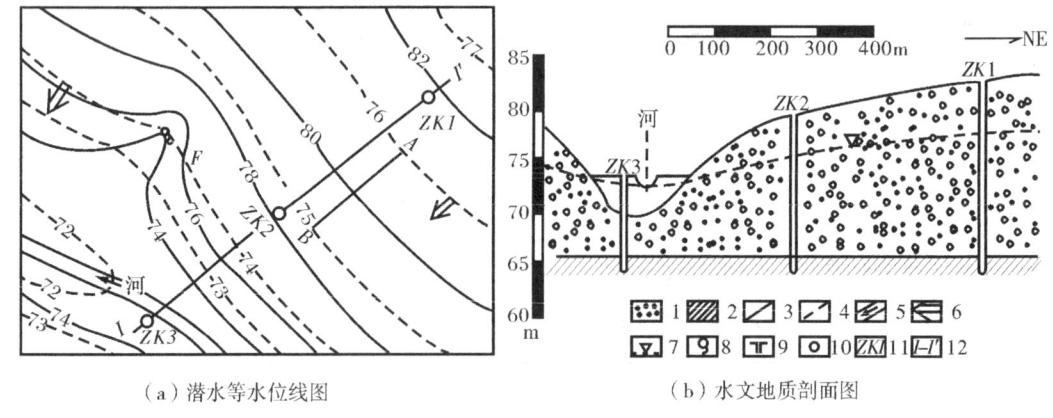

(a) 潜水等水位线图　　　　(b) 水文地质剖面图

图5-3　等水位线图

1—砂土；2—黏性土；3—地形等高线；4—潜水等水位线；5—河流及流向；6—潜水流向；
7—潜水面；8—下降泉；9—钻孔（剖面图）；10—钻孔（平面图）；11—钻孔编号；12—I-I'剖面线

①确定潜水流动方向　潜水的流向与等水位线相垂直。图5-3a中箭头所示的方向即潜水的流向,箭头指向低水位。

②确定水力坡度　沿水流方向取一线段,其端点的水位差值与该段水平距离之比即为该线段间的平均水力坡度。

③确定潜水和河水的补给关系　潜水流向指向河流,则潜水补给河水；反之,则河水补给潜水。

④确定潜水埋藏深度　潜水面的埋藏深度等于该点的地形标高减去潜水位。

⑤分析推断含水层岩性或厚度变化　等水位线变密处,即水力坡度增大之处,表征该处含水层厚度变小或渗透性变差;反之,则可能是含水层渗透性变强或厚度增大。

⑥利用等水位线图合理布设取水井和排水沟　为了最大限度地使潜水流入水井和排水沟,一般应沿等水位线布设水井和排水沟。如图5-4所示,图中1、2、3是水井,4、5是排水沟。显然按1、3布设水

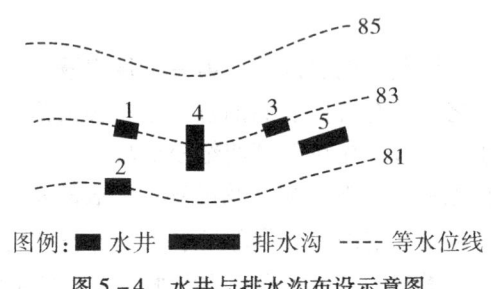

图5-4　水井与排水沟布设示意图

井是合理的,而1、2是不合理的;同理按5布设排水沟是合理的,而4是不合理的。

3. 承压水

充满于两个稳定隔水层之间的具有承压性质的重力水称为承压水,如果水不充满整个含水层,则称为层间水。其上部隔水层称为隔水顶板,下部隔水层称为隔水底板。当钻孔打穿隔水顶板时,可见到地下水,此处的高程即为该承压含水层的初见水位;承压水上升到某一高度后即静止不再上升,此时的高程叫承压水位;隔水层顶、底板间的垂直距离为承压含水层的厚度。承压水位高出隔水顶板底面的距离,称为承压水头;水压水位高出地表时得到正水头,低于地表时,得到负水头;具有正水头的承压水,称为承压自流水。承压水位高于地表的地区称作自流区,在此区,凡钻到承压含水层的钻孔都形成自流井,承压水沿钻孔上升喷出地表;各井点承压水位连成的面称为承压水面,承压水面不是真正的地下水面,它只是一个压力面(图5-5)。

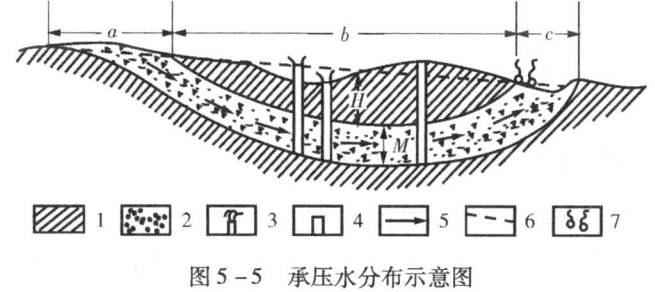

图 5-5 承压水分布示意图

a—补给区;b—承压区;c—排泄区;
1—隔水层;2—含水层;3—喷水钻孔;4—不自喷钻孔;
5—地下水流向;6—承压水位;7—泉;H—承压水头;M—含水层厚度

(1) 承压水的特征

上述承压水的埋藏条件决定了承压水具有如下特征:

承压水不具自由水面,并承受一定的静水压力。承压水承受的压力来自补给区静水压力和上覆地层压力。由于上覆地层压力是恒定的,故承压水压力的变化与补给区水位变化有关。当接受补给水位上升时,静水压力增大,水对上覆地层的浮托力随之增大,从而承压水头增大,承压水位上升;反之,补给区水位下降,承压水位随之降低。

承压含水层的分布区与补给区不一致,常常是补给区远小于分布区,一般只通过补给区接受补给;承压水的动态比较稳定,其水位、水量、水质及水温等受气象水文因素季节变化的影响不显著;任一点的承压含水层的厚度稳定不变,不受降水季节变化的支配。

(2) 等水压线图

等水压线图是承压水面上高程相等点的连线图(图5-6)。等水压线图上必须附有地形等高线和顶板等高线,后者表明钻孔钻到什么深度可见初见水位。

承压水等水压线图可以判断承压水的流向及计算水力坡度,确定初见水位、承压水位的埋深及承压水头的大小等。承压水的水头压力能引起基坑突涌,破坏坑底的稳定性。

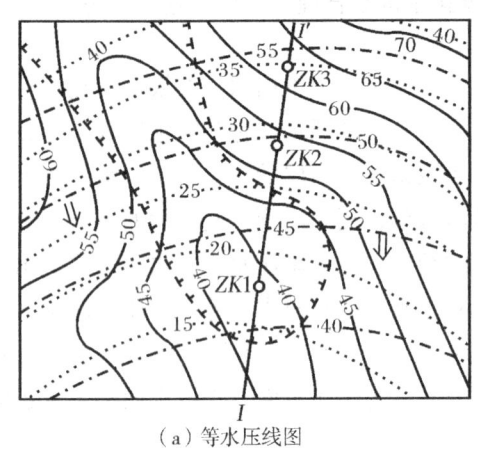 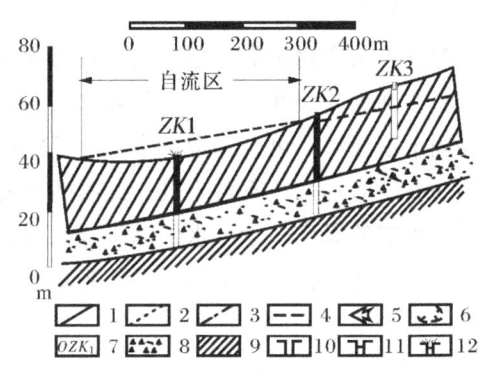

（a）等水压线图　　　　　　　　　（b）水文地质剖面图

图 5-6　等水压线图

1—地形等高线；2—承压含水层顶板等高线；3—等水压线；4—承压水位线；5—承压水流向；
6—自流区；7—钻孔及编号；8—含水层；9—隔水层；10—干孔；11—非自流孔；12—自流孔（井）

5.3.2　按含水层空隙性质分类的地下水及其特征

含水层的空隙是地下水贮存的场所和运移的通道。含水层空隙性质的不同，地下水于其中的贮存、运移和富集特点也不同。据此，可把地下水划分为孔隙水、裂隙水和岩溶水三类。

1. 孔隙水

孔隙水分布于第四系各种不同成因类型的松散沉积物中。其主要特点是水量在空间分布上相对均匀，连续性好。它一般呈层状分布，同一含水层的孔隙水具有密切的水力联系，具有统一的地下水面。

（1）冲积土中的地下水

冲积土是河流沉积作用形成的。冲积土中地下水在埋藏、分布和水质、水量上的变化取决于冲积层的岩性、结构、厚度和构造上的变化。因此，在河谷上、中、下游有很大差异。

①河流上游峡谷内常形成砂砾、卵石层分布的河漫滩，厚度不大，由河水补给，水量丰富，水质好，是良好的含水层，可作供水水源。

②河流中游河谷变宽，形成宽阔的河漫滩和阶地。河漫滩常沉积有上细（粉细砂、黏性土）下粗（砂砾）的二元结构，有时上层构成隔水层，下层为承压含水层。河漫滩和低阶地的含水层常由河水补给，水量丰富，水质好，也是很好的供水水源。我国的许多沿江城市多处于阶地、河漫滩之上，地下水埋藏浅，则不利于工程建设。

③河流下游常形成滨海平原，松散沉积物很厚，常在 100 m 以上。滨海平原上部为潜水，埋深很浅，不利于工程建设。滨海平原下部常为砂砾石与黏性土互层，存在多层承压水。

浅层承压水容易获得补给，水量丰富，水质好，是很好的开采层，但过量开采会引起地面沉降，同时，浅层承压水的水头压力威胁深基坑开挖和地下工程的施工。

(2) 洪积土中的地下水

根据地下水埋深、径流条件、化学特征等，可将洪积扇中的地下水大致分为三带：潜水深埋带、潜水溢出带和潜水下沉带（图5-7）。上述洪积层中的地下水分带规律，在我国北方具有典型性。

①潜水深埋带 位于洪积扇的顶部，地形较陡，沉积物颗粒粗，多为卵砾石、粗砂，径流条件好，是良好的供水水源。

②潜水溢出带 位于洪积扇中部，地形变缓，沉积物颗粒逐渐变细，由砂土变为粉砂、粉土，径流条件逐渐变差。上部为潜水，且埋深浅，常以泉或沼泽的形式溢出地表，下部为承压水。

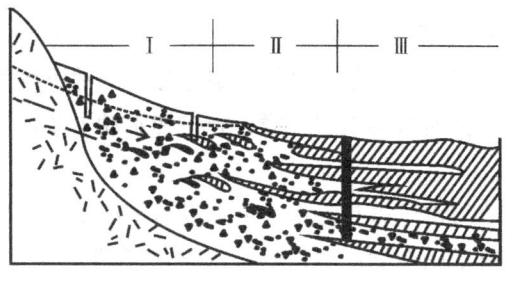

图5-7 洪积扇中地下水分带示意图
1—卵砾石；2—砂土；3—黏性土；4—基岩；5—潜水位；
6—承压水位；7—地下水流向；8—下降泉；9—钻孔(井)；
Ⅰ—潜水深埋带；Ⅱ—潜水溢出带；Ⅲ—潜水下沉带

③潜水下沉带 处于洪积扇边缘与平原的交接处，地形平缓，沉积物为粉土、粉质黏土与黏土。潜水埋藏变深，因径流条件较差，矿化度高，水质也变差。

2. 裂隙水

裂隙水是指贮存于不可溶基岩裂隙中的地下水。岩石中裂隙的发育程度和力学性质影响着地下水的分布和富集。在裂隙发育地区，含水丰富；反之，含水甚少。所以在同一构造单元或同一地段内，富水性有很大变化，因而形成了裂隙水分布的不均一性。上述特征的存在，常使相距很近的钻孔，水量相差达数十倍。

(1) 裂隙水的划分

裂隙水按其埋藏分布特征，可划分为面状裂隙水、层状裂隙水和脉状裂隙水。面状裂隙水又称为风化裂隙水，贮存于山区或丘陵区的基岩风化带中，一般在浅部发育。

层状裂隙水贮存于成层的脆性岩层（如砂岩、硅质岩及玄武岩等）中。原生裂隙和构造裂隙构成的层状裂隙中的水，一般是承压水。脉状裂隙水亦称构造裂隙水，它贮存于断裂破碎带和火成岩体的侵入接触带中，具承压水的特点，分布一般不均匀。

(2) 裂隙水富集特点

裂隙水的富集受诸多地质因素的影响，具体如下：

岩性的不同，影响着裂隙的发育程度，导致地下径流强弱差别和分布的贫富不均；力学性质不同的结构面，富水性也不同。一般情况是，张性结构面富水性强，压性结构面富水性弱，扭性结构面居中。不同的构造部位，富水性不同，通常在背斜或向斜轴部、岩层挠曲部位、弯窿顶部等处的裂隙较其他部位的发育且具张性，往往是富水地段。此外，断裂多次活动部位，由于多次作用的叠加，岩石破碎，裂隙发育，有利于裂隙水的富集和贮存。断裂构造新近活动的地方，也易于地下水富集。不同地貌部位的富水性不同，地形地貌控制地下水的补给和汇水条件，洼地、盆地、沟谷低地汇水条件好，往往为富水的有利地带。

３．岩溶水

储存和运动于可溶性岩层空隙中的地下水称为岩溶水。由于岩溶发育和分布规律极其复杂，因而岩溶水在埋藏、分布和水动力条件等方面，都与其他类型的地下水具有不同的特征。

岩溶水可以是潜水，也可以是承压水。当岩溶含水层裸露于地表时，常形成潜水或局部具有承压性能；当岩溶含水层被不透水层覆盖，就可形成承压水。岩溶发育的不均匀性，使岩溶水在垂直和水平方向上变化都很大。在可溶性岩层内可能同时具有含水层与非含水层、强含水层与弱含水层、均质含水层与集中渗流的特点。如我国南方，岩溶水主要以地下河或地下河系的管流、洞流形式存在，河系多呈树枝状，水量丰富。在打井时往往在溶洞孔道中水多，而未遇到溶洞或溶洞被黏土充填时，涌水量就小或无水。

岩溶水主要补给来源是大气降水和地表水，其次是地下水的渗流。在我国南方裸露岩溶区，降水入渗量达降水量的80%以上；在北方岩溶区，大气降水量的40%~50%可以渗入地下，个别也可达80%。岩溶水可以在裂隙中渗流，也可以在岩溶管道、孔洞中流动。由于溶蚀管道断面变化很大，岩溶水运动特征和径流条件极为复杂。

岩溶水的运动特征有：孤立水流与具有统一地下水面的水流并存，无压水与有压水并存，层流与紊流并存，明流与暗流交替出现。岩溶水的径流特征表现在：岩溶水的径流条件一般是良好的，但随着深度的增加而减弱。在裸露型厚层缓倾斜的可溶岩地区，岩溶水在垂直方向显示出明显的分带性。岩溶水排泄的最大特点是排泄集中和排泄量大，并多以暗河形式排入河流，流出地表。岩溶水动态的主要特征是对降水反应明显，水位和水量变化幅度大。在降水后，地下水位显著抬高，几乎是紧接着降水过程便出现高水位。雨停后，岩溶水沿管道迅速排泄，水位很快降落。水位变化幅度一般为几十米，甚至可达百余米。流量变化幅度可达几十倍，甚至几百倍。在规模较大的岩溶承压水区，地下水位和流量较为稳定，因地下水径流途径长，地下水动态受季节变化影响较小。

5.4　地下水的运动及其涌水量计算

5.4.1　地下水的运动

１．渗流速度与实际流速

地下水在岩土体空隙中的运动称为渗流。地下水在岩土中运动的空隙，无论大小、形状还是连通情况都各不相同，因此，地下水质点在这些空隙中的运动速度和方向也是极不相同的。如果按实际情况研究地下水的运动，无论在理论上或实际上都将遇到很大困难，且无实用意义。为此必须简化，即用连续充满整个含水层（包括颗粒骨架和孔隙）的假想水流来代替仅在岩土空隙中流动的真实水流。垂直渗流方向的含水层截面称为过水断面，包括岩土层的空隙和颗粒骨架在内的全部截面积。实际过水断面是该断面中地下水流动的孔隙面积。

(1) 渗流速度

地下水流在某过水断面上的平均流速称渗流（渗透）速度，用 v 表示，单位为 m/d 或 cm/d，即

$$v = \frac{Q}{A} \tag{5-1}$$

式中　A——过水断面，m^2 或 cm^2；

　　　Q——渗流量，m^3/d 或 cm^3/s。

由于过水断面不是真正的水流断面，因此，渗流速度是一个假想的流速。

(2) 实际流速

实际流速是地下水在过水断面中空隙那部分实际流动的平均流速，用 u 表示，单位为 m/d 或 cm/s，即

$$u = \frac{Q}{A'} = \frac{Q}{A \cdot n} \tag{5-2}$$

式中　A'——断面中水实际流动的孔隙面积，m^2 或 cm^2；

　　　n——有效孔隙率，小数或百分数；

其他符号同前。

比较式 (5-1) 和式 (5-2)，得

$$Q = v \cdot A = u \cdot A' = u \cdot n \cdot A$$

则

$$v = n \cdot u \tag{5-3}$$

由于孔隙率总是小于 1 的，所以渗透流速总是小于实际流速。

2. 渗流分类

为了便于研究，可从不同角度对渗流进行分类。

①均匀流与非均匀流　沿流程渗流速度不变的渗流为均匀流，否则是非均匀流。地下水运动多为非均匀流。

②层流与紊流　地下水运动时，水质点有秩序地呈相互平行而互不干扰的运动，称层流；水质点相互干扰而呈无秩序的运动，称紊流。天然条件下地下水在岩土中的运动速度一般都很小，多为层流运动；只在宽大的裂隙或溶隙中，水流速度较大时，才可能出现紊流运动。

③非稳定流与稳定流　在渗流场中渗流要素（如流速、水位等）随时间而变化的运动，称为非稳定流；渗流要素不随时间变化的运动，称为稳定流。严格地讲，天然条件下地下水运动都为非稳定流，但当运动要素随时间变化不大时，为便于计算，可近似地视为稳定流。

3. 线性渗透定律——达西 (Darcy) 定律

1856 年法国水力学家达西通过大量的室内试验，得到了地下水运动的线性渗透定律，又称达西定律。试验装置如图 5-8 所示。装置中的①是横截面积为 A 的直立圆筒，其上端开口，在圆筒侧壁装有两支相距为 L 的侧压管。筒底以上一定距离处装一滤板②，滤板上填放颗粒均匀的砂土。水由上端注入圆筒，多余的水从溢水管③溢出，使筒内的水位维持一个恒定值。渗透过砂层的水从出水管④流入量杯⑤中，并以此来计算渗流量 Q。设

Δt 时间内流入量杯的水体体积为 ΔV，则渗流量为 $Q = \Delta V / \Delta t$。同时读取断面 1—1′ 和断面 2—2′ 处的侧压管水头值 H_1、H_2，ΔH 为两断面之间的水头损失。达西分析了大量试验资料，发现土中渗透的渗流量 Q 与圆筒过水断面积 A 及水头损失 ΔH 成正比，与断面间距 L 成反比，即

$$Q = KA\frac{H_1 - H_2}{L} = KA\frac{\Delta H}{L} = KAI \quad (5-4)$$

或

$$v = KI \quad (5-5)$$

式中 Q——渗透通过的水量，cm^3/s；

ΔH——水头损失，m 或 cm；

L——渗流距离，m 或 cm；

K——渗透系数，m/d 或 cm/s；

I——水力坡度 $I = \Delta H/L$，小数或百分数。

其他符号意义同前。

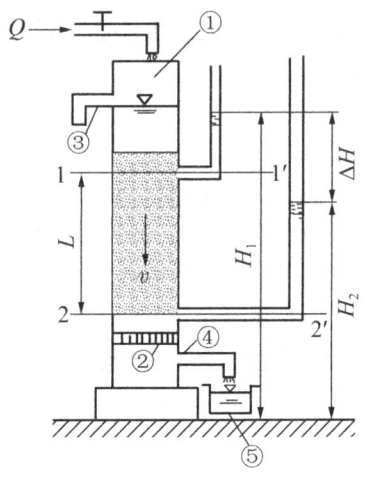

图 5-8 达西渗透试验装置图
①—圆筒；②—滤板；③—溢水管；
④—出水管；⑤—量杯

式 (5-5) 表明，渗流速度与水力坡度的一次方成正比，故 Darcy 定律又称为线性渗透定律。由式 (5-5) 可知，渗透系数可定义为水力坡度等于 1 时的渗透速度，它是表征岩土透水性能大小的指标。实际上，渗透系数不仅与岩土的空隙性有关，还与水的黏滞性有关。

当岩土中水力坡度很高或者当岩土体内的裂隙宽大且平直时，渗流的雷诺特性就被破坏了。这时即使对于渗透性极小的岩石来说，达西定律也不适用。达西定律的适用范围，常以区分层流和紊流的雷诺数为标准，当雷诺数大小在式 (5-6) 限定的范围内，即可认为渗流是服从达西定律的。

$$Re = \frac{vd}{\gamma} < 1 \sim 10 \quad (5-6)$$

式中 Re——雷诺数；

v——孔隙（裂隙）中水的流速，m/s；

d——孔隙（裂隙）的直径或间距，m；

γ——水的运动黏性系数，m^2/s。

在天然条件下，由于绝大多数地下水流动极为缓慢，其实际流速一般较小（每日仅数米），包括运动在各种砂层、砂砾石层，甚至砂卵石层中的地下水流，其雷诺数一般都小于 1。据大量的现场试验证明，当水力坡度 I 在 0.0005~0.05 间变动时（这是天然地下水流常见的 I 值），不仅在孔隙介质中的渗流，就是在裂隙甚至溶隙中的渗流，都服从达西定律。

4. 非线性渗透定律

地下水在较大的空隙中运动，其流速相当大时，水流呈紊流状态，此时符合：

$$v = K_m I^{\frac{1}{2}} \quad (5-7)$$

式中 K_m——紊流运动时的渗透系数,m/d 或 cm/s。

上式表明,紊流运动时,地下水的渗流速度与水力坡度的 1/2 次方成正比,故称非线性渗透定律。

当地下水运动呈混合流状态时,则符合:

$$v = K_c I^{\frac{1}{m}} \tag{5-8}$$

式中 K_c——混合流时的渗透系数,m/d 或 cm/s;

　　　m——介于 1～2 之间。

5.4.2 涌水量计算

井按揭露地下水的类型分为潜水井与承压水井,按揭露含水层的完整程度和进水条件可分为完整井与非完整井。据上述条件可组合成潜水完整井、潜水非完整井、承压水完整井与承压水非完整井(图 5-9)。

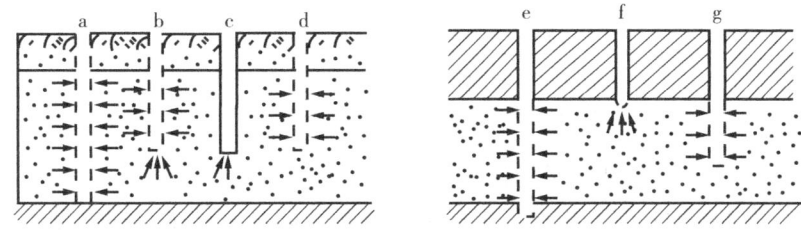

图 5-9 井的类型示意图

a—潜水完整井;b、c、d—潜水非完整井;e—承压水完整井;f、g—承压水非完整井

1. 单井涌水量计算

潜水完整井抽水时,水位的变化如图 5-10a 所示。当抽水一定时间后,井周围水面最后降落成渐趋稳定的漏斗状曲面,称之为降落漏斗。水井轴至漏斗外缘(该处原有水位不变)的水平距离称为抽水影响半径 R。

根据达西线性渗透定律,潜水完整井的涌水量(流量)Q 为:

$$Q = KAI = 2\pi xyK \frac{dx}{dy} \tag{5-9}$$

分离变量并积分,x 取 r 至 R,y 取 h 至 H,得

$$Q = 1.366K \frac{H^2 - h^2}{\lg R - \lg r} \tag{5-10}$$

式中 Q——井涌水量,m^3/d;

　　　H——含水层厚度,m;

　　　h——井内水深,m;

　　　r——井半径,m;

　　　R——影响半径,m。

其他符号同前。

承压水井与潜水井不同之处在于,抽水时产生的降落漏斗不在含水层中,而是在隔水顶板范围内(图 5-10b)。用同样的方法,可以导出承压完整井单井涌水量计算公式:

$$Q = 2.73K \frac{Ms}{\lg R - \lg r} \tag{5-11}$$

式中 M——承压含水层厚度，m；

s——井中水位降低深度，m。

其他符号同前。

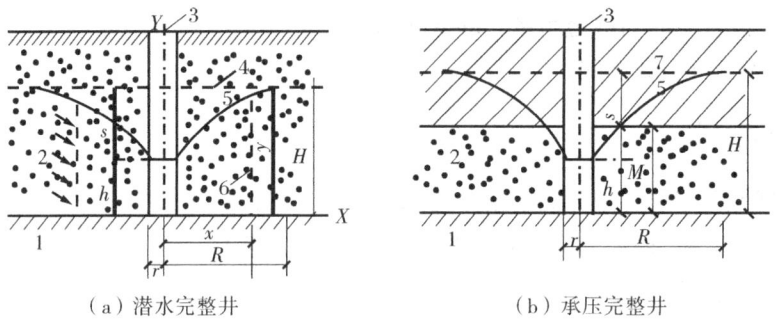

（a）潜水完整井　　　　　　（b）承压完整井

图 5-10　完整井水位降落曲线

1—不透水层；2—透水层；3—井；4—原有地下水位线；
5—水位降落曲线；6—距井轴 x 处的过水断面；7—压力水位线

2. 井点系统（群井）涌水量计算

（1）群井按大井简化时，均质含水层潜水完整井的基坑降水总涌水量可按下列公式计算（图 5-11）：

$$Q = \pi k \frac{(2H_0 - s_0)s_0}{\ln\left(1 + \dfrac{R}{r_0}\right)} \tag{5-12}$$

式中 Q——基坑降水的总涌水量，m³/d；

k——渗透系数，m/d；

H_0——潜水含水层厚度，m；

s_0——基坑水位设计降深，m；

R——降水影响半径，m；

r_0——基坑等效半径，m；可按 $r_0 = \sqrt{A/\pi}$ 计算，此处，A 为基坑面积。

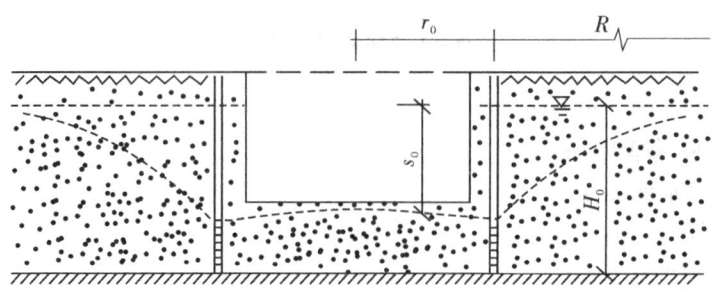

图 5-11　均质含水层潜水完整井简化的基坑涌水量计算

（2）群井按大井简化时，均质含水层潜水非完整井的基坑降水总涌水量可按下列公式计算（图 5-12）：

$$Q = \pi k \frac{H_0^2 - h_m^2}{\ln\left(1 + \frac{R}{r_0}\right) + \frac{h_m - l}{l}\ln\left(1 + 0.2\frac{h_m}{r_0}\right)} \quad (5-13)$$

$$h_m = \frac{H_0 + h}{2}$$

式中　h——基坑动水位至含水层底面的深度，m；
　　　l——滤管进水部分的长度，m。

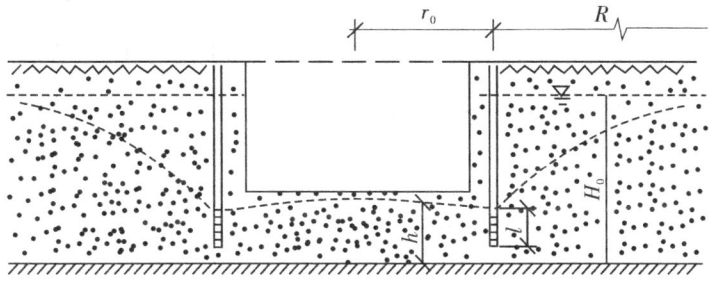

图 5-12　均质含水层潜水非完整井简化的基坑涌水量计算

（3）群井按大井简化时，均质含水层承压水完整井的基坑降水总涌水量可按下列公式计算（图 5-13）：

$$Q = 2\pi k \frac{Ms_0}{\ln\left(1 + \frac{R}{r_0}\right)} \quad (5-14)$$

式中　M——承压含水层厚度，m。

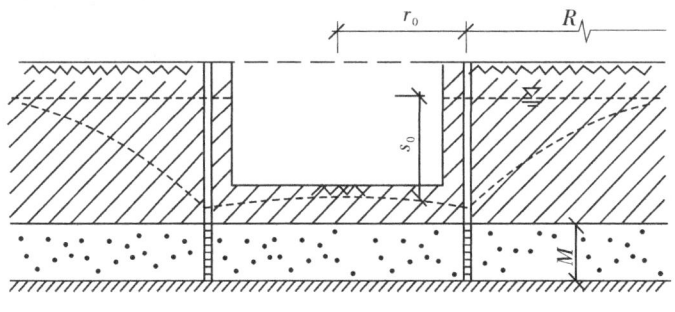

图 5-13　均质含水层承压水完整井简化的基坑涌水量计算

（4）群井按大井简化时，均质含水层承压水非完整井的基坑降水总涌水量可按下式计算（图 5-14）：

$$Q = 2\pi k \frac{Ms_0}{\ln\left(1 + \frac{R}{r_0}\right) + \frac{M - l}{l}\ln\left(1 + 0.2\frac{M}{r_0}\right)} \quad (5-15)$$

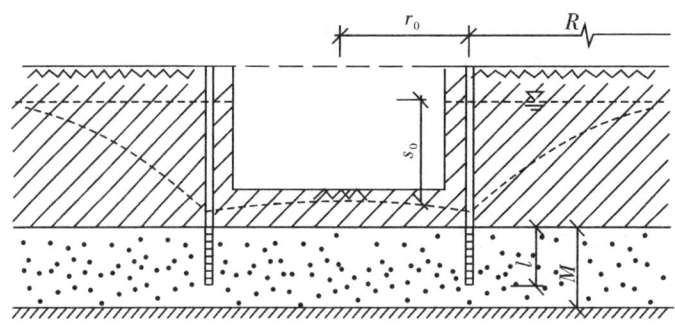

图 5-14 均质含水层承压水非完整井简化的基坑涌水量计算

（5）群井按大井简化，均质含水层承压—潜水非完整井的基坑降水总涌水量可按下式计算（图 5-15）：

$$Q = \pi k \frac{(2H_0 - M)M - h^2}{\ln\left(1 + \dfrac{R}{r_0}\right)} \tag{5-16}$$

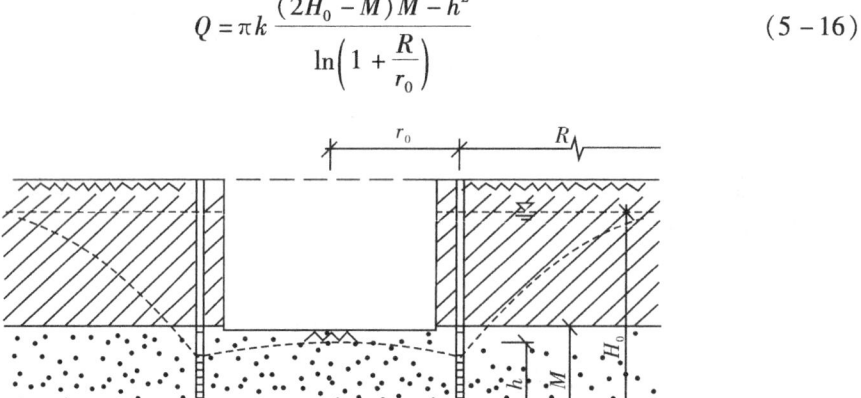

图 5-15 均质含水层承压—潜水非完整井简化的基坑涌水量计算

思 考 题

1. 地下水按埋藏条件可以分为哪几种类型？它们有何不同？
2. 地下水按含水层空隙性质可以分为哪几种类型？它们有何不同？
3. 试分别说明潜水和承压水的工程特征。

第2篇 岩土的工程地质特征

第6章 土的工程地质特征

土是岩石在风化破碎、搬运和沉积等一系列作用下形成的未固结成岩的松散堆积物。由于土的成因类型、物质组成和结构不同，从而造成各种土的工程地质特征具有很大差异。

土的工程地质特征包括：土与水相互作用的一些性质（如塑性、胀缩性、崩解性等）、土的强度及应力—应变性能、土的渗透性等。

6.1 土的物质组成及物理力学性质

土是由固体颗粒、颗粒间的孔隙水和气体组成的三相体系——固相、液相和气相。它们三者相互联系，共同制约着土的工程地质性质。研究土的工程性质就必须了解土的三相组成的比例、天然状态下土的结构和构造等特征。

6.1.1 土的矿物组成和粒度成分

土的三相组成中，固体颗粒（简称土粒）是其最主要的组成部分，构成土的骨架主体，其矿物成分、颗粒大小、形状与级配是决定土的工程性质的最主要内在因素之一，也是对土进行分类的主要依据。

1. 土的矿物成分

根据岩石风化的方式和矿物形成的先后，土的矿物成分可分为经过物理风化作用形成的粗粒碎屑物组成的原生矿物（如石英、长石、云母等）和经过化学及生物化学风化作用而形成的次生矿物（如高岭石、蒙脱石、伊利石等）。

2. 土的粒组划分与特征

土颗粒的大小与土的性质有密切关系。随着粒径的变化，土粒的矿物成分和性质也随之发生变化。土粒由粗粒到细粒变化时，土粒的矿物组成相应地由原生矿物向次生矿物转变，土粒的强度由强变弱，土的压缩性由低变高，透水性由强变弱。但当土粒的粒径在某一大小范围内变化时，可认为土体具有大致相同的成分和相似的性质。因此，可将土中各种不同粒径的土粒，按适当粒径范围，分为若干粒组。表6-1中将土粒分为六大粒组：漂石（块石）颗粒、卵石（碎石）颗粒、圆砾（角砾）颗粒、砂粒、粉粒和黏粒。

表 6-1 土粒粒组划分及各粒组土粒的特征

粒组名称	粒径范围/mm	一般特征
漂石或块石颗粒	>200	由母岩碎屑组成，透水性极强，无黏性，无毛细作用
卵石或碎石颗粒	200～20	
圆砾或角砾颗粒	20～2	由母岩碎屑组成，透水性极强，无黏性，毛细作用极弱，毛细水上升高度不超过粒径大小
砂粒	2～0.075	由原生矿物及母岩碎屑组成，透水性强。无黏性，遇水不膨胀；干燥时松散，无塑性；毛细水上升高度不大，随粒径变小而增大
粉粒	0.075～0.005	由石英及次生矿物组成，透水性较弱，湿时稍具黏性，饱水易流动，无塑性，遇水膨胀小，干时稍有收缩；毛细水上升高度大而快，极易出现冻胀现象
黏粒	<0.005	由次生矿物组成，几乎不透水，黏性强，可塑性强；遇水膨胀，脱水收缩；毛细水上升高度大，但上升速度慢

3. 土中的水和气体

①土中的水　天然状态的土中一般都含水，水常以不同的形态存在于土中，并与土相互作用，是影响土的工程地质性质的重要因素。

②土中的气体　指存在于土孔隙中未被水占领的部分，可分为两种类型：流通气体和密闭气体。

流通气体是指与大气连通的气体，常见于无黏性的粗粒土中，易于逸出，对土的性质影响不大。

密闭气体是指与大气隔绝的以气泡形式出现的气体，常见于黏性细粒土中，不易逸出，因而增大了土的压缩性，降低了透水性。较为典型的是淤泥质土和泥炭土，由于微生物分解有机物，在土层中产生了一些可燃性气体（如硫化氢、甲烷等），使其在自重作用下长期不易压密，成为高压缩性土层。

6.1.2　土的结构和构造

1. 土的结构

土的结构是指土粒或土粒集合体的大小、形状、相互排列与联结等。一般分为单粒结构、蜂窝结构和絮状结构三种基本类型。

（1）单粒结构

单粒结构是由砂砾等粗粒无黏性土（$d > 0.075$ mm）在水或空气中下沉而形成的。因其颗粒较大，土粒间的分子引力相对很小，所以颗粒之间几乎没有联结。单粒结构可以是疏松的（图6-1a），也可以是紧密的（图6-1b）。这种土颗粒排列紧密，强度较高，压缩性较小，是良好的天然地基。

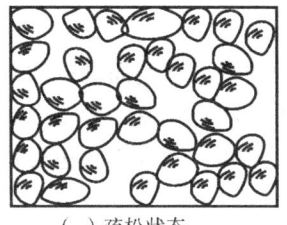

图 6-1 土的单粒结构

(2) 蜂窝结构

蜂窝结构主要是较细的土粒，如粉粒（0.005～0.075 mm）组成的土的结构形式。这些土粒在水中基本上是以单个土粒下沉，当碰到已经沉积的土粒时，由于土粒之间的分子引力大于土颗粒的重力，因而土粒就停留在最初的接触点上，不再下沉，并彼此接触形成链状体，呈多角环状，由此形成孔隙体积大的蜂窝状结构（图 6-2）。这种土结构疏松，孔隙很小，孔隙率却很大，强度低，压缩性高。

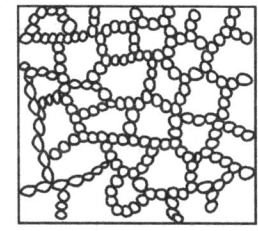

图 6-2 土的蜂窝结构

(3) 絮状结构

絮状结构是由黏粒集合体组成的结构形式。黏粒（$d < 0.005$ mm）能够在水中长期悬浮，不因重力而下沉。当悬浮液介质发生变化时，黏粒便凝聚成絮状的集粒絮凝体，并相继和已沉积的絮状集粒接触，从而形成孔隙体积很大的絮状结构（图 6-3）。

絮状结构的土，其孔隙更小，孔隙率更大，故该类土的压缩性大，含水量一般也很大，往往可超过 50%。但因以结合水为主，故排水困难，压缩变形过程缓慢。

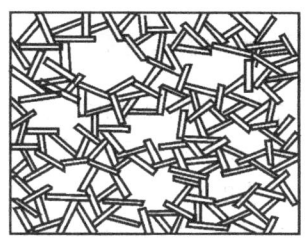

图 6-3 土的絮状结构

2. 土的构造

在同一土层中，其结构不同部分的相互排列的特征称为土的构造。每种成因类型的土都有其特有的构造。一般可分为层理构造、裂隙构造和分散构造。

(1) 层理构造

层理构造是土的构造最重要的特征——成层性。这是由于不同阶段沉积物的物质成分、颗粒大小及颜色等都不相同，而使竖向呈现成层的性状。常见的有水平层理和交错层理，并常带有夹层、尖灭及透镜体等（图 6-4）。

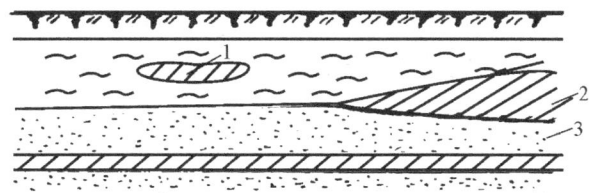

图 6-4 土的层理构造

1—淤泥夹黏土透镜体；2—黏土尖灭层；3—砂土夹黏土层

（2）裂隙构造

裂隙构造是因土体被各种成因形成的不连续的裂隙切割而形成的（图6-5）。裂隙中常充填各种盐类沉积物。裂隙的存在大大降低了土体的强度和稳定性，增大了透水性，对工程不利。此外，也应注意到土中有无腐殖质、贝壳、结核体等包裹物以及天然或人为洞穴的存在。这些构造特征都造成土的不均匀性。

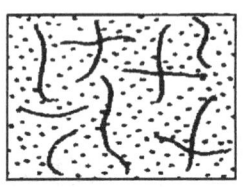 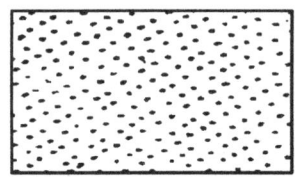

图6-5 裂隙构造　　　　图6-6 分散构造

（3）分散构造

分散构造是指颗粒在其搬运和沉积过程中，经过分选的卵石、砾石、砂等因沉积厚度较大而不显层理的一种构造（图6-6）。分散构造的土比较接近理想的均质体各向同性体。

6.1.3 土的物理性质

土的物理性质是指土本身由于三相组成部分的相对比例关系不同所表现的物理状态，以及固、液两相相互作用所表现出来的性质，主要指土的轻重、干湿、疏密等。

1. 土的密度 ρ

单位体积土的质量称为土的质量密度，简称土的密度，并以 ρ 表示：

$$\rho = \frac{m}{V} \tag{6-1}$$

式中　m——土的质量；

V——土的体积。

2. 土的重力密度（重度）γ

单位体积土的重力称为土的重力密度，简称土的重度，并以 γ 表示：

$$\gamma = \frac{G}{V} = \frac{mg}{V} = \rho g \tag{6-2}$$

式中　G——土的总重力，kN；

g——重力加速度，$g = 9.80665 \approx 10$（m/s^2）。

土的重力密度取决于土粒的矿物成分，孔隙的多少和孔隙中水的多少，综合反映了土的组成和结构特征。对具有一定成分的土而言，结构愈疏松，孔隙体积愈大，重力密度值将愈小。

3. 土的含水量 w

土的含水量是指土中水的质量与土粒质量之比，又称含水率，常用百分数表示。

$$w = \frac{m_w}{m_s} \times 100\% \tag{6-3}$$

式中 m_w——土中水质量，kg；

m_s——土颗粒的质量，kg。

含水量是表征土潮湿状态的重要物理指标。土的含水量对黏性土、粉土的性质影响较大，对粉砂、细砂稍有影响，而对碎石土等无影响。土中孔隙体积被水充填的程度，称为饱和度。

5. 土的孔隙性

土的孔隙性是指土中孔隙的大小、多少和连通情况等的总称。

①孔隙率（n） 土中孔隙所占体积与土的总体积之比，常以百分数表示。

②孔隙比（e） 是指土中孔隙体积与土颗粒体积之比，常以小数表示。

$$e = \frac{V_v}{V_s} \tag{6-4}$$

土的孔隙率与孔隙比取决于土的结构状态，它们是表征土结构特征的重要指标。其值越大，土层中孔隙体积越大、结构越疏松；反之，结构越密实。其中，孔隙比是一个十分重要的物理指标，工程建设中，常将其作为土层密实度和压缩性的评价指标。一般来说，$e<0.6$ 的土是密实的，土的压缩性小；$e>1.0$ 的土是疏松的，压缩性大。根据粉土的孔隙比 e，可分为密实、中密、稍密三种密实状态（表6-2）。

表6-2 粉土密实度分类

孔隙比 e	密 实 度
$e<0.75$	密 实
$0.75 \leqslant e < 0.90$	中 密
$e>0.90$	稍 密

6.1.4 土的水理性质

土中固体颗粒与水相互作用所表现出的一系列性质，称为土的水理性质。它包括黏性土的稠度、塑性、胀缩性和崩解性以及土的透水性和毛细性等。

1. 黏性土的稠度

黏性土因含水量变化而表现出的稀稠软硬程度，称为稠度。随着含水量的变化，黏性土的工程性质相应的发生很大变化。当含水量很小时，黏性土比较坚硬，处于固体状态，具有较高的强度和抗变形能力；随着土中含水量的增大，土逐渐变软，处于可塑状态；再增大土中含水量，则土变得更加软弱，甚至不能保持一定的形状，呈现流塑—流动状态。因此，黏性土在一定的含水量范围内表现出明显的塑性，这是黏性土区别无黏性土的一大特性。

随着含水量的变化，黏性土由一种稠度状态转变为另一种状态，相应的分界点含水量称为界限含水量，亦称为稠度界限。不同的黏性土具有不同的界限含水量。界限含水量是描述黏性土的重要特性指标，是对黏性土进行评价和分类的重要依据。

界限含水量包括液限 w_L、塑限 w_P 和缩限 w_s。液限是指黏性土由可塑状态转变到流塑、流动状态的界限含水量；塑限是指土由半固状态转变到可塑状态的界限含水量；黏性土由半固状态不断蒸发水分，体积逐渐缩小，直至体积不再缩小时的界限含水量称为缩限

(图6-7)。液限、塑限、缩限都以百分数表示。

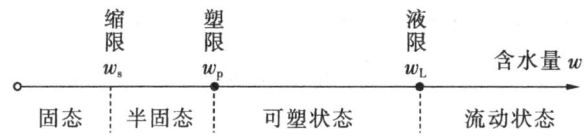

图6-7 黏性土物理状态与含水量关系

黏性土的塑性常用塑性指数 I_p 表示，其值为液限和塑限的差值，即

$$I_p = w_L - w_p \tag{6-5}$$

I_p 表示黏性土处在可塑状态的含水量变化范围。I_p 越大，土处于可塑状态的含水量范围也越大，土的可塑性就越强。

黏性土所处的软硬状态常用液性指数 I_L 表示，其值为黏性土的天然含水量 w 和塑限 w_p 的差值与塑性指数 I_p 之比，即

$$I_L = \frac{w - w_p}{I_p} \tag{6-6}$$

因此，I_L 值愈大，土质愈软；反之，土质愈硬。根据液性指数 I_L，可将黏性土划分为表6-3所示的五种状态。

表6-3 黏性土状态分类

液 性 指 数	状 态	液 性 指 数	状 态
$I_L \leq 0$	坚硬	$0.75 < I_L \leq 1$	软塑
$0 < I_L \leq 0.25$	硬塑	$I_L > 1$	流塑
$0.25 < I_L \leq 0.75$	可塑		

2. 黏性土的抗水性

黏性土与水作用而表现的胀缩、崩解程度，反映其抵抗因水而变形破坏的能力，是土的重要工程地质性质。

（1）土的胀缩性

土的体积因浸水膨胀、失水收缩的性能，称土的胀缩性。黏性土的膨胀性是一种很重要的性质，进行工程建设时要给予专门考虑。尤其在我国许多膨胀土地区，由于场地湿度条件变化或气候异常，常造成地基膨胀，以致建筑物开裂。

（2）土的崩解性

黏性土在水中崩散解体的性能，称土的崩解。这是由于土的水化，使颗粒间连接力减弱及部分胶结物溶解而引起的崩解，是表征土的抗水性的指标。

土的崩解性在很大程度上与天然含水量有关，干土或未饱和土比饱和土崩解得要快。土的孔隙大，透水性好，结构连接差，则崩解速度大，抗水性弱；相反，孔隙小，透水性差，结构连接强而致密的，则土抗水性强，崩解速度小。

3. 土的透水性

重力水在土中渗透的能力称为土的透水性。

土的渗透性受很多因素影响，不同土的影响因素及影响程度各不相同。粗粒土及砂土

一般是颗粒愈粗、愈均匀、愈浑圆，土的透水性愈强；相反，透水性愈弱。土愈密实，土中孔隙就愈少，土的透水性就愈弱。黏性土的透水性，还与土中胶体含量和交换阳离子成分有关。

土的渗透系数是一个实测指标。各类土的渗透系数相差很大（表6-4）。

表6-4 各种土渗透系数（k）参考值

土的名称	砾石	粗砂	中砂	细砂	极细砂	粉质黏土	黏土
k/（m/h）	>2.1	2.1～0.8	0.8～0.2	0.2～0.04	4×10^{-2}～4×10^{-4}	4×10^{-3}～4×10^{-5}	$<4\times10^{-5}$

6.1.5 土的力学性质

土的力学性质是指土在外力作用下所表现出的一系列性质，主要包括土在压应力作用下体积缩小的压缩性、在剪应力作用下抵抗剪切破坏的抗剪性以及在动荷载作用下表现出的一些性质。

1. 土的压缩性

（1）土的压缩变形特性

在一般压力作用下，土粒与水的压缩性很小，可忽略不计，故土的压缩可视为土中孔隙体积的减小。对于饱和土，压缩时，随着孔隙体积减小，土中孔隙水被排出，其压缩过程实际上就是孔隙水压力的消散过程。研究松散土和黏性土的压缩性，可分别以砂土和黏土为代表，因为它们的压缩性具有典型特征。

砂土压缩性取决于砂土的颗粒大小、颗粒形状、原始孔隙率及相对密度等。砂土颗粒粗大，颗粒表面水膜甚薄而对土的压缩变形影响甚微，粒间孔隙较大且互相连通，孔隙水多为自由水，在外荷作用下可顺利排出。所以砂土压缩性的特点是：

①在通常压力下的压缩变形值不大；

②压缩变形速度较快；

③压缩变形大部分属于永久变形，弹性变形部分很小。这说明通常压力下砂土的压缩，是颗粒移动和结构变形的结果。实践证明，砂土地基上建筑物的沉降量一般很小，且在建筑物建成时，地基沉降已基本稳定。

黏土的压缩性取决于其矿物成分、结构构造、孔隙率、稠度状态及交换阳离子成分等。黏土的颗粒非常细小，孔隙率大，孔隙小，透水性极弱，在一定的压力作用下其孔隙中的水很难尽快排出。所以，黏土压缩性的特点是：压缩变形值取决于稠度状态，一般都很大，软塑及流动状态时更大；压缩变形速度很慢，透水性越小，压缩便越慢；黏土压缩，除永久变形外，还有很大的弹性变形。这些都说明，黏土的压缩变形不仅因颗粒移动和结构变化引起，也是颗粒及结合水膜弹性变形的结果。因此，黏土地基上建筑物的沉降量一般都很大，且在建筑物建成后，地基还继续沉降，有的甚至达几年至几十年之久。

（2）土的压缩性指标

土的压缩性通常采用其压缩性指标进行描述。常用的土压缩性指标有压缩系数 a、压缩模量 E_s 和变形模量 E_0，其中 a、E_s 是通过土样的室内压缩试验确定，E_0 是通过现场原位测试（如载荷试验、旁压试验等）取得。

①压缩系数 a

通过土的室内压缩试验,可作出土的孔隙比 e 与所受压力 p_0 的关系曲线,即压缩曲线(图 6-8)。压缩性不同的土,其 $e-p$ 曲线的形状也不一样。曲线愈陡,其孔隙比 e 随着压力 p 的增加而减小则愈显著,因而土的压缩性愈高。$e-p$ 曲线上任一点的切线斜率 a 就表示在该相应压力 p 作用下土的压缩性,称 a 为压缩系数。实际上,通常取 $e-p$ 曲线上某段的割线斜率表示,即设压力增量 $\Delta p = p_2 - p_1$ 对应的孔隙比变化为 $\Delta e = e_1 - e_2$,则

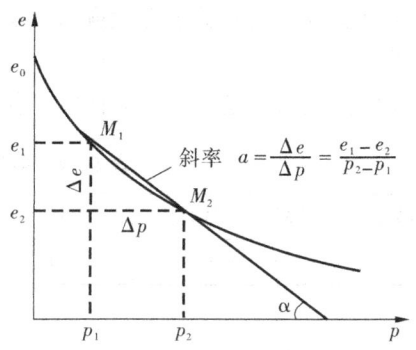

图 6-8　以 e-p 曲线确定压缩系数 a

$$a = \frac{\Delta e}{\Delta p} = \frac{e_1 - e_2}{p_2 - p_1} \quad (6-7)$$

式中　a——土的压缩系数,MPa^{-1};

　　　p_1、p_2——试验压力值,MPa;

　　　e_1、e_2——相应于 p_1、p_2 作用下土压缩稳定后的孔隙比。

压缩系数愈大,土的压缩性愈大。为了便于应用和比较,并考虑到一般建筑地基受到的压力变化范围,一般采用 $p_1 = 100 \text{ kPa}$、$p_2 = 200 \text{ kPa}$ 所得的压缩系数 a_{1-2} 来评定土的压缩性:

$a_{1-2} < 0.1 \text{ MPa}^{-1}$ 时,属低压缩性土;

$0.1 \text{ MPa}^{-1} \leqslant a_{1-2} < 0.5 \text{ MPa}^{-1}$ 时,属中压缩性土;

$a_{1-2} \geqslant 0.5 \text{ MPa}^{-1}$ 时,属高压缩性土。

②压缩模量 E_s

根据 $e-p$ 曲线,可以求算另一个常用的压缩性指标——压缩模量 E_s。它是指土在完全侧限条件下受压时,相应的压力增量 Δp 与应变增量 $\Delta \varepsilon$ 之比值

$$E_s = \frac{\Delta p}{\Delta \varepsilon} = \frac{p_2 - p_1}{(e_1 - e_2)/(1 + e_1)} = \frac{1 + e_1}{a} \quad (6-8)$$

式中　E_s——土的压缩模量,MPa。

E_s 越小,土的压缩性越大。为了便于比较和应用,工程上常采用 $p_1 = 100 \text{ kPa}$、$p_2 = 200 \text{ kPa}$ 所得的压缩模量 E_s 来评价土的压缩性。即

$$E_s = \frac{1 + e_1}{a_{1-2}} \quad (6-9)$$

式中　E_s——相应于压力间隔为 $100 \sim 200 \text{ kPa}$ 时土的压缩模量,MPa;

　　　a_{1-2}、e_1 同前。

一般地,高压缩性土 $E_s \leqslant 4 \text{ MPa}$;中压缩性土 $4 \text{ MPa} < E_s \leqslant 15 \text{ MPa}$;低压缩性土 $E_s > 15 \text{ MPa}$。

2. 土的抗剪性

(1) 土的抗剪性特性

土体在通常应力状态下的破坏主要表现为剪切破坏,因此,土的强度问题实质上是土

的抗剪强度问题，即土的破坏一般是由荷载在土体中产生的剪应力τ超过土体的抗剪强度τ_f产生的。

对于无黏性土，其抗剪强度与土的密实度、土颗粒大小、形状、粗糙度和矿物成分以及粒径级配的好坏程度等因素有关。土的密实度愈大、土颗粒愈大，形状愈不规则，表面愈粗糙、级配愈好，则其内摩擦角愈大，抗剪强度愈高。此外，土中含水量大，水分在土颗粒之间起润滑作用，会使土的抗剪强度降低。此外，土的抗剪强度还与土体所受到的正应力有关，正压力越大，土的抗剪强度也越高。

对于黏性大，其抗剪强度除与土的内摩擦角和所受的正压力有关外，还与土颗粒的黏聚力有关。黏聚力越大，土的抗剪强度越高。

（2）土的抗剪性指标

常用室内直剪仪或三轴剪力仪测定土的抗剪强度指标——内摩擦角φ和黏聚力c。一般对同一种土通常采用4个土样，分别在不同垂直压力下剪切破坏。垂直压力的大小应根据预期的现场土体受力来决定，也可取为100、200、300、400（kPa）。将试验结果绘在以抗剪强度τ_f为纵坐标、垂直压力σ为横坐标的平面图上，通过图上各试验点绘一直线，此即抗剪强度包线，如图6-9所示。该直线在纵坐标轴的截距为黏聚力c，与横坐标轴的夹角为内摩擦角φ。

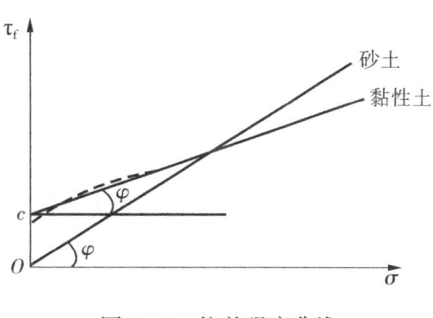

图6-9 抗剪强度曲线

土的抗剪强度τ_f可表示为：

黏性土 $$\tau_f = \sigma \tan\varphi + c \tag{6-10}$$

砂土 $$\tau_f = \sigma \tan\varphi \tag{6-11}$$

6.2 土的工程地质分类

自然界中土的种类很多，工程性质各异。为了便于正确系统地掌握各种土的工程地质特征，为工程规划、设计、施工提供必要的资料，需按一定原则进行土的工程分类。

我国土的分类方法，一般将土按粒度成分或塑性指数划分为砾石类土（碎石类土）、砂类土和黏性土等。同时考虑土的特殊性质和形成条件，分为黄土类土、淤泥类土、膨胀类土、盐渍土、冻土和人工填土等特殊土类。目前，国内应用较广的土的工程分类标准主要有《岩土工程勘察规范》《建筑地基基础设计规范》《土工试验规程》和国家标准《土的分类标准》。

1. 《岩土工程勘察规范》和《建筑地基基础设计规范》的分类

（1）根据土的堆积年代分类

①老沉积土 是指第四纪晚更新世Q_3及以前沉积的土层，一般呈超固结状态，具有较高的结构强度。

②新近沉积土 是指第四纪全新世中近期沉积的土，一般呈欠压密状态，强度较低。

(2) 根据地质成因分类

根据地质成因可将土划分为残积土、坡积土、洪积土、冲积土、冰积土和风积土等。

(3) 根据土的有机质含量（Wu）分类

根据有机质含量（Wu）分类可分为无机土 Wu<5%、有机土 5%≤Wu<10%、泥炭质土 10%≤Wu≤60% 和泥炭 Wu>60%。

(4) 按土的颗粒级配和塑性指数分类

按土的颗粒级配和塑性指数可分为碎石土、砂土、粉土和黏性土。

①碎石土 粒径大于 2 mm 的颗粒质量超过总质量 50% 的土。根据颗粒级配和颗粒形状按表 6-5 分为漂石、块石、卵石、碎石、圆砾和角砾。

表 6-5 碎石土分类

土的名称	颗粒形状	颗粒级配
漂 石	圆形及次圆形为主	粒径大于 200 mm 的颗粒质量超过总质量 50%
块 石	棱角形为主	
卵 石	圆形及次圆形为主	粒径大于 20 mm 的颗粒质量超过总质量 50%
碎 石	棱角形为主	
圆 砾	圆形及次圆形为主	粒径大于 2 mm 的颗粒质量超过总质量 50%
角 砾	棱角形为主	

注：定名时，应根据颗粒级配由大到小以最先符合者确定。

②砂土 粒径大于 2 mm 的颗粒质量不超过总质量 50%，且粒径大于 0.075 mm 的颗粒质量超过总质量 50% 的土。根据颗粒级配可分为砾砂、粗砂、中砂、细砂和粉砂（表 6-6）。

表 6-6 砂土分类

土的名称	颗粒级配
砾 砂	粒径大于 2 mm 的颗粒质量占总质量 25%～50%
粗 砂	粒径大于 0.5 mm 的颗粒质量超过总质量 50%
中 砂	粒径大于 0.25 mm 的颗粒质量超过总质量 50%
细 砂	粒径大于 0.075 mm 的颗粒质量超过总质量 85%
粉 砂	粒径大于 0.075 mm 的颗粒质量超过总质量 50%

注：定名时应根据颗粒级配由大到小以最先符合者确定。

③粉土 粒径大于 0.075 mm 的颗粒质量不超过总质量 50%，且塑性指数 I_p 等于或小于 10 的土。

④黏性土 塑性指数 I_p 大于 10 的土。依据塑性指数 I_p 可分为粉质黏土（$10 < I_p \leq 17$）和黏土（$I_p > 17$）。

(5) 特殊土

有一定分布区域或工程意义上具有特殊成分、状态和结构特征的土称为特殊土。在《岩土工程勘察规范》中将其分为湿陷性黄土、红黏土、软土（淤泥和淤泥质土）、人工填土、冻土、膨胀土、盐渍土等。

2. 根据《土的分类标准》的分类

这种分类标准的主要特点是首先将土按其不同粒组的相对含量可划分为巨粒土和含巨粒的土、粗粒土、细粒土。粒组划分标准见表 6-7。粗粒土又分为砾类土和砂类土,并根据细粒含量和级配优劣细分;细粒土则根据其在塑性图上的位置细分。此外,该分类标准又根据我国国情,对一些特殊土的分类作了规定。

表 6-7 粒组划分

粒组统称	粒组名称		粒组粒径 d 的范围(mm)
巨粒	漂石(块石)粒		$d > 200$
	卵石(碎石)粒		$200 \geqslant d > 60$
粗粒	砾粒	粗砾	$60 \geqslant d > 20$
		中砾	$20 \geqslant d > 5$
		细砾	$5 \geqslant d > 2$
	砂粒	粗砂	$2 \geqslant d > 0.5$
		中砂	$0.5 \geqslant d > 0.25$
		细砂	$0.25 \geqslant d > 0.075$
细粒	粉粒		$0.075 \geqslant d > 0.005$
	黏粒		$d \leqslant 0.005$

(1) 巨粒土和含巨粒土、砾类土和砂类土按土的粒组含量、级配指标(不均匀系数 C_u 和曲率系数 C_c)和它们所含细粒的塑性高低,划分为 16 种土类,参见表 6-8~表 6-10。

表 6-8 巨粒土和含巨粒的土的分类

土类	粒组含量		土代号	土名称
巨粒土	巨粒含量 75%~100%	漂石粒含量 >50%	B	漂石
		漂石粒含量 ≤50%	Cb	卵石
混合巨粒土	巨粒含量 50%~75%	漂石粒含量 >50%	BSl	混合土漂石
		漂石粒含量 ≤50%	CbSl	混合土卵石
巨粒混合土	巨粒含量 15%~50%	漂石粒含量 > 卵石含量	SlB	漂石混合土
		漂石粒含量 ≤ 卵石含量	SlCb	卵石混合土

表 6-9 砾类土的分类

土类	粒组含量		土代号	土名称
砾	细粒含量 <5%	级配 $C_u \geqslant 5$,$C_c = 1$~3	GW	级配良好砾
		级配不同时满足上述条件	GP	级配不良砾
含细粒土砾	细粒含量 5%~15%		GF	含细粒土砾
细粒土质砾	细粒含量 15%~50%	细粒为黏土	GC	黏土质砾
		细粒为粉土	GM	粉土质砾

注:细粒粒组包括粉粒(0.005mm < d < 0.075mm)和黏粒($d \leqslant 0.005$mm)。

表 6-10 砂类土的分类

土类	粒组含量		土代号	土名称
砂	细粒含量 <5%	级配 $C_u \geq 5$，$C_c = 1 \sim 3$	SW	级配良好砂
		级配不同时满足上述条件	SP	级配不良砂
含细粒土砂	细粒含量 5%~15%		SF	含细粒土砂
细粒土质砂	细粒含量 15%~50%	细粒为黏土	SC	黏土质砂
		细粒为粉土	SM	粉土质砂

（2）细粒土粗粒组（0.075 mm < d ≤ 60 mm）含量少于 25% 的土，参照塑性图（图 6-10）确定土名。当用 76 g、锥角 30° 的液限仪锥尖入土 17 mm 测得的含水量为液限（相当于碟式液限仪测定值）时，用图 6-10a 所示的塑性图分类（表 6-11）；当用 76 g、锥角 30° 液限仪入土 10 mm 测得的含水量为液限时，用图 6-10b 所示的塑性图分类（见表 6-12）。

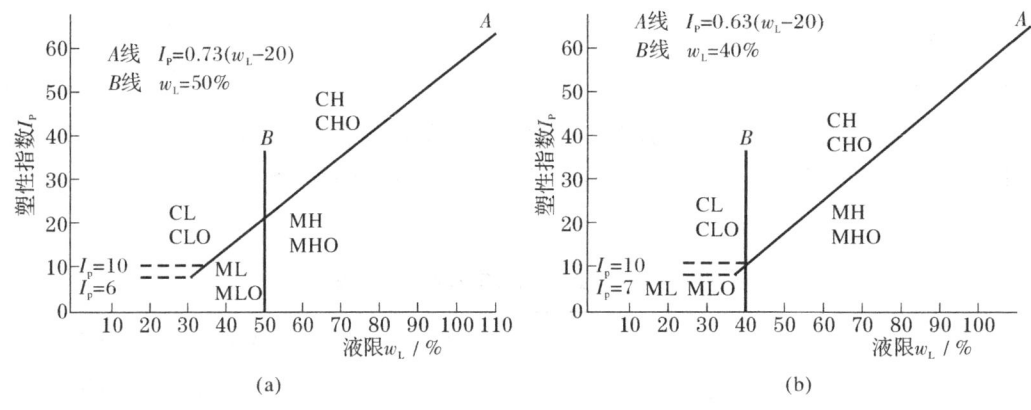

图 6-10 塑性图

以图 6-10a 为例，说明塑性图的用法。A 线方程为 $I_p = 0.73(w_L - 20)$（式中 w_L 以去掉 % 符号后的数值计算）；B 线方程为 $w_L = 50\%$。A、B 线将所有细粒土分为 4 个区，不同区代表不同的土类。如果对应于某类土的 I_p 和 w_L 的点位于 A 线以上，且 $I_p \geq 10$，则该土属于无机黏土或有机质黏土；如果该点位于 A 线与 $I_p = 6$ 线以下部分，则该土属于无机粉土或有机质粉土。按 w_L 的高低又可分为两种土类：当 $w_L \geq 50\%$ 时为高液限黏土（CH）或高液限粉土（MH）；当 $w_L < 50\%$ 时为低液限黏土（CL）或低液限粉土（ML）。

表示土类的代号仅有一个代号时即表示土的名称；由两个基本代号构成时，前一个代号表示土的主成分，后一个代号表示土的副成分（或土的级配，或土的液限）；由三个基本代号构成时，第一个代号表示土的主成分，第二个代号表示液限，第三个代号表示土中微含的成分，例如 CHO 表示有机质高液限黏土。

表 6-11 细粒土的分类（一）

土的塑性指标在塑性图中的位置		土代号	土名称
塑性指数 I_p	液限 $w_L/\%$		
$I_p \geq 0.73(w_L - 20)$ 和 $I_p \geq 10$	≥ 50	CH	高液限黏土
	< 50	CL	低液限黏土
$I_p < 0.73(w_L - 20)$ 和 $I_p < 10$	≥ 50	MH	高液限粉土
	< 50	ML	低液限粉土

表 6-12 细粒土的分类（二）

土的塑性指标在塑性图中的位置		土代号	土名称
塑性指数 I_p	液限 $w_L/\%$		
$I_p \geq 0.63(w_L - 20)$ 和 $I_p \geq 10$	≥ 40	CH	高液限黏土
	< 40	CL	低液限黏土
$I_p < 0.63(w_L - 20)$ 和 $I_p < 10$	≥ 40	MH	高液限粉土
	< 40	ML	低液限粉土

6.3 土的工程地质特征

自然界中的土由于形成年代、所经历的作用和环境不同，各具不同的物质组成和结构，因此其工程地质性质各不相同。本节简要介绍砾石类土、砂类土、黏性土和特殊土的主要工程地质特征。

1. 砾石类土的工程地质特征

砾石类土又称卵砾土，颗粒粗大，主要由岩石碎屑或石英、长石等原生矿物组成，具有孔隙大、透水性强、压缩性低、抗剪强度大的特点。其工程特性与黏粒土的含量及孔隙中充填物性质和数量有关。流水沉积的砾石类土，分选较好，孔隙中充填少量砂粒，透水性最强，压缩性最低，抗剪强度最大。基岩风化碎石和山坡堆积碎石类土，分选较差，孔隙中充填大量砂粒和粉、黏粒等细小颗粒，透水性相对较弱，内摩擦角较小，抗剪强度较低，压缩性稍大。总体而言，砾石类土一般承载力较高，可作为良好的天然地基。但由于透水性强，常使基坑涌水大，坝基、渠道渗漏。

2. 砂类土的工程地质特征

砂类土一般颗粒较大，主要由石英、长石、云母等原生矿物组成。具有透水性强、压缩性低、压缩速度快、内摩擦角较大、抗剪强度较高等特点。其工程特性通常与砂粒大小和密实程度有关。一般粗、中砂土的上述特性比较明显，为较好的建筑材料，可作为良好地基，但可能产生涌水或渗漏等工程问题。粉、细砂土的工程地质性质相对较差，特别是饱水粉、细砂土受振荡后易液化，在动水压力作用下会产生流砂、管涌等工程问题。

3. 黏性土的工程地质特征

黏性土主要由黏粒组成，常含亲水性较强的黏土矿物。因含水量的不同而呈固态、塑态和流态等不同稠度状态，压缩速度小而压缩量大，抗剪强度主要取决于黏聚力，内摩擦角较小。

黏性土的工程地质性质主要取决于黏粒含量、稠度和孔隙比。黏粒含量增多，黏性土的塑性、胀缩性、透水性、压缩性和抗剪强度等发生明显变化。从粉质黏土到黏土，其塑性指数、胀缩量和黏聚力渐大，而渗透系数和内摩擦角变小。稠度对黏性土性质的影响较大，近流态和软塑态的土，有较高压缩性和较低的抗剪强度；而固态或硬塑态的土则相反，即压缩性较低，抗剪强度较高。

4. 特殊土的工程地质特征

由于地理环境、气候条件、地质成因、物质成分及次生变化等原因，会使某些土具有与一般沉积土显著不同的特殊工程性质，如黄土的湿陷性、淤泥的触变性和膨胀土的膨胀性等。这些具有特殊工程性质的土称为特殊土。有些特殊土显示了地域分布的特征，如红黏土在华南地区最典型，黄土主要分布在黄河中游一带，冻土则分布在高纬度和高山地区。

（1）淤泥类土

淤泥类土又称软土类土或有机类土，一般指在静水或缓慢流水环境中，由微生物作用下沉积形成的，含有较多有机质，天然含水量大于液限，天然孔隙比大于或等于1，结构疏松软弱，颜色呈灰、灰绿、灰蓝和灰黑，具臭味的淤泥质和腐殖质的黏性土（表6-13）。其中，天然孔隙比大于1.5的称为淤泥，小于1.5而大于1的称为淤泥质土。淤泥质土性质介于淤泥和一般黏性土之间。

表6-13 软土类土的分类

土 名	有机质含量 Wu/%	天然孔隙比 e	液性指数 I_L
软土	<5	<1.5	>0.75
淤泥质土	5～10	$1.0 \leq e < 1.5$	>0.75
淤泥	10～60	>1.5	>0.75
泥炭	>60	>2.0	>0.75

淤泥类土是近代未经固结的海滨、湖泊、沼泽及废河道等特定环境下沉积的一种特殊土，具有某些特殊成分、结构和构造，这决定了它具有下列特殊性质：

①高含水量、高孔隙比。我国淤泥类土孔隙比 e 常见值为 1.0～2.0，个别可达 2.3 或 2.4，含水量（$w = 50\% \sim 70\%$）大于液限（为 40%～60%），饱和度一般都超过 95%。

②透水性极弱，为 $1 \times 10^{-6} \sim 1 \times 10^{-8}$ cm/s，且因层状结构而具方向性。

③高压缩性，一般为 $a_{1-2} = 7 \sim 15$ kPa^{-1}，且随天然含水量的增加而增大；

④抗剪强度很低，且与加荷速度和排水固结条件有关。通常不排水三轴快剪所得抗剪强度值小，排水条件下抗剪强度随固结程度增加而增大。因此在工程施工时应注意控制加载速度。

(2) 红黏土

红黏土是发育于潮湿的热带地区的碳酸岩系的岩石经红土化作用形成的残积或残-坡积土，呈赤红、褐红或棕红色，黏粒含量较高，故称红黏土。其液限一般大于50%。红黏土经再搬运后仍保留其基本特征，其液限大于45%的土为次生红黏土。我国红黏土主要分布在浙江杭州—湖北武汉—四川南缘一线以南的华南地区。

红黏土的物理力学性质表现为：

①孔隙比 e 较大，一般为 $1.1 \sim 1.7$，这与淤泥软土相似。但红黏土的压缩性则比软土小得多，属中等压缩性土，承载能力较强。

②相对密度（比重）较大，一般为2.9左右。这是由于其黏粒含量高，且富含铁质所致。

③天然含水量较大，几乎与塑限含水量相等，而液性指数较小。

④抗剪强度较高。

(3) 填土

填土是由于人类活动堆填而成的土。填土因其堆填方式、组成成分、分布特征等的复杂性，其工程性质也具有一定的特殊性。填土主要分布在古老城市的地表面，如我国的上海、天津、杭州、宁波、福州等地，都分布着各种类型的填土。

根据填土的组成物质和堆填方式，填土分为素填土、杂填土和冲填土。下面简单介绍各种填土的工程性质。

①素填土

素填土是由碎石、砂土、粉土或黏性土等一种或几种材料组成的填土，其中不含杂质或杂质很少。素填土经分层压实者，称为压实填土。在地形起伏较大的地区，常将压实的素填土作为地基利用。

素填土的工程性质取决于其密实度和均匀性。在堆填过程中，未经人工压实者，一般密实度较差，但堆填时间较长，因土的自重压密作用，也能达到一定的密实度。如堆填时间超过10年的黏性土，超过5年的粉土，超过2年的砂土，均有一定的密实度和强度，可以作为一般建筑物的天然地基。

②杂填土

杂填土为含有大量建筑垃圾、工业废料或生活垃圾等杂物的填土。按其组成物质成分和特征分为建筑垃圾土、工业废料土和生活垃圾土。

由于杂填土颗粒复杂，排列无规律，造成杂填土的密实程度极不均匀。杂填土的分布和厚度变化与填积前的原始地形密切相关。另外，杂填土的填积年限是影响其工程性质的重要因素。一般填积年限愈久，土愈密实，其强度和承载力均愈高。

对于形成时间相对较短的杂填土，其结构比较松散，一般具有浸水湿陷性。这是杂填土地区雨后地基下沉和局部积水引起房屋裂缝的主要原因。

③冲填土

冲填土亦称吹填土，是由水力冲填泥沙形成的沉积土，即在整理和疏浚江河航道时，有计划地用挖泥船，通过泥浆泵将泥沙夹大量水分，吹送至江河两岸而形成的一种填土。由于冲填土的形成方式特殊，因而具有不同于其他类填土的下列工程特性：

a. 冲填土的颗粒组成随泥沙来源而变化，在吹填的出口的沉积的颗粒较粗，甚至有石块，沿出口向外则逐渐变细。

b. 冲填土的含水量大，透水性较弱，排水固结差，一般呈软塑或流塑状态，多属于未完成自重固结的高压缩性的软土。其有效应力要在排水固结条件下才能有所提高。

c. 冲填土一般比同类自然沉积饱和土的强度低，压缩性高。其工程性质与其颗粒组成、均匀性、排水固结条件以及冲填形成的时间均有密切关系。

（4）膨胀土

膨胀土是指体积因含水量的增加而膨胀，含水量减小而收缩的黏性土。膨胀土一般呈红、黄、褐、灰白等色，具斑状结构，常含铁、锰或钙质结构，具网状开裂。土层表层常出现纵横交错的裂隙和龟裂现象，使土体的完整性被破坏，强度降低。

膨胀土中黏粒含量常达35%以上，矿物成分以蒙脱石、伊利石为主，高岭石和多水高岭石较少。其液限、塑限和塑性指数都较大，液限40%～68%，塑限17%～35%，塑性指数18～33。饱和度较大，在80%以上，但天然含水量较少，多为17%～36%，故膨胀土常处于硬塑或坚硬状态，强度较高，压缩性中等偏低，常被误认为是较好的天然地基。一旦含水量增加或结构受扰动，则力学性质减弱明显。

（5）盐渍土

在地表不深的土层中，易溶盐（如氯盐、硫酸盐及碳酸盐等）含量大于0.3%，并具有溶陷、盐胀和腐蚀等工程特性的土，称为盐渍土。

盐渍土一般分布在干旱、半干旱地区，其形成及所含盐的成分和数量，与当地地形、地貌、气候、地下水的埋深和矿化度、土壤性质和人为活动有关。当土中粉粒含量高，盐分来源充分，地下水矿化度较高且埋深小，毛细水能达地表或接近地表，气候较干燥，蒸发强烈且风多，年平均降雨量小于年蒸发量时，便可形成盐渍土。

盐渍土按地理分布分为滨海型、冲积平原型及内陆型；按所含盐类可分为氯盐、硫酸盐、碳酸盐等盐渍土。盐渍土厚度不大，埋深在地表以下1.5 m内，个别达4 m左右。盐渍土的工程地质性质与所含盐分及其数量关系密切。氯盐为主的土中易溶盐含量小于0.05%（其他盐渍土小于0.30%），对土的性质影响较小；超过此量时，对土的性质影响较明显。当含盐量超过了3%时，土的工程地质性质主要取决于盐类的种类和数量。一般讲，土中含盐量愈高，土的液限、塑限愈低，夯实最佳密度愈小。

盐渍土的强度和变形与含水量关系密切。通常，干燥状态的盐渍土具有较高的强度和较小的变形。被水浸湿后，因盐分的溶解，土被溶蚀导致土的强度降低，压缩变形增大。

（6）黄土

黄土为第四纪的一种特殊陆相疏松堆积物，一般为黄色或黄褐色，颗粒成分以粉粒为主，富含碳酸钙，孔隙比常为1左右，肉眼可见大孔隙，铅垂节理发育，并含有大小不一、数量不等的结核和包裹体，被水浸润后在自重作用下显著沉陷。具有上述全部特征的土为典型黄土，与之相似又缺少个别特征的土为黄土状土。典型黄土与黄土状土统称黄土。

（7）多年冻土

含有固态水，且冻结状态持续2年或2年以上的土，为多年冻土。温度升高，土中冰融，称为融土，其所含水分比冻结前增加很多。冻土与融土是对立统一的，在一定的气候条件下相互转化。我国境内的多年冻土，一般厚1～20 m，最厚可达60 m。

冻土与其他土的主要区别在于"冻"。土的冻结过程，不单是土中原有水的冻结，还有尚未冻结的土层中水向冻结土层迁移而冻结。下部未冻结土层中水在毛细作用下，向上部冻结土层不断迁移而富集，并冻结成冰。当地下水埋藏较浅时，毛细水能不断补给，使土的冻胀明显。

冻土常由土粒、冰、水和气体四相构成，比一般三相土有更复杂的工程地质性质。冻结时，土中水结冰膨胀、土体增大，土层隆起；融化时，土中冰融化成水，土体缩小，土层沉降，冰胀隆起和融化沉降引起建筑物变形破坏，称为"冻害"。

冻土具冻胀性。冻胀会产生很大冻胀力。冻胀力可造成地基变形、建筑物上抬等工程地质问题。由于地基土往往不均匀，冻结程度也不一致，因此可能使建筑物各部分被抬高的程度不同，产生不均匀变形。当其不均匀变形超过允许值时，建筑物就会被破坏。这种冻胀性破坏是季节冻土区建筑物的主要冻害。

冻土还具融沉性。即冻土中冰融成水后，在外部荷载所产生的超静水压力作用下，水沿孔隙逐渐挤出而孔隙体积逐渐缩小所产生的沉降变形的性质。建筑物各部分地基土的土质、水文地质和冻胀条件有差异，多年冻土层中冰的发育程度便不同，冻土融化后的性质也就各异，导致建筑物各部分的沉降不均匀。当超过允许值后便造成建筑物因融沉而破坏。这是季节冻土区建筑物破坏的主要原因。

思 考 题

1. 简述土的结构类型。
2. 简述土的工程分类。
3. 砾石类土的工程地质特征有哪些？
4. 砂类土的工程地质特征有哪些？
5. 黏性土的工程地质特征有哪些？
6. 淤泥类土的工程地质特征有哪些？
7. 红黏土的工程地质特征有哪些？

第7章 岩石与岩体的工程地质特征

　　岩体与岩石（岩块）是既有联系、又有区别的两个概念。岩石是由矿物或岩屑在地质作用下按一定的规律聚集而成的自然结合体。它由矿物颗粒或岩屑及肉眼难以觉察的微裂隙共同构成，是组成地壳的基本物质。通常也把岩石称为岩块。岩体则是指在天然埋藏条件下，由岩块和一种以上的软弱结构面所共同组成的复杂地质体，它是岩石受到各种性质的软弱结构面切割而形成的综合体。由于软弱结构面的存在，岩体的强度要远低于岩石的强度。因此，对于建在岩体上或岩体中的各类工程的稳定起决定作用的是岩体强度，而不是岩石强度。所以，实际工程中不仅要深入研究岩石的物理力学性能，而且要深入研究岩体的物理力学性能。

　　研究岩体的工程地质性质，必须对岩石、岩体及其结构特征进行研究。

7.1 岩石的工程地质性质

7.1.1 岩石的物理性质

　　岩石的物理性质是岩石的基本工程地质性质，主要是指岩石的重力性质和空隙性，包括相对密度（比重）、重度、干重度、天然重度、饱和重度、空隙率和空隙比等，其定义的实质与土完全相同，详见第6章。

　　岩石的物理性质表现在：

　　①岩石相对密度（比重）的大小取决于组成岩石的矿物相对密度及其在岩石中的相对含量，组成岩石的矿物相对密度（比重）大、含量多，则岩石的相对密度（比重）大。一般岩石的相对密度（比重）约为2.65，相对密度大的可达3.3。

　　②组成岩石的矿物相对密度（比重）大，或岩石中的空隙性小，则岩石的重力密度大。对于同一种岩石，若重力密度有差异，则重力密度大的结构致密、空隙性小，强度和稳定性相对较高。

　　③岩石空隙率的大小，主要取决于岩石的结构构造，同时也受风化作用、岩浆作用、构造运动及变质作用的影响。由于岩石中空隙发育程度变化很大，其空隙率的变化也很大。例如，三叠纪砂岩的空隙率为0.6%～27.7%；碎屑沉积岩的时代愈新，其胶结愈差，则空隙率愈高；结晶岩类的空隙率较低，很少高于3%。

7.1.2 岩石的水理性质

　　岩石的水理性质，是指岩石与水作用时所表现的性质，主要有岩石的吸水性、透水性、溶解性、软化性、抗冻性等。

　　1. 岩石的吸水性

　　岩石吸收水分的性能称为岩石的吸水性。常以吸水率、饱水率两个指标来表示。

(1) 岩石的吸水率（w_a）

岩石的吸水率是指在常压下，岩石的吸水能力，以岩石所吸水分的重力与干燥岩石重力之比的百分数表示，即

$$w_a = \frac{G_{W_a}}{G_s} \times 100\% \tag{7-1}$$

式中　w_a——岩石吸水率，%；

　　　G_{W_a}——岩石在常压下所吸水分的重力，kN；

　　　G_s——干燥岩石的重力，kN。

岩石的吸水率与岩石的空隙数量、大小、开闭程度和空间分布等因素有关。岩石的吸水率愈大，则水对岩石的侵蚀、软化作用就愈强，岩石强度和稳定性受水作用的影响也就愈显著。

(2) 岩石的饱水率（w_{sat}）

岩石的饱水率是指在高压（15 MPa）或真空条件下岩石的吸水能力，仍以岩石所吸水分的重力与干燥岩石重力之比的百分数表示。

岩石的吸水率与饱水率的比值，称为岩石的饱水系数，其大小与岩石的抗冻性有关，一般认为饱水系数小于 0.8 的岩石是抗冻的。

2. 岩石的透水性

岩石的透水性是指在一定压力下，岩石允许水通过的能力。岩石的透水性大小，主要取决于岩石中裂隙的大小和连通情况。岩石的透水性用渗透系数（K）来表示。

3. 岩石的溶解性

岩石的溶解性是指岩石溶解于水的性质，常用溶解度或溶解速度来表示。岩石的溶解性，主要取决于岩石的化学成分，但和水的性质有密切关系，如富含 CO_2 的水，则具有较大的溶解能力。常见的可溶性岩石有石灰岩、白云岩、石膏、岩盐等。

4. 岩石的软化性

岩石的软化性是指岩石在水的作用下，强度和稳定性降低的性质。岩石的软化性主要取决于岩石的矿物成分和结构构造特征。岩石中黏土矿物含量高、空隙率大、吸水率高，则易与水作用而软化，使其强度和稳定性大大降低甚至丧失。

5. 岩石的抗冻性

岩石的空隙中有水存在时，水一结冰，体积膨胀，则产生较大的压力，使岩石的强度和稳定性遭到破坏。岩石抵抗这种冰冻作用的能力，称为岩石的抗冻性。在高寒冰冻地区，抗冻性是评价岩石工程地质性质的一个重要指标。

岩石的抗冻性，与岩石的饱水系数、软化系数有着密切关系。一般是饱水系数愈小，岩石的抗冻性愈强；易于软化的岩石，其抗冻性也低。温度变化剧烈，岩石反复冻融，则降低岩石的抗冻能力。

岩石的抗冻性，有不同的表示方法，一般用岩石在抗冻试验前后抗压强度的降低率表示。抗压强度降低率小于 25% 的岩石，认为是抗冻的；大于 25% 的岩石，认为是非抗冻的。

常见岩石的物理性质和水理性质的主要指标见表 7-1。

表 7 – 1 常见岩石的物理性质和水理性质指标

岩石名称		相对密度（比重）	天然重力密度 / (kN/m³)	空隙率/%	吸水率/%	软化系数
岩浆岩	花岗岩	2.50～2.84	22.56～27.47	0.04～2.80	0.10～0.70	0.75～0.97
	闪长岩	2.60～3.10	24.72～29.04	0.25 左右	0.30～0.38	0.60～0.84
	辉长岩	2.70～3.20	25.02～29.23	0.28～1.13	—	0.44～0.90
	辉绿岩	2.60～3.10	24.82～29.14	0.29～1.13	0.80～5.00	0.44～0.90
	玄武岩	2.60～3.30	24.92～30.41	1.28 左右	0.30 左右	0.71～0.92
沉积岩	砂岩	2.50～2.75	21.58～26.49	1.60～28.30	0.20～7.00	0.44～0.97
	页岩	2.57～2.77	22.56～25.70	0.40～10.00	0.51～1.44	0.24～0.55
	泥灰岩	2.70～2.75	24.04～26.00	1.00～10.00	1.00～3.00	0.44～0.54
	石灰岩	2.48～2.76	22.56～26.49	0.53～27.00	0.10～4.45	0.58～0.94
变质岩	片麻岩	2.63～3.01	25.51～29.43	0.30～2.40	0.10～3.20F	0.91～0.97
	片岩	2.75～3.02	26.39～28.65	0.02～1.85	0.10～0.20	0.49～0.80
	板岩	2.84～2.86	26.49～27.27	0.45 左右	0.10～0.30	0.52～0.82
	大理岩	2.70～2.87	25.80～26.98	0.10～6.00	0.10～0.80	—
	石英岩	2.63～2.84	25.51～27.47	0.10～8.70	0.10～1.45	0.96

7.1.3 岩石的力学性质

岩石的力学性质是指岩石抵抗外力作用的性能。岩石在外力作用下，首先发生变形，当外力增加到某一数值时，岩石便开始破坏。当岩石遭到破坏时的强度，称为岩石的极限强度。岩石的极限强度可分为极限抗拉强度、极限抗剪强度、极限抗压强度等。

1. 岩石的变形

岩石在外力作用下，其内部应力状态发生变化，使各质点改变位置，引起岩石形状和尺寸的改变，称为变形。通常岩石同时具有弹性变形和塑性变形，而一般固体材料的变形有一个明显的"屈服点"，在屈服点以前表现为弹性变形，在屈服点以后表现为塑性变形。这是岩石变形和一般固体材料变形的显著区别。

自然界三大岩类，其矿物组成、结构构造极为复杂。岩石是典型的非均质、各向异性的固体材料。即使是同一类岩石，所表现出来的力学性质也有较大的差异。

岩石的变形规律可用应力–应变曲线表示。根据应力–应变曲线，可以得到表征岩石变形特征的常用物理参数：岩石的变形模量、弹性模量以及泊松比。

（1）岩石的应力–应变关系

根据不同方法的岩石变形试验，可得到三种应力–应变关系：逐级连续加载应力–应变关系；恒量重复加载、卸载应力–应变关系；变量重复加载、卸载应力–应变关系。

①逐级连续加载应力–应变关系 逐级连续加载系连续递增荷载施加于岩样上（单轴压缩）。对一般坚硬岩石，由其应力–应变曲线，可将变形过程大致划分为三个阶段

（图7-1）。

- 压密阶段开始加载，应变较大，但随着荷载加大，应变反而渐减，如图7-1中的 OA 段。这是由岩石中裂隙的压密所致。当荷载卸除后，其可恢复的部分为岩石弹性变形的组成部分；而不能恢复的部分，为塑性变形的组成部分。此段变形是以塑性变形为主。

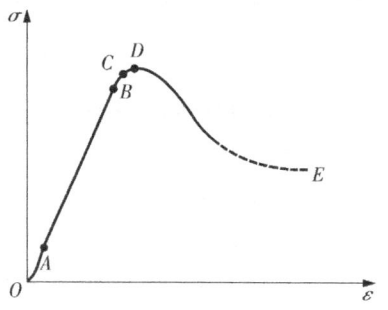

图7-1 岩石的应力-应变曲线

- 近似直线变形阶段随荷载继续加大，应力与应变基本上按比例增长，如图7-1中的 AB 段呈近似直线。当荷载卸除后，岩石几乎可恢复原状，这是岩石弹性变形的主要阶段。

- 破坏阶段随荷载继续增大，变形量不断增大，应力与应变的关系呈明显的非线性，此时由直线转变为曲线，如图7-1中的 BC 段，即应变比应力的增长率大得多，最后直至岩样破坏。

需要指出的是，岩石全面破坏后的承载能力虽然在降低，但并不是全部立即丧失，而是仍然具有一定的承载能力。工程中常将岩石的这种尚存的承载能力称为岩石的残余强度。

②恒量重复加载、卸载应力-应变关系　每次加载、卸载量相等，并重复加载、卸载多次，试验所获得应力-应变关系曲线（图7-2a），其变形特点如下：最初应力-应变关系曲线很弯曲，且在卸载后不能恢复的塑性变形较大；往后塑性变形逐渐变小，应力-应变关系曲线愈陡，则愈接近于直线；后一级与前一级曲线分别近似平行，说明岩石经多次加载、卸载后，愈益呈现弹性变形。

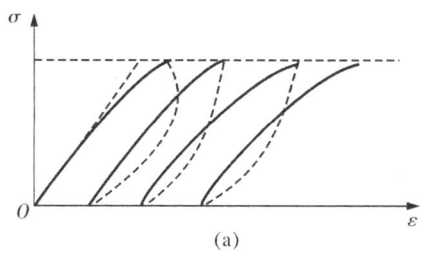 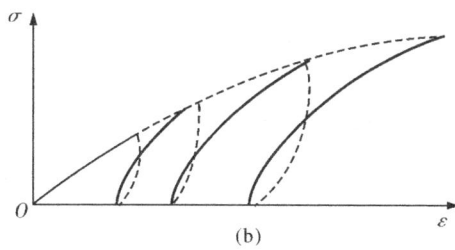

图7-2 反复加载与卸载时的试验曲线

③变量重复加载、卸载应力-应变关系　每次卸载后再逐级加大荷载，试验所获得的应力-应变关系曲线有如下特点（图7-2b）：前一级卸载与随后一级之间，出现一回滞圈，说明了卸载时弹性变形恢复的滞后现象。如果每级卸载后的下一级加载量有规律地递增，则各级峰值应力连线基本呈一有规律的直线或曲线，并且其形态与前述逐级加载下的应力-应变曲线相似；与恒量重复加载、卸载一样，最初应力与应变曲线很弯曲，愈后愈近似直线；各级相邻两加载、卸载的应力-应变曲线，分别近于平行。

(2) 岩石的变形指标

岩石的变形指标主要有弹性模量、变形模量和泊松比。

①弹性模量

弹性模量是应力与弹性应变的比值,即

$$E = \frac{\sigma}{\varepsilon_r} \tag{7-2}$$

式中　E——弹性模量,MPa;
　　　σ——应力,MPa;
　　　ε_r——弹性应变。

岩石的弹性模量越大,变形越小,说明岩石抵抗变形的能力越高。它可作为岩石分类的指标,也是研究强度及破坏机理的重要指标。

②变形模量

变形模量是应力与总应变的比值,即

$$E_0 = \frac{\sigma}{\varepsilon_0 + \varepsilon_r} \tag{7-3}$$

式中　E_0——变形模量,MPa;
　　　ε_0——塑性应变;
　　　σ、ε_r同式(7-2)。

③泊松比

岩石在轴向压力作用下,除产生纵向压缩外,还会产生横向膨胀,这种横向应变与纵向应变的比值,称为泊松比,即

$$\mu = \frac{\varepsilon_1}{\varepsilon_2} \tag{7-4}$$

式中　μ——泊松比;
　　　ε_1——横向应变;
　　　ε_2——纵向应变。

泊松比越大,表示岩石受力作用后的横向变形越大。岩石的泊松比一般在 0.2～0.4 之间。岩石的变形指标可用来计算岩石变形量,并作为基础设计的重要依据。

常见岩石的变形指标见表 7-2。

表 7-2　常见岩石的变形指标

岩石名称	弹性模量 E / ($\times 10^4$ MPa)	泊松比 μ	岩石名称	弹性模量 E / ($\times 10^4$ MPa)	泊松比 μ
花岗岩	5～10	0.1～0.3	页岩	0.2～8	0.2～0.4
流纹岩	5～10	0.1～0.25	石灰岩	5～10	0.2～0.35
闪长岩	7～15	0.1～0.3	白云岩	5～9.4	0.15～0.35
安山岩	5～12	0.2～0.3	板岩	2～8	0.2～0.3
辉长岩	7～15	0.1～0.3	片岩	1～8	0.2～0.4
玄武岩	6～12	0.1～0.35	片麻岩	1～10	0.1～0.35
砂岩	0.5～10	0.2～0.3	石英岩	6～20	0.08～0.25

2. 岩石的强度

岩石在外力作用下发生变形，随着外力不断增大，变形也不断加剧，岩石内个别地方开始出现微裂隙。如果外力继续增加，达到或超过某一数值，微裂缝扩展连通形成破裂面，岩石变形就转化为岩石破坏。岩石在达到破坏前所能承受的最大应力称为岩石的强度。表示岩石强度的指标常用的有单向外力作用下的抗压强度、抗拉强度、抗剪强度，还有双向、三向外力作用下的岩石强度等。

(1) 单轴抗压强度

标准岩石试样在单向压缩时能承受的最大压应力称单轴抗压强度或极限抗压强度，简称抗压强度。根据试样含水情况，抗压强度又可分为烘干试样抗压强度和饱和试样抗压强度。根据外力作用方向与岩石层理、片理方向的关系，又有垂直层理与平行层理抗压强度之分。通常，若未加说明，则抗压强度是指烘干试样、垂直层理受力的抗压强度，常用 σ_c 表示。

一般都把岩石用作受压构件。抗压强度是岩石最重要的工程性质指标，是岩石分类的基础。常见岩石抗压强度的数值见表 7-3。

(2) 抗拉强度

岩石试样在单向拉伸时能承受的最大拉应力称抗拉强度。按照这个定义，应当进行单向直接拉伸试验，以便获得抗拉强度数值。但是由于直接拉伸试验比较困难，实际应用中多采取间接方法获取抗拉强度数值。目前国内常用的间接拉伸方法是劈裂法。抗拉强度常用 σ_t 表示。常见岩石抗拉强度的数值见表 7-3。

表 7-3 常见岩石强度值

岩石名称	抗压强度 σ_c /MPa	抗剪强度 σ_t /MPa	岩石名称	抗压强度 σ_c /MPa	抗剪强度 σ_t /MPa
花岗岩	100~250	25~70	页岩	5~100	2~10
流纹岩	160~300	30~120	黏土岩	2~15	0.3~1
闪长岩	120~280	30~120	石灰岩	40~250	7~20
安山岩	140~300	20~100	白云岩	80~250	15~25
辉长岩	160~300	35~120	板岩	60~200	7~20
辉绿岩	150~350	35~150	片岩	10~100	1~10
玄武岩	150~300	30~100	片麻岩	50~200	5~20
砾岩	10~150	15~20	石英岩	150~350	10~30
砂岩	20~250	25~40	大理岩	150~250	7~20

(3) 抗剪强度

岩石试样在一定法向压应力 σ 作用下，能够承受的最大剪应力 τ 称抗剪强度。抗剪强度可用下式表示：

$$\tau = \sigma\tan\varphi + c \tag{7-5}$$

式中 τ ——抗剪强度，MPa；

σ ——法向压应力，MPa；

φ ——内摩擦角；

c ——内聚力，MPa。

由于 τ 表示了岩石抵抗被剪断的最大能力，故又可称为抗剪断强度。当 $\sigma=0$ 时，即岩石受剪切时无法向压应力作用，只有内聚力抵抗剪切，此时抵抗剪切的最大能力 $\tau_c = c$，被称为抗切强度。当岩石试样中已存在一个光滑、平直的裂开面并在此裂开面上有法向压应力 σ 作用时，若沿裂开面进行剪切，$c = 0$，抵抗剪切的只有岩石裂开面间的摩擦阻力，此时抵抗剪切的最大能力 $\tau_c = \sigma\tan\varphi$，称为抗摩擦强度。通常应用最广泛的是抗剪断强度，即抗剪强度。表7-4列出了常见岩石的 c 及 φ 值。

表7-4 常见岩石力学指标

岩石名称	内聚力 c /MPa	内摩擦角 φ (°)	岩石名称	内聚力 c /MPa	内摩擦角 φ (°)
花岗岩	10～50	45～60	页岩	2～30	20～35
流纹岩	15～50	45～60	石灰岩	3～40	35～50
闪长岩	15～50	45～55	板岩	2～20	35～50
安山岩	15～40	40～50	片岩	2～20	30～50
辉长岩	15～50	45～55	片麻岩	8～40	35～55
辉绿岩	20～60	45～60	石英岩	20～60	50～60
玄武岩	20～60	45～55	大理岩	10～30	35～50
砂岩	4～40	35～50			

大量实验表明，岩石的抗压强度最高，抗剪强度居中，抗拉强度最小。岩石越坚硬，其值相差越大；而软弱岩石差别较小。岩石的抗压强度和抗剪强度，是评价岩石或岩体稳定性的两个常用指标，是进行工程岩体稳定性定量分析的依据。由于岩石的抗拉强度很小，在构造运动中岩层受挤压形成褶皱时，在岩层弯曲变形最大的部位易受拉张破坏，产生张性裂隙。

7.2 岩体的工程地质性质

岩体和岩石的概念是不同的。岩石可以理解为一种材料，它的性质可以用岩块来表征。岩体则是地质体的一部分，它由各种各样的岩石组成，并在其发展过程中经受了构造变动、风化作用及卸荷作用等各种内外地质作用的破坏和改造。因此，岩体经常被层面、节理、断层等各种地质界面所切割，使岩体成为一种多裂隙的不连续介质。这些地质界面称为结构面。

所以，岩体和岩块的工程性质有明显的不同。两者最根本的区别就是岩体中的岩石被各种结构面所切割。这些结构面的强度与岩块相比要低得多，并且破坏了岩体的完整性，结构面也称为软弱面或不连续面。因此，岩体的工程性质首先取决于这些结构面的性质，其次才是组成岩体的岩石性质。岩体的变形、破坏与稳定主要取决于岩体内各种结构面的性质及其对岩体的切割程度。因此，对结构面的成因、特征及其组合形式的研究，在工程实践中具有重要意义。

岩体结构包括结构面和结构体两个要素。结构面是指存在于岩体中的各种不同成因、不同特征的地质界面，如断层、节理、层理、软弱夹层及不整合面等。结构体是指岩体被结构面切割后形成的岩石块体。结构面和结构体的排列与组合特征便形成了岩体结构，它既表达岩体中结构面的发育程度及组合，又反映了结构体的大小、几何形式及排列方式。

7.2.1 结构面

1. 结构面的成因分类

不同成因的结构面，具有不同的工程地质特性。按成因可把结构面分为原生结构面、构造结构面和次生结构面三类。

（1）原生结构面

原生结构面是在岩石形成过程中形成的结构面，其特征与岩石的成因密切相关，因此又可分为沉积结构面、岩浆结构面和变质结构面三类。

①沉积结构面　沉积结构面是沉积岩在沉积成岩的过程中形成的结构面，包括层理、层面、软弱夹层、沉积间断面及不整合面等。其共同特点是与沉积岩的成层性有关，一般延伸性强，常贯穿整个岩体，产状随岩层变化而变化。

②岩浆结构面　岩浆结构面是岩浆侵入及冷凝过程中形成的结构面，包括与围岩的接触面及原生节理等。岩浆岩体与围岩的接触面通常延伸较远且较稳定，原生节理往往短小而密集，且具张性破裂面特征，如玄武岩的柱状节理。

③变质结构面　变质结构面可分为残留结构面和重结晶结构面。残留结构面主要为沉积岩经浅变质后所具有，层理、层面仍保留，只在层面上有绢云母、绿泥石等鳞片状矿物富集并呈定向排列，如板岩中的板理面。重结晶结构面主要有片理和片麻理面等，是由于岩石发生深度变质和重结晶作用，使片状或柱状矿物富集并呈定向排列形成的结构面，它改变了原岩的面貌，对岩体特性起控制性作用。

（2）构造结构面

构造结构面是构造运动过程中形成的破裂面，包括断层、节理和层间错动面等，规模较大的构造结构面，如断层、层间错动等，多数充填有厚度不等、性质和连续性各不相同的充填物。其中部分已泥化，或者已变成软弱夹层，因此，其工程地质性质很差，强度多接近于岩体的残余强度，往往导致工程岩体的滑动破坏。规模小的构造结构面，如节理等，多发育短小而密集。一般无充填或只有薄的充填，主要影响岩体的完整性及力学性质。

（3）次生结构面

这类结构面是岩体形成以后，又在外营力作用下产生的，包括卸荷裂隙、风化裂隙、次生夹泥层及泥化夹层等。

卸荷裂隙是因岩体表部被剥蚀卸荷而成的，产状与临空面近于平行，具张性特征。如在河谷斜坡上见到的顺坡向裂隙及谷底的近水平裂隙等，其发育深度一般达基岩以下 5～10 m，局部可达十余米，受断层影响大的部位则更深，对边坡危害很大。

风化裂隙一般仅限于地表风化带内，常沿原生结构面及构造结构面发育。新生成的风化裂隙延伸短、方向紊乱、连续性差，降低了岩体的强度和变形模量。泥化夹层是原生软弱夹层在构造及地下水的作用下形成的，次生夹层则是地下水携带的细颗粒物质及溶解物质沉淀在裂隙中形成的。它们的性质都比较差，属软弱结构面。

2. 结构面的基本特征

结构面的特征包括结构面的规模、形态、物质组成、延展性、密集程度、张开度和充填胶结特征等，它们对结构面的物理力学性质有很大的影响。

（1）结构面的规模

实践证明，结构面对岩体力学性质及岩体稳定的影响程度，首先取决于结构面的延展性及其规模。目前，一般将结构面的规模分为Ⅰ、Ⅱ、Ⅲ、Ⅳ及Ⅴ五级，其规模依次降低，自数十千米至几厘米。

（2）结构面的形态

结构面的平整、光滑和粗糙程度对结构面的抗剪性能有很大的影响。自然界中结构面的几何形状非常复杂，大体上可分为平直、波状、锯齿状及不规则四种类型。

结构面的形态对结构面抗剪强度有很大的影响。一般平直光滑的结构面有较低的摩擦角，粗糙起伏的结构面则有较高的抗剪强度。

（3）结构面物质构成

有些结构面上物质软弱松散，含泥质物及水理性质不良的黏土矿物，抗剪强度很低，对岩体稳定的影响较大。如黏土岩或页岩夹层，假整合面（包括古风化夹层）及不整合面，断层夹泥、层间破碎夹层、风化夹层、泥化火层及次生夹泥层等。对于这些结构面，除进行一般物理力学性质的试验研究外，还应对其矿物成分及微观结构进行分析，预测结构面可能发生的变化（如泥化作用是否会发展等），比较可靠地确定抗剪强度参数。

（4）结构面的延展性

结构面的延展性也称连续性，有些结构面延展性较强，在一定工程范围内切割整个岩体，对稳定性影响较大；但也有一些结构面比较短小或不连续，岩体强度一部分仍为岩石（岩块）强度所控制，稳定性较好。因此，在研究结构面时，应注意调查研究其延展长度及规模。

(5) 结构面的密集程度

结构面的密集程度反映了岩体的完整性,它决定岩体变形和破坏的力学机制。有时在岩体中,虽然结构面的规模和延展长度均较小,但却平行密集,或互相交织切割,使岩体稳定性大为降低,且不易处理。试验表明,岩体内结构面愈密集,岩体变形愈大,强度愈低,而渗透性愈高。

(6) 结构面的张开度和充填情况

结构面的张开度是指结构面的两壁离开的距离,可分为闭合、微张、张开、宽张4级。闭合结构面的力学性质取决于结构面两壁的岩石性质和结构面粗糙程度。微张的结构面,因其两壁岩石之间常常多处保持点接触,抗剪强度比张开的结构面大。张开的和宽张的结构面,抗剪强度则主要取决于充填物的成分和厚度:一般充填物为黏土时,强度要比充填物为砂质时的低;而充填物为砂质者,强度又比充填物为砾质者低。

3. 软弱夹层与泥化夹层

(1) 软弱夹层

软弱夹层是指岩体中那些性质软弱,有一定厚度的软弱结构面或软弱带。与周围岩体相比,软弱夹层具有高压缩性和低强度的特征,所以对岩体的工程稳定性具有重要的意义。

(2) 泥化夹层

泥化夹层是指岩体中软弱岩层在层间错动与地下水的长期物理化学作用下所形成的结构疏松、颗粒多呈定向排列、粒间连接微弱的特殊软弱层,多发生在上下相对坚硬而中间相对软弱、刚柔相间的岩层组合条件下。在构造运动作用下,泥化夹层为地下水渗流提供了通道。水的作用使破碎岩石中的颗粒分散、含水量增大,进而使岩石处于塑性状态(泥化),强度大大降低。水还使夹层中的可溶盐类溶解,引起离子交换,改变泥化夹层的物理、化学性质。

7.2.2 结构体

岩体中被结构面切割而产生的单个岩石块体叫结构体。受结构面组数、密度、产状、长度等影响,结构体可以形成各种形状。常见的有块状、柱状、板状、锥状、楔形体、菱面体等。结构体形状、大小、产状和所处位置不同,其工程稳定性大不一样。

7.2.3 岩体结构类型

岩体中结构面和结构体的组合关系叫岩体结构。岩体结构类型分类如表7-5所示。不同结构类型的岩体,其力学性质有明显差别。

表 7-5 岩体结构类型

岩体结构类别		地质背景	结构面特征	结构体特征	岩土工程特征	可能发生的岩土工程问题
整体块状结构	整体结构	岩性单一，构造变形轻微的巨厚层沉积岩、变质岩和火山熔岩、火成岩侵入岩	结构面少，一般不超过三组，延续性极差，多呈闭合状态，无充填或含少量碎屑	巨型块状	整体强度高，岩体稳定，可视为均质弹性的各向同性体	不稳定结构体的局部滑动或塌塌，深埋洞室的岩爆
	块状结构	岩性单一，受轻微构造作用的巨厚层沉积岩和变质岩、火成岩侵入体	结构面一般2～3组，多呈闭合状态，层面有一定结合力	块状、菱形块状	整体强度较高，结构面互相牵制，岩体基本稳定，接近弹性各向同性体	不稳定结构可能产生滑塌，特别是张裂破坏及较弱岩层的弯曲变形
层状结构	层状结构（巨厚、厚、中厚）	受构造破坏或较轻的中厚层（大于30 cm）	结构面2～3组，裂隙延续性极差，有时也有软弱夹层或层间错动面，其延续性较好，层面结合力较差	块状、柱状、厚板状	接近均一的各向异性体，其变形及强度特征受层面及岩层组合控制，可视为弹塑性体，稳定性较差	
	薄层状结构	厚度小于30 cm，在构造作用下发生强烈褶曲和层间错动多韵律的薄层沉积岩、变质岩	层理、片理发达，层间错动和小断层时出现，结构面多为泥膜、碎屑和泥质充填	板状、薄板状		
碎裂结构	镶嵌碎裂结构	一般发育于脆硬岩层中，结构面组数多，构造裂隙多，密度较大	以规模不大的结构面为主，但组数多，密度大，延续性差，闭合无填充或含少量碎屑	形状不规则，但菱角显著	完整性破坏较大，整体强度很低，并受断裂等软弱结构面控制，多呈弹塑性介质，稳定性很差	易引起规模较大的岩体失稳，地下水加剧岩体失稳
	层状碎裂结构	受构造裂隙切割的层状岩体	以层面、软弱夹层和层间错动面为主，构造裂隙甚发达	以碎块状、板状、短柱状为主		
	碎裂结构	岩性复杂，构造碎裂较强烈	延续性差的结构面，密度大，相互交切	碎屑和大小不等的岩块，形状多种，不规则		

续表 7-5

岩体结构类别	地质背景	结构面特征	结构体特征	岩土工程特征	可能发生的岩土工程问题
散体结构	构造破碎带，强风化带	裂隙和节理很发育，无规则	岩屑、碎片、碎块、岩粉	完整性遭到极大破坏，稳定性极差，岩体属性接近松散岩体介质	易引起规模较大的岩体失稳，地下水加剧岩体失稳

7.2.4 岩体的力学性质

岩体的多裂隙性特点决定了其与岩石（单一岩块）的工程地质性质有明显不同。两者最根本的区别，就是岩体中的岩石被各种结构面所切割。这些结构面的强度与岩石相比要低得多，并且破坏了岩体的连续完整性。岩体的工程性质首先取决于这些结构面的性质，其次才是组成岩体的岩石性质。此外，在大自然中，大多数岩石的强度都是很高的，能够满足一般工程建筑物的要求，而岩体的强度，特别是沿软弱结构面方向的强度却往往很低，不能满足建筑物的要求。因此，从工程实践的客观需要来看，研究岩体的特征比研究岩石的特征更为重要。

在研究岩体稳定性的时候，除必须研究岩体的结构特征和软弱结构面的不良作用外，还必须研究岩体的变形特征和承载特征，给出岩体的力学指标和承载力指标，在此基础上才能从定性和定量两个方向全面评价工程岩体的稳定性。关于岩体变形与强度理论，在岩石力学中讲述。这里，主要介绍一些最基本的概念和岩体变形与破坏的特征。

1. 岩体的变形特性

岩体的变形通常包括结构面变形和结构体变形两部分。实测的岩体应力-应变曲线，是上述两种变形叠加的结果。图7-3、图7-4分别绘出了坚硬岩石、岩体和软弱结构面的应力-应变曲线。图中反映出这三条变形曲线的特征是不同的：坚硬岩石曲线的特点是弹性关系特别显著，软弱面曲线的特征表明了以塑性变形为主，而岩体的曲线则比它们都复杂。

岩体的应力-应变曲线，可分为四个阶段：图7-4中的 OA 段曲线呈凹状缓坡，这是由节理压密闭合造成的；AB 段是结构面压密后的弹性变形阶段；BC 段呈曲线形，它表明岩体已产生微破裂或塑性变形；C 点的应力值就是岩体的峰值强度，过 C 点后产生应力下降表明岩体进入全面的破坏阶段。

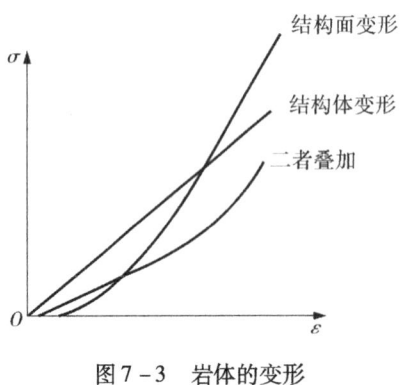

图7-3 岩体的变形

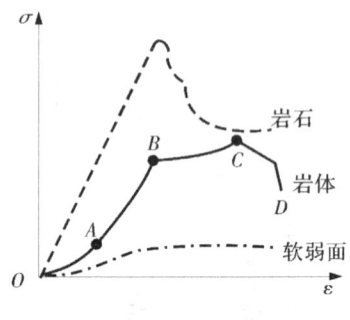

图7-4 应力-应变曲线

由于岩体结构类型的不同，实际的岩体应力-应变曲线也不同。如完整结构岩体的应力-应变曲线，其特点是弹性阶段明显，压密阶段没有或不显著；块状或块状碎裂结构岩体的变形曲线具有明显的上述四个阶段；碎块状碎裂结构和散体结构的岩体，其变形曲线中弹性阶段很短，塑性阶段很长，岩体破坏后的应力下降不显著。

就大多数岩体而言，一般建筑物的荷载远达不到岩体的极限强度值。因此，设计人员所关心的主要是岩体的变形特性。变形模量或弹性模量是表征岩体变形的重要参数。由于岩体中发育有各种结构面，所以岩体变形的弹塑性特征较岩石更为显著。如图 7-5 所示，岩体在反复荷载作用下对应于每一级压力的变形，均有弹性变形 ε_e 和残余变形 ε_p 两部分。变形模量 E_0 和弹性模量 E_e 分别为：

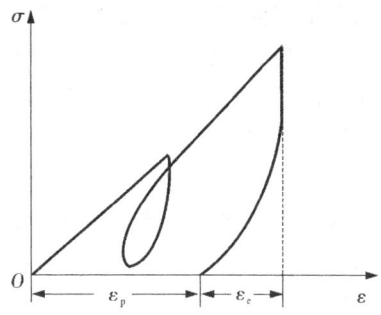

图 7-5　岩体的弹性变形 ε_e 和残余变形 ε_p

$$E_0 = \frac{\sigma}{\varepsilon_e + \varepsilon_p}$$

$$E_e = \frac{\sigma}{\varepsilon_e}$$

岩体的变形模量也是表征岩体质量好坏的一种指标，坚硬岩体的变形模量高，软弱破碎岩体则低。另外，用静力法测得的坚硬完整岩体的弹体模量 E_e 和变形模量 E_0 数值较接近，而软弱破碎岩体因其残余变形大，E_e 和 E_0 往往相差很大。

由于岩体中结构面发育情况、充填情况及岩石性质的差异，岩体在加载变形过程中，其应力-应变关系曲线常有下列三种类型：

①直线型　如图 7-6a 所示，应力-应变曲线呈近似直线关系，反映岩体坚硬、致密、裂隙不发育，或只有分布均匀的细小裂隙，岩体变形模量较大，塑性变形小。

②上凹型　如图 7-6b 所示，应力-应变曲线在荷载低时斜率小、变形大，随着荷载的加大，曲线斜率逐渐增大，塑性变形趋于稳定。反映岩体的岩性坚硬、裂隙发育，且多呈张开而无充填，在荷载作用下，裂隙逐渐闭合或发生镶嵌作用而被挤紧。

③下凹型　如图 7-6c 所示，应力-应变曲线在低荷载下近似直线，表现为弹性变形；当荷载增大时呈曲线，表示为塑性变形。反映岩体的岩性较软弱，或岩体的较深部位埋藏有软弱夹层，或岩体裂隙发育，且有泥质充填。

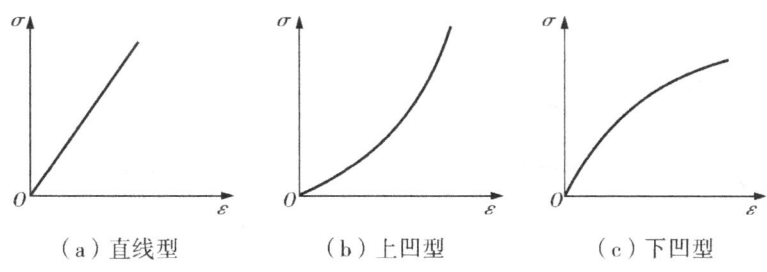

（a）直线型　　　　（b）上凹型　　　　（c）下凹型

图 7-6　岩体的应力-应变曲线

2. 岩体的强度特性

岩体是由各种形状的岩块和结构组成的地质体，因此其强度必然受到岩块和结构面强度及其组合方式（岩体结构）的控制。一般情况下，岩体的强度既不同于岩块的强度，也不同于结构面的强度。但是,如果岩体中结构面不发育,呈整体或完整结构时,则岩体的强度大致与岩块强度接近;或者如果岩体将沿某一特定结构而滑动破坏时,则其强度取决于该结构面的强度;节理裂隙切割的裂隙化岩体的强度介于岩块与结构面强度之间。

岩体抗剪强度是指岩体抵抗外力剪切破坏的能力。工程上通常采用现场大型试验的方法测定岩体的抗剪强度。通过试验可获取如下资料:①岩体剪应力-剪位移曲线;②剪切强度曲线及岩体剪切强度参数 c_m,φ_m 值。

通过剪应力-剪位移曲线(图7-7)的分析,岩体的剪切破坏有脆性破坏和塑性破坏两种类型。

(1) 脆性破坏型

坚硬完整岩体多属此种类型,其剪应力-剪位移曲线的主要特征是岩体在破坏前剪位移较小,破坏后有明显的应力降,变形曲线可分为如下三个阶段:

①第一阶段应力应变呈线性关系,该阶段终止于点1,该点的应力值称为比例极限强度。

②剪力如果继续施加,即进入第二阶段。此时岩体部分出现微裂隙,位移曲线开始向横轴弯曲。该阶段终止于点2,该点的应力值称为屈服极限。

③第三阶段位移速度明显增加,当剪应力达到峰值点3后,试件全部剪断,应力骤然下降直至点4后才趋于一个定值。点3的应力值称为破坏极限或峰值强度。点4以后的应力值称残余强度。

(2) 塑性破坏型

半坚硬或软弱破碎岩体多数属此种类型,其剪应力-剪位移曲线的主要特征是在峰值破坏前剪位移较大,过峰值后剪应力基本保持不变,试件以一定的位移速率沿剪切面滑移。

上述的比例极限、屈服极限、峰值强度及残余强度为岩体的特征强度值。

正确区分岩体的剪应力-剪位移曲线类型是非常重要的。比如,在校核岩基抗滑稳定、边坡抗滑稳定和地下硐室围岩稳定性时,对于脆性破坏型的岩体常采用比例极限值;对于塑性破坏型的岩体,常采用屈服值或流变值。

作峰值强度和对应的正应力的关系曲线即岩体的剪切强度曲线(图7-8)。从曲线上可得岩体剪切强度参数 c_m、φ_m 值及摩擦系数 $f = \sigma \tan\varphi$。

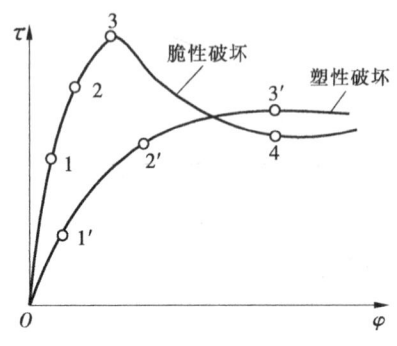

图7-7 岩体剪应力-剪位移曲线

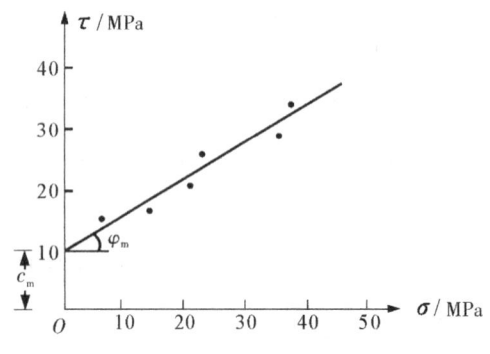

图7-8 岩体剪切强度曲线

岩体剪切强度也有抗剪强度、抗剪断强度和抗切强度之分。沿结构面产生剪切破坏时，应采用抗剪强度；而在岩体中剪断破坏时，剪切强度最大；沿复合剪切面剪切时，其强度介于以上两者之间。一般而言，岩体的抗剪强度曲线不是一条简单的曲线，而是有一定上下限的曲线族（图7-9）。

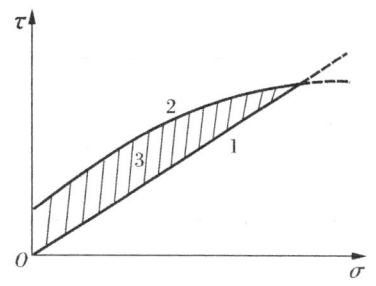

图7-9 岩体抗剪强度包络线
1—结构面强度线；2—岩块强度线；
3—岩体强度包络线变化范围

7.3 岩石与岩体的工程分类

《岩土工程勘察规范》（GB 50021—2009）中要求，在进行岩土工程勘察时，应鉴定岩石的地质名称和风化程度，并进行岩石坚硬程度、岩体完整程度和岩体基本质量等级的划分。

7.3.1 岩石坚硬程度分类（表7-6）

表7-6 岩石坚硬程度等级的定性分类

坚硬程度等级		定性鉴定	代表性岩石
硬质岩	坚硬岩	锤击声清脆，有回弹，震手，难击碎，基本无吸水反应	未风化-微风化的花岗岩、闪长岩、辉绿岩、玄武岩、安山岩、片麻岩、石英岩、石英砂岩、硅质砾岩、硅质石灰岩等
硬质岩	较硬岩	锤击声较清脆，有轻微回弹，稍震手，较难击碎，有轻微吸水反应	① 微风化的坚硬岩； ② 未风化-微风化的大理岩、板岩、石灰岩、白云岩、钙质砂岩等
软质岩	较软岩	锤击声不清脆，无回弹，较易击碎，浸水后指甲可划出印痕	① 中等风化-强风化的坚硬或较硬岩； ② 未风化-微风化的凝灰岩、千枚岩、泥灰岩、砂质泥岩等
软质岩	软岩	锤击声哑，无回弹，有凹痕，易击碎，浸水后手可掰开	① 强风化的坚硬岩或较硬岩； ② 中等风化-强风化的较软岩； ③ 未风化-微风化的页岩、泥岩、泥质砂岩等
	极软岩	锤击声哑，无回弹，有较深凹痕，手可捏碎，浸入水后可捏成团	① 全风化的各种岩石； ② 各种半成岩

7.3.2 岩土完整程度分类

岩体的完整程度反映了其裂隙性。破碎岩石的强度和稳定性较完整岩石大大削弱，尤其边坡和基坑工程更为突出。岩体的完整程度根据完整性指数划分，如表7-7所示。

表 7-7 岩体完整程度分类

完整程度	完整	较完整	较破碎	破碎	极破碎
完整性指数	>0.75	0.55～0.75	0.35～0.55	0.15～0.35	<0.15

注：完整性指数为岩体压缩波速度与岩块压缩波速度之比的平方。

岩体完整程度等级还可按表 7-8 定性划分。

表 7-8 岩体完整程度的定性分类

完整程度	结构面发育程度		主要结构面的结合程度	主要结构面类型	相应结构类型
	组数	平均间距/m			
完整	1～2	>1.0	结合好或结合一般	裂隙、层面	整体状或巨厚层状结构
较完整	1～2	>1.0	结合差	裂隙、层面	块状或厚层状结构
	2～3	0.4～1.0	结合好或结合一般		块状结构
较破碎	2～3	0.4～1.0	结合差		裂隙块状或中厚层状结构
	≥3	0.2～0.4	结合好	裂隙、层面、小断层	镶嵌碎裂结构
			结合一般		中、薄层状结构
破碎	≥3	0.2～0.4	结合差	各种类型结构面	碎裂块状结构
		≤0.2	结合一般或结合差		碎裂状结构
极破碎	无序	—	结合很差	—	散体状结构

注：平均间距指主要结构面（1～2 组）间距的平均值。

7.3.3 岩体基本质量等级分类

将岩石的坚硬程度和岩体的完整程度综合可分为五个岩体基本质量等级，如表 7-9 所示。

表 7-9 岩体基本质量等级

坚硬程度＼完整程度	完整	较完整	较破碎	破碎	极破碎
坚硬岩	Ⅰ	Ⅱ	Ⅲ	Ⅳ	Ⅴ
较硬岩	Ⅱ	Ⅲ	Ⅳ	Ⅳ	Ⅴ
较软岩	Ⅲ	Ⅳ	Ⅳ	Ⅴ	Ⅴ
软岩	Ⅳ	Ⅳ	Ⅴ	Ⅴ	Ⅴ
极软岩	Ⅴ	Ⅴ	Ⅴ	Ⅴ	Ⅴ

7.3.4 岩石质量指标 RQD 分类

RQD（Rock Quality Designation）是国际上通用的鉴别岩石工程性质好坏的方法，该法是利用钻孔的修正岩芯采取率来评价岩石质量的优劣。即用直径为 75mm 的金刚石钻头和双层岩芯管在岩石中钻进,连续取芯,回次钻进所取岩芯中,长度大于 10 cm 的岩芯段长度之和与该回次进尺的比值作为 RQD 值,以百分数表示。

显然,RQD 主要是反映岩石完整性及耐磨程度的数量指标。按 RQD 值的高低,将岩石质量划分成五类,如表 7-10 所示。

表 7-10　RQD 分类

类　别	RQD/%	岩石质量	类　别	RQD/%	岩石质量
1	90～100	好	4	25～50	差
2	75～90	较好	5	<25	极差
3	50～75	较差			

思 考 题

1. 什么是岩石的饱水系数?
2. 说明岩石软化系数的物理意义。
3. 影响岩石工程性质的因素有哪些?
4. 什么是岩体?试说明岩体与岩石的区别。
5. 什么是结构面?结构面的主要特征有哪些?
6. 结构面按成因可划分为哪几种类型?研究结构面有何工程意义?
7. 什么是结构体?常见的结构体的形状有哪几种?
8. 什么是岩体结构?岩体结构有哪些主要类型?它们的特征如何?研究岩体结构有何工程意义?
9. 岩体的变形有何特点?
10. 岩体的强度受什么控制?岩体的剪切破坏有哪几种情况?
11. 岩石和岩体按《岩土工程勘察规范》有哪几种分类方法?如何进行分类?

第3篇　地质灾害及工程地质环境评价

第8章　常见的地质灾害及其防治与评估

地壳上部岩土体受内、外力地质作用和人类工程经济活动的影响而发生变化。这些变化又影响着原有宏观地质、地貌和地形条件的改变，如崩塌、岩堆移动、滑坡、泥石流、岩溶、地震等。虽然这些地质现象仅在部分建筑场地出现，但它对工程的安全和使用造成不同程度的破坏影响，因而称这些地质现象为不良地质现象。这些不良地质现象常给工程建筑的稳定性和正常使用造成危害，并给人类的生命财产造成巨大损失，称为地质灾害。尤其是大型高速滑坡和灾害性泥石流，规模大、突发性强、破坏力大，是重大的地质灾害。

因此，研究地质灾害的形成条件和发展规律，以便采取相应的防治措施，防灾减灾，对保障工程建筑和人类生命财产的安全具有重要意义。本章只介绍最常见的崩塌、滑坡、泥石流、岩溶地面塌陷、地震等几种地质灾害及其防治。

8.1　崩塌与滑坡

8.1.1　崩塌

陡峻的悬崖上的巨大岩块在重力作用下，突然而猛烈地向下倾倒、翻滚、崩落的现象或过程称为崩塌。崩塌常发生在山区的陡峭山坡上，有时也发生在高陡的人工边坡上，如露天采场边坡、路堑边坡等。一般把巨大规模的山坡崩塌称为山崩。斜坡表层岩石由于强烈风化，沿坡面发生经常性的岩屑顺坡滚落的现象，称为碎落；悬崖陡坡上个别较大岩块不定时的崩落现象，称为落石。

崩塌是山区常见的地质灾害类型。它来势迅猛，常可摧毁路基、桥梁和工程建筑物，堵塞隧道洞门及河道等。

1. 崩塌产生的条件

（1）地形条件

高陡斜坡是形成崩塌的必要条件。规模较大的崩塌，一般多发生在高度大于30 m，坡度大于45°（大多数介于55°~75°之间）的陡峻斜坡上；斜坡前缘由于应力重分布和卸荷等原因，产生长而深的拉张裂缝，并与其他结构面组合，逐渐形成连续贯通的分离面，在诱发因素作用下发生崩塌（图8-1）。斜坡的外部形状，对崩塌的形成也有一定的影响。一般在上缓下陡的凸坡和凹凸不平的陡坡上易于发生崩塌。

（2）岩性条件

坚硬岩石具有较大的抗剪强度和抗风化能力，才能形成高陡的斜坡。所以，崩塌常发生在由坚硬脆性岩石构成的斜坡上（图8-1）。

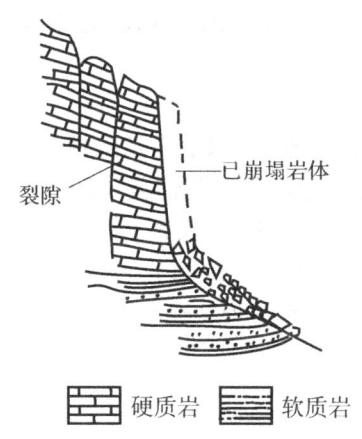

图8-1 高陡斜坡上坚硬岩石组成的斜坡前缘裂隙导致崩塌示意图

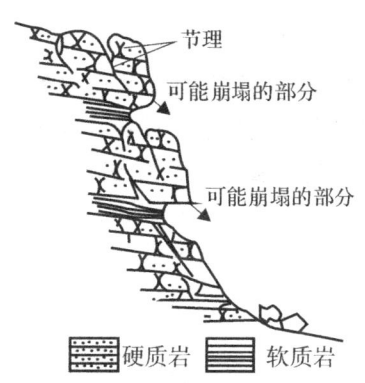

图8-2 软硬互层岩石的陡坡局部崩塌示意图（硬质岩石节理发育）

（3）构造条件

陡崖或陡坡中稀疏发育有各种软弱结构面，如岩层层面、断裂结构面、软弱夹层等，且结构面产状向临空面倾斜，或两组结构面的组合交线向临空面倾斜，如图8-2所示。但由松软岩石组成的岩体，即使结构面很密集，也不产生崩塌，只能产生危害不大的剥落现象。

（4）气候与水文条件

昼夜的温差、季节温度的变化、湿度大小、风、大气降水等气候条件，会引起岩石热胀冷缩、冻融、冰劈、风蚀、冲刷等地质作用，加剧了岩石的风化，这些往往是发生崩塌的诱因；地表水的冲刷、溶解和软化裂隙充填物，形成了软弱面，地下水的渗透增加了静水压力并使岩石泡水软化，河流、湖泊、海浪冲刷坡脚，这些因素都易使边坡失稳，造成崩塌。

（5）其他因素

地震、人工爆破、地下采矿、不合理的切坡开挖等人类工程活动，也是产生崩塌的诱因或原因之一，故人工边坡也常发生崩塌现象。

2. 崩塌的防治

如上所述，要有效防治崩塌，首先必须进行工程地质调查，掌握崩塌形成的基本条件及其影响因素；然后根据不同的具体情况，采取相应的措施。

（1）防治原则

由于崩塌发生得突然而猛烈，治理比较困难，尤其是大型或巨型崩塌的治理十分复杂，所以应采取以防为主的原则。

①在选择工程建筑场地时,应根据斜坡的具体条件,认真分析发生崩塌的可能性及其规模。对有可能发生大、中型崩塌的地段,应尽量避开。若避开有困难,应采取防治工程。例如,铁路应尽量设在崩塌停积区范围之外。如有困难,也应使路线离坡脚有适当距离,以便设置防护工程。

②在设计和施工中,避免使用不合理的高陡边坡,避免大挖大切,以维持山体的平衡稳定。在岩体松散或构造破碎地段,不宜使用大爆破施工,避免因工程技术上的失误而引起崩塌。

(2) 处理措施

①刷坡 将陡崖或者岩层表面风化破碎不稳定的斜坡地段削缓,并清除易坠的岩石。

②护面 清除坡面危石,加固坡面,如坡面喷浆、抹面、砌石铺盖(图8-3)等,以防止软弱岩层进一步风化;灌浆、勾缝、镶嵌、锚栓,以恢复和增强岩体的完整性。

③支护工程 危岩支顶,如用石砌或用混凝土作支垛(图8-4)、护壁、支柱、支墩、支墙等,以增强斜坡的完整性,或可将易崩塌岩体用锚索、锚杆与斜坡稳定部分联固。

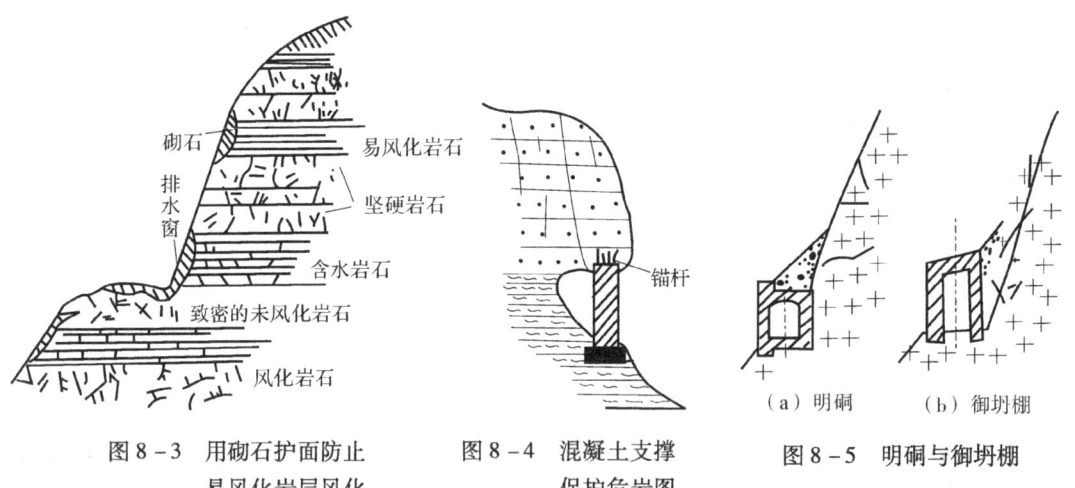

图8-3 用砌石护面防止易风化岩层风化

图8-4 混凝土支撑保护危岩图

图8-5 明硐与御坍棚

④拦截防御 修筑落石平台、落石网、落石槽、拦石堤、拦石墙、明硐或御坍棚(图8-5)等。

⑤排水 修筑截水沟、堵塞裂隙、封底加固附近的灌溉引水、排水沟渠等,防止水流大量渗入岩体而恶化斜坡的稳定性。

8.1.2 滑坡

斜坡大量岩土体在重力作用下失去原有的稳定状态,沿一定的滑动面(或带)整体向下滑动的现象,称为滑坡。滑坡是山区常见的破坏性很大的地质灾害。

1. 滑坡形态要素

一个发育完全的典型滑坡,一般具有下列要素(图8-6)。

①滑坡体 指滑坡的整个滑动部分,即依附于滑动面下滑的岩土体。它常可保持原始结构,内部相对位置基本不变,但产生许多新裂隙,个别部位遭受较强烈的扰动。滑坡体

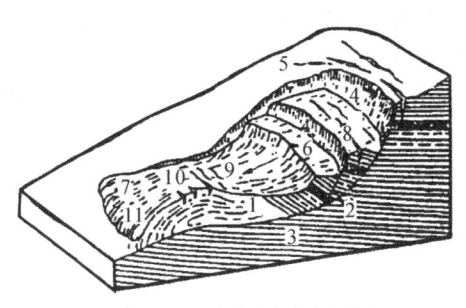
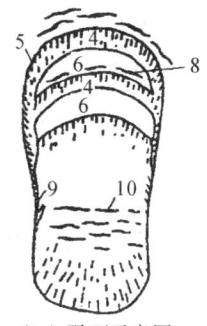

(a) 剖面示意图　　　　(b) 平面示意图

图 8-6　滑坡要素示意图

1—滑坡体；2—滑动面；3—滑坡床；4—滑坡壁；5—滑坡周界；6—滑坡台阶；
7—滑坡舌；8—拉张裂缝；9—剪切裂缝；10—鼓张裂缝；11—扇形裂缝

的体积大小视滑坡规模大小而异。滑坡体与周围未滑动的稳定斜坡在平面上的分界线称滑坡周界。滑坡周界圈定了滑坡的范围。

②滑动面、滑动带、滑坡床　滑动面也称滑床面或滑面，是指滑坡体和滑坡床的连续破坏分界面，与临空面相互贯通，其厚度较大时可形成滑动带。通常，将滑动面上部受滑动揉皱的地带（厚度从数厘米到数米）称为滑动带。在滑动面下伏未动的岩土体，它完全保持原有的结构，称为滑坡床。

③滑坡后壁　滑动面的上缘，即滑坡体与斜坡断开下滑后形成的陡壁，称为滑坡壁。在平面上多呈圈椅状，其高度自几厘米至几十米，坡度一般为 60°～80°。

④滑坡台阶　滑坡体因各段下滑的速度、幅度的差异形成一些错台，出现数个陡坡和高程不同台面，形成滑坡台阶。

⑤滑坡舌　指滑坡体前缘伸出部分，形如舌状，也称滑坡头。

⑥滑坡鼓丘　滑坡体前缘因受阻力而隆起的小丘。

⑦滑坡裂缝　滑坡体的不同部分，在滑动过程中因受力性质、移动速度的不同，而产生不同力学性质的裂缝。

⑧滑坡主轴　滑坡体滑动速度最快的纵向线。它代表整个滑坡的滑动方向，一般位于推力最大，滑床凹槽最深（滑坡体最厚）的纵断面上。在平面上可为直线或曲线。

2. 滑坡形成的条件

(1) 岩性条件

在岩土层中，必须具有受水构造、聚水条件和软弱面（该软弱面也有隔水作用）等，才可能形成滑坡。在硬质岩地层中，发生滑坡的可能性较小，但岩体内夹有软弱破碎带或薄风化层，倾角较陡且有地下水活动时，岩层可能沿软弱面（带）而滑动。在软质易风化岩层中，干燥时，岩层风化成散粒碎屑（碎片），当受水潮湿后，容易形成表面滑动。在黏性土层中，一般上部地层较松散，易渗水，下部比较致密起隔水作用。当水下渗后，在其分界处构成软弱滑腻面，常使上层土体沿此软弱面滑动。坡积黏性土，当其含水量较大时，抗剪强度显著降低，易沿下伏基岩顶面滑动而产生滑坡。

(2) 地质构造条件

岩体构造和产状对山坡的稳定、滑动面的形成、发展影响很大。一般堆积层和下伏岩层接触面越陡，则其下滑力越大，滑坡发生的可能性也愈大。由于地质构造形成的滑坡现象有：上层土体或岩体沿着两个不同地质的分界面或沿已有的构造面滑动，如坡积、残积层沿基岩面滑动，其形成条件往往是下卧层面受水软化，具隔水作用，形成滑动面。滑动层易受水，同时在层间又具供水条件，如下卧层顶面为地下洼槽，易受水、聚水；在断层破碎带或节理裂隙密集带处，由于抗剪强度显著降低，构成软弱面，呈与坡向一致而又位于斜坡底部时，易沿此面发生滑坡。

（3）气候条件

夏季炎热干燥，使黏土层龟裂，如遇暴雨时，水沿裂缝渗入土体（滑坡体）内部，促使滑动。雨季开挖边坡，山坡土湿化，黏聚力降低，重力密度增大，对山坡稳定不利。气候变化促使岩土风化，减少黏聚力和结合力，尤其是粉质黏土或夹有黏土质岩的地层，当雨水渗入较多时，易发生浅滑或表土溜滑。

（4）水的作用

地表水下渗，增加山坡土体的含水量，使土达塑性状态，降低土体的稳定性。当水渗入到不透水层时，使接触面润湿，减少摩擦力和黏聚力，使山坡失去稳定而下滑。水库、河道水体冲刷及潜蚀坡脚，削弱山坡的支撑部分，引起山坡下滑；河水涨落引起地下水位的升降，以至造成滑坡。

地下水量的增加，使土体含水量增大，滑动面上的抗滑力减少而下滑；地下水流速的加大，促使土的潜蚀作用发生，破坏了山坡的稳定性而滑动。

（5）地形及地貌条件

从局部地形可以看出，下陡、中缓和上陡的山坡和山坡上部成马蹄形的环状地形，且汇水面积较大时，在坡积层中或沿基岩面易发生滑动。

（6）其他条件

地震、爆破及机械振动等可能增加下滑力；人为地破坏山坡表层覆盖，引起渗水作用加强，也会促进山坡滑动；人类在山坡附近的工程活动、施工中的不当措施，都可能破坏山坡的平衡，造成滑坡。如：爆破震动导致土体结构疏松，易于渗水，同时也减小土体内抗剪强度；坡脚处开挖路堑挖去坡脚时，切坡不当，会破坏山体的支撑部分，失去平衡而下滑；人为地破坏了自然排水系统，如设计的排水设备布置不当，或泄水断面太小，引起排水不畅或漫溢乱流，使坡体被浸湿等；高位水池排水管道、渠道漏水，都可加速滑坡的活动。人为堆载、在山坡上修造建筑物、施工中的弃土堆放在坡顶附近，都可能造成滑坡。

3. 滑坡的发育过程

滑坡的发生、发展演化过程，是一个累进性变形破坏过程，而且往往具有多次周期性活动的特点。通常将滑坡的发育过程划分为三个阶段：蠕动变形阶段、滑动破坏阶段和渐趋稳定阶段。

（1）蠕动变形阶段

此阶段表现为斜坡坡肩附近及坡体某些部位出现拉张裂缝；坡体内局部剪切破坏面亦出现，并向贯通性的滑面方向发展。斜坡在发生滑动之前通常是稳定的。在自然条件和人为因素作用下，斜坡岩土强度逐渐降低，造成斜坡失稳而破坏。在斜坡内部分岩土体剪应力达到极限强度开始变形，产生微小的移动，变形进一步发展，直至坡面出现断续的拉张裂缝。随着拉张裂缝的出现，渗水作用加强，出现后缘拉张、裂缝加宽、小型错距，两侧剪切裂缝也相继出现。坡脚附近的岩土被挤压，滑坡出口附近潮湿渗水，此时滑动面已大部分形成，但尚未全部贯通。斜坡变形再进一步继续发展，后缘拉张裂缝不断加宽，错距不断增大，两侧羽毛状剪切裂缝贯通并撕开，斜坡前缘的岩土挤紧并鼓出，出现较多的鼓张裂缝，滑坡出口附近渗水浑浊，这时滑动面已全部形成，接着便开始整体地向下滑动。从斜坡的稳定状况受到破坏，坡面出现裂缝，到斜坡开始整体滑动之前的这段时间称为滑坡的蠕动变形阶段。

(2) 滑动破坏阶段

滑动面已贯通，滑体的前后及两侧出现了不同力学机制的裂隙，并有局部坍塌。这些都标志着斜坡处于滑动阶段。滑坡在整体往下滑动的时候，滑坡后缘迅速下陷，滑坡壁越露越高，滑坡体分裂成数块，并在地面上形成阶梯状地形，滑坡体上的树木东倒西歪地倾斜，形成"醉林"（图 8-7a）。滑坡体上的建筑物（如房屋、水管、渠道等）严重变形以致倒塌毁坏。随着滑坡体向前滑动，滑坡体向前伸出，形成滑坡舌。在滑坡滑动的过程中，滑动面附近湿度增大，并且由于重复剪切，岩土的结构受到进一步破坏，从而引起岩土体抗剪强度进一步降低，促使滑坡加速滑动。滑坡滑动的速度大小与滑动过程中岩土抗剪强度变化、滑动面的特征及外力作用的方式和强度有关。当滑移速率急剧加大，后缘拉裂缝急速张开和下错时，后壁不断坍塌；两侧及前缘表部坍塌；滑动面（带）上岩土体结构进一步破坏，含水量增大，有时随滑舌伸出而流出大量泥浆；滑坡体以较大速率向前滑移，滑速可达到每秒数十米，滑距较大；在滑速很大时甚至产生气浪，一般持续时间很短。

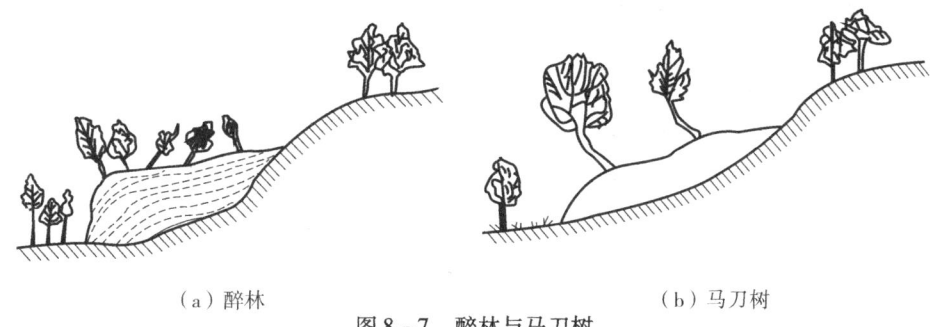

(a) 醉林　　　　　　　　　　　　(b) 马刀树

图 8-7　醉林与马刀树

(3) 渐趋稳定阶段

经过大量滑移后，滑体重心降低，滑动时产生的动能逐渐消耗于克服滑移阻力和滑体的变形中。滑体中部分地下水排出，使滑面强度有所提高。滑移速率渐减以至停止滑动。在自重的作用下，滑坡体上松散的岩土逐渐压密，地表的各种裂缝逐渐被充填，滑动带附近岩土的强度由于压密固结又重新增加，这时对整个滑坡的稳定性也大为提高。经过若干时期后，滑坡体上东倒西歪的"醉林"又重新垂直向上生长，但其下部已不能伸直，因而树干呈弯曲状，故称之为"马刀树"（图 8-7b），这是滑坡趋于稳定的一种现象。当滑坡体上的台地已变平缓，滑坡后壁变缓并生长草木，没有崩塌发生；滑坡体中岩土压密，地表没有明显裂缝，滑坡前缘无水渗出或流出清凉的泉水时，就表示滑坡已基本趋于稳定。

滑坡趋于稳定之后，如果滑坡产生的主要因素已经消除，滑坡将不再滑动，而转入长期稳定。若外部条件发生变化，又会重新滑动，故一个滑坡往往有多期活动性。

4. 滑坡的分类

滑坡分类的目的，是对滑坡作用的各种环境和现象特征以及产生滑坡的各种因素进行概括，以反映各类滑坡的特征和发生、发展演化的规律，并有效地进行防治。但由于地质条件和作用因素复杂，各种工程分类的目的和要求又不尽相同，因而可以从不同的角度进行滑坡分类。根据我国的滑坡类型可有如表 8-1 的滑坡分类。

表 8-1 滑坡的分类

分类依据	类型	特征说明
按滑体物质组成	黄土滑坡	不同时期的黄土层中的滑坡，并多群集出现，常见于高阶地前缘斜坡上
	黏性土滑坡	黏性土本身变形滑动，或与其他成因的土层接触面或沿基岩接触面而滑动
	堆积层滑坡	各种不同成因类型的堆积层体内滑动或沿基岩面滑动
	岩石滑坡	各种不同成因类型的岩体沿层面、解理、断层进行滑动
按主滑面与层面或结构面关系	顺层滑坡（图 8-8a）	沿岩层面发生滑动，或沿坡积层与基岩交界面或基岩间不整合面等滑动，滑动面形态视岩层面的形态而定，可以是平直的、圆弧状或折线状的
	切层滑坡（图 8-8b）	滑动面与层面相切的滑坡，在坚硬岩层与软弱岩层相互交替的岩体中的切层滑坡等，滑动面一般呈圆弧状或对数螺旋曲线
	均质滑坡（图 8-8c）	发生在均质、无明显层理的岩土体中，滑动面不受层面控制，常呈圆弧面
按滑坡体厚度分（即滑动面深度）	浅层滑坡	滑坡体厚度小于 6 m
	中层滑坡	滑坡体厚度 6~20 m
	深层滑坡	滑坡体厚度 20~50 m
	超深层滑坡	滑坡体厚度大于 50 m
按滑坡的规模大小分	小滑坡	滑坡体体积小于 3 万 m^3
	中滑坡	滑坡体体积 3 万~50 万 m^3
	大滑坡	滑坡体体积 50 万~300 万 m^3
	巨滑坡	滑坡体体积超过 300 万 m^3
按形成年代分	新滑坡	由于开挖山体所形成的滑坡
	古滑坡	久已存在的滑坡，其中又可分为死滑坡、活滑坡及处于极限平衡状态的滑坡
按力学条件	牵引式滑坡（图 8-9）	滑坡体下部先行变形滑动，上部失去支撑力量，因而随着变形滑动
	推移式滑坡（图 8-9）	上部先滑动、挤压下部引起变形和滑动
	牵引推移混合式滑坡	既有牵引，又有推动
按滑坡运动状态分	缓慢（或间歇性）移动的滑坡	长期缓慢地往下滑动，滑动过程可延续几年、十几年甚至更长时间，其滑动速度在突变阶段才显著增大
	崩塌性滑坡	
按滑坡产生原因分	自然滑坡	由自然地质作用产生的滑坡
	工程滑坡	由人类工程活动，开挖山体而引起的滑坡

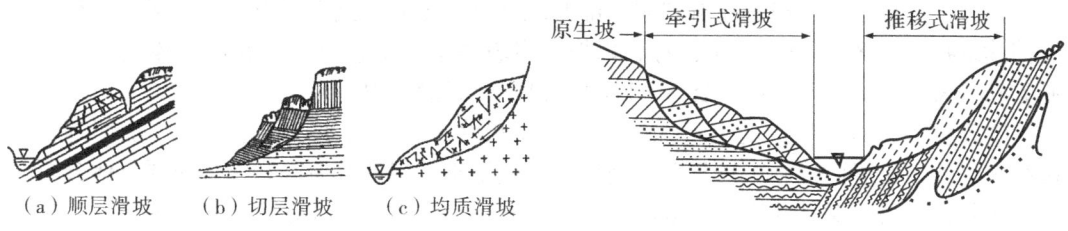

图8-8 滑坡体切割不同层次的分类
(a) 顺层滑坡　(b) 切层滑坡　(c) 均质滑坡

图8-9 牵引式、推移式滑坡断面

5. 滑坡的防治

滑坡的防治，贯彻以防为主、整治为辅的原则。在选择防治措施前，一定要查清滑坡的地形、地质和水文地质条件，认真研究和确定滑坡的性质及其所处的发展阶段，了解产生滑坡的主次原因及其相互联系，结合工程建筑的重要程度、施工条件及其他情况进行综合考虑。

（1）防治原则

①制定整治方案时，应优先考虑工程建筑场地如何避开滑坡地段，否则应综合各方面情况，对绕避、整治两个方案进行比较。若选择整治方案，对大型复杂的滑坡，常用多项工程综合治理，应做整治规划，工程安排要有主次缓急，并观察效果和变化，随时修正整治措施。

②对发展中的滑坡要进行整治，对古滑坡要防止复活，对可能发生滑坡的地段要防止其发生和发展。对变形严重、移动速度快、危害性大的滑坡，应立即采取有效措施，以防止其进一步恶化。整治滑坡一般应先做好临时排水工程，然后再针对滑坡形成的主要因素，采取相应的整治措施。

（2）防治滑坡的工程措施

防治滑坡的工程措施大致可分为三类：排水、力学平衡和改善滑动面（带）的土石性质。目前常用的工程措施有地表排水、地下排水、减重和支挡工程等。

①排水　地表排水一般是设置截水沟，以截排来自滑坡体外的坡面径流，在滑坡体上设置树枝状排水系统汇集旁引坡面径流于滑坡体外排出；地下排水一般是采用各种渗沟、盲洞及排水孔等形式（图8-10）。

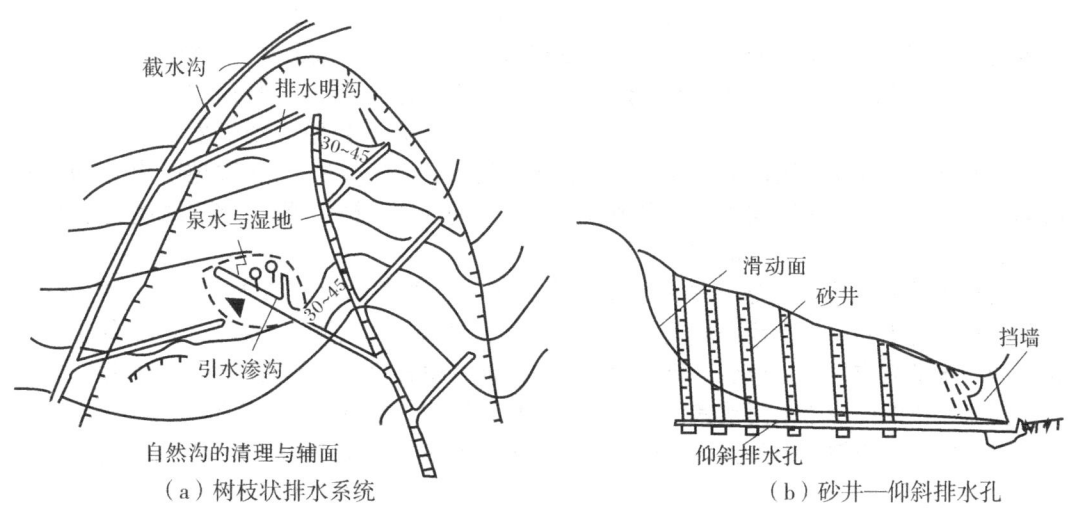

(a) 树枝状排水系统　(b) 砂井—仰斜排水孔

图8-10 滑坡排水整治工程图

②力学平衡法 一般是在滑坡体下部修筑抗滑挡土墙、抗滑片石垛、抗滑桩、锚杆等支挡建筑物（图8-11a、b、c、e），以增加滑坡体下部的抗滑力；在滑坡体上部则采取刷方和减荷结合的反压措施（图8-11d），以减小其滑动力。

③改善滑动面（带）的土石性质 如采用焙烧、电渗排水、压浆及化学加固等，直接稳定滑坡。由于此法施工较复杂、费用高、效果难以保证等原因，使用时要具体分析。

此外，还可针对某些影响滑坡滑动的因素进行专门整治。如在雨水多的地区，为防止流水对滑坡前缘的冲刷，可设置护坡、护堤、石笼及拦水坝等防护和导流工程。

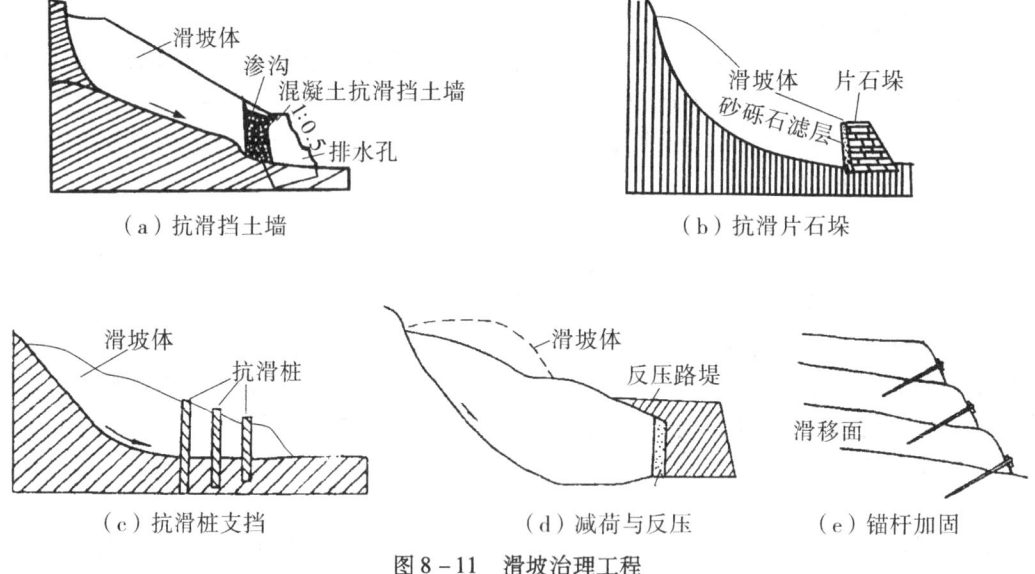

图8-11 滑坡治理工程

8.2 泥石流

在山区，由于暴雨或融雪的急流携带着大量固体物质（黏土、砂粒、块石、碎石）沿着沟谷、陡坡急骤下泄的暂时性山地洪流称为泥石流。泥石流也是当今世界上发生频繁的重大地质灾害之一，是山区特有的破坏性很大的不良地质现象。泥石流发生的主要原因有自然因素造成的，如降水、洪水、地震等，也有人类不合理活动引发的，后者约占80%。泥石流由水体和固体物质组成，具有暴发突然、流速极快、挟带力强、历时短暂及破坏性大等特点，在短时间内可冲毁地表建筑、运输线路、桥梁等，甚至毁坏整个城镇和途经居民点，造成重大的人员伤亡和财产损失。

泥石流是一种特殊洪流，是山区汛期常见的一种严重的水土流失（泥沙失稳搬运）现象。它的发生和发展是地理环境、地质背景、气象因素和人类活动综合作用的结果。它是泥沙在水动力作用下失稳后，集中输移的自然演变过程之一，具有严重的灾害性。某些山区河流在汛期中由于暴雨或其他水动力如溃坝、冰川、融雪等作用于流域内不稳定的地表松散土体，使松散土体失稳参与洪流运动，因此水和泥沙在流域内形成两种汇流现象。这两种不相同的物质在共同的流动空间内混合而形成一种特殊的水、沙混合输移现象。当这种特殊的流体中含沙量超过某一限值后，因其流动特性的变化而形成的一种特殊洪流，它对工程设计及环境的影响与洪水、滑坡不同而称为泥石流。

8.2.1 泥石流的形成条件

泥石流的形成和发展,与流域内的地质、地形和水文气象条件密切相关,同时也受人类活动的深刻影响。

(1) 地质条件

泥石流的形成主要取决于地质构造与岩性等地质条件。凡泥石流发育的地区,岩层岩性往往结构疏松软弱、风化强烈、地质构造复杂、新构造运动强烈、地震较频繁,而导致岩层破碎、崩塌、滑坡等不良地质现象普遍发育,为形成泥石流提供了丰富的固体物质来源。

(2) 水文、气象条件

水既是泥石流的重要组成部分,又是泥石流活动的基本动力。因此,暴雨和高山冰川、积雪的急剧消融,冰川湖、高山湖和水库的突然溃决,为形成泥石流提供充足的水源。

(3) 地形条件

汇水面积大,地形、沟床坡度比较陡,使地表水迅速集中并沿着沟谷急剧排泄成为可能。典型的泥石流活动存在形成—输移—堆积三个发展阶段,流域包括三个区段,即形成区、流通区和堆积区(图8-12),是地表一次破坏和塑造过程,其平面呈一不对称的哑铃,形成区和堆积区的形态极不稳定。泥石流的形成区(Ⅰ)地形上多为三面环山一面出口的瓢形或漏斗状,地形比较开阔,周围山高坡陡,谷坡为30°~60°,山体破碎,坡上有大量松散物质,滑坡、崩塌和岩堆等现象发育,植被生长不良。这样的地形有利于水和碎

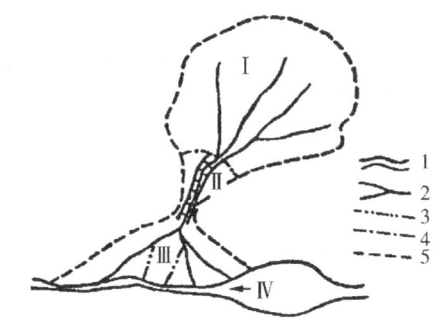

图 8-12 泥石流流域示意图
Ⅰ—形成区;Ⅱ—流通区;Ⅲ—堆积区;Ⅳ—堰塞湖
1—峡谷;2—有水沟床;3—无水沟床;
4—分区界线;5—流域界线

屑物质的集中。泥石流的流通区(Ⅱ)地形上常呈现瓶颈状或喇叭状,断面为峡谷地形。谷坡陡,沟床纵比降大,有时谷底会形成陡坎或台阶,使得泥石流得以迅猛直泄。泥石流的堆积区(Ⅲ)的地形多为开阔平坦的山前平原或河谷阶地,多呈扇形或锥形,谷坡与沟底比较平缓,使碎屑物质有堆积的场所。由上游带来的大小石块混杂堆积于山口附近或大河谷地的一侧,往往造成起伏的垄岗地形(Ⅳ),严重的可以堵塞大河形成堰塞湖,一旦溃决将给沿河上下游造成二次灾害,局部堵塞时易使下游大河河型发生变化,改变河流输水输沙条件。

(4) 其他条件

土壤与植被直接影响地表径流的形成和泥石流搬运物质的颗粒级配。滥伐山林造成山坡水土流失;开山采矿、采石弃渣堆石等,往往为泥石流提供大量的物质来源。

总而言之,有陡峻便于集水、集物的地形,有丰富的松散物质来源,短时间内有大量水的来源是形成泥石流的三个必不可少的条件。

8.2.2 泥石流的分类

从不同的角度来认知泥石流,其分类方法很多,目前尚不统一。从工程应用和方便考虑,多采用以下几种分类方法。

1. 按泥石流活动产出的环境分

(1) 坡面型泥石流

主要发生在30°以上的山坡坡面上,不透水层埋藏较浅,表层有较好的植被覆盖,无沟槽水流,水动力为地下水浸泡和有压地下水作用,在同一坡面上可多处同时发生,成梳状排列,突发性强,无固定流路。

(2) 沟谷型泥石流

有明显的坡面和沟槽汇流过程,松散物主要来自坡面和沟槽两岸及沟床堆积物的再搬运。泥石流流动除在堆积扇上流路不确定外,在山口以上基本上集中归槽。

坡面型泥石流与沟谷型泥石流的特点见表8-2。

表8-2 泥石流按集水区地貌特征分

坡面型泥石流	沟谷型泥石流
①无恒定地域与明显沟槽,只有活动周界;轮廓呈保龄球形	①以流域为周界,受一定的沟谷制约;泥石流的形成、堆积和流通区较明显;轮廓呈哑铃形
②限于30°以上斜面,下伏基岩或不透水层浅,物源以地表覆盖层为主,活动规模小,破坏机制更接近于坍滑	②以沟槽为中心,物源区松散,堆积体分布在沟槽两岸及河床上,崩塌、滑坡、沟蚀作用强烈,活动规模大,由洪水、泥沙两种汇流形成,更接近于洪水
③发生时不易识别,成灾规模及损失范围小	③发生时有一定规律性,可识别,成灾规模及损失范围大
④坡面土体失稳,主要是由于有压地下水作用和后续强暴雨诱发。暴雨过程中的狂风可能造成林、灌木拔起、倾倒,使坡面局部破坏	④主要是暴雨对松散物源的冲蚀作用和汇流水体的冲蚀作用
⑤总量小,重现期长,无后续性,无重复性	⑤总量大,重现期短,有后续性,能重复发生
⑥在同一斜坡面上可以多处发生,呈梳状排列,顶缘距山脊线有一定范围	⑥构造作用明显,同一地区多呈带状或片状分布,列入流域防灾整治范围
⑦可知性低、防范难	⑦有一定的可知性,可防范

2. 按泥石流体中组成物质特性分

(1) 泥流

所含固体物质以细颗粒黏土和泥沙为主,仅有少量岩屑碎石,混合较为均匀。泥流的黏度大,呈不同稠度的泥浆状。我国主要分布于甘肃天水、兰州及青海西宁等黄土高原山区和黄河的各大支流,如渭河、湟水、洛河、泾河等地区。

(2) 水石流

固体物质以粗颗粒泥沙、石块为主,水沙呈分离状。水石流主要分布于石灰岩、石英岩、大理岩、白云岩、玄武岩及坚硬砂岩地区。如陕西华山、山西太行山、北京西山、辽宁东部山区的泥石流多属此类。

(3) 泥石流

介于上述两种类型间的一种泥石流类型。固体物质由黏土、粉土、块石、碎石、沙砾所组成，级配差别很大，细颗粒物质和黏土物质含量视流域内土体贮量而异，它是一种比较典型的泥石流类型。全世界的山区，尤其是基岩裸露剥蚀强烈的山区产生的泥石流，多属此类。我国泥石流的高发地区有西藏波密、四川西昌、云南东川、贵州遵义等。

3. 按流体性质分

(1) 黏性泥石流

其固体物质的体积含量一般为40%～80%，其中黏土含量一般为8%～15%，其重力密度多介于 $17 \sim 21 \text{ kN/m}^3$。固体物质和水混合组成黏稠的整体，做等速运动，具层流性质；在运动过程中，常发生断流，有明显的阵流现象；阵流前锋常形成高大的"龙头"，具有强大的惯性力，冲淤作用强烈；流体到达堆积区后仍不扩散，固液两相不离析，堆积物一般具棱角，无分选性。

(2) 稀性泥石流

其固体物质的体积含量一般小于40%，黏土、粉土含量一般小于5%，其重力密度多介于 $13 \sim 17 \text{ kN/m}^3$。搬运介质为浑水或稀泥浆，其流速大于固体物质运动速度；在运动过程中，具紊流性质，无阵流现象；停滞后固液两相立即离析，堆积物呈扇形散流，有一定的分选性，堆积地形较平坦。

8.2.3 泥石流的防治

为了有效防治泥石流，应先进行工程地质调查。通过实地调查和访问，查明泥石流的类型、规模、活动规律、危害程度、形成条件和发展趋势等，并收集工程设计所需要的流速和流量等方面的资料。对已发生过泥石流的地区，应注意调查泥石流的沟谷形态、泥石流运动痕迹，在沟口沉积区的洪积扇或洪积堆的空间分布、厚度及物质组成等。对未曾发生过泥石流，但存在形成泥石流的条件，遇某些特殊情况，如在特大暴雨、大地震的作用下，有可能促使泥石流突然爆发的地区，在工程地质调查时应予以注意。

防治泥石流应坚持因地制宜、就地取材的原则，要有总的规划，采取综合防治措施。防护措施的基本原则主要有：

①抑制泥沙产生，常见的措施有拦沙坝、谷坊、护岸、封山育林、截水沟、坡面梯田化等；

②限制水沙下泄量，控制流路，防冲防淤，这类措施有拦沙坝，包括穿透式格拦坝、停淤场、导流堤、排导沟、清理河床、消除弧石等；

③避开泥石流的直接冲击，削弱泥石流的能量，把泥石流引向指定地区，采取措施如导流坝、拦挡坝、明硐、渡槽、排导沟、防冲墩、防护桩或墩身防护圈等。

具体措施介绍如下：

(1) 预防措施

水土保持　是根治泥石流的有效办法，主要措施为封山育林、植树种草、修筑梯田、修筑地表排水系统和支挡工程等。

（2）治理措施

①排导　采用排导沟、急流槽、导流堤等措施使泥石流顺利排走，防止其掩埋道路和其他工程建筑、堵塞桥涵。设计排导沟应考虑泥石流的类型和特征，排导沟尽可能按直线布设，其纵坡宜一坡到底，出口处最好能与地面有一定的高差，有足够的堆淤场地（图8－13）。

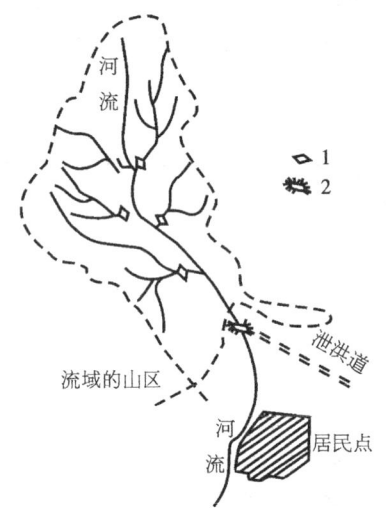

图8－13　泥石流排导措施
1—坝和堤防；2—导流堤

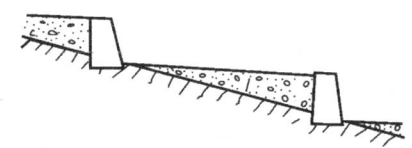

图8－14　拦挡坝布置示意图

②滞流与拦截　滞流措施是在泥石流沟中修筑一系列低矮的拦挡坝（图8－14）。拦蓄部分泥沙石块，减弱泥石流的规模；固定泥石流沟床，防止沟床下切和谷坡坍塌；减缓沟床纵坡，降低流速。拦截措施是修建拦泥坝或停淤场，将泥石流中的固体物质拦截在沟道内或停积在冲积扇的适当部位。这样不仅起到拦截固体物质的作用，还使山坡稳定，减轻坡体滑动及沟壁崩塌。

③绕避　通过渡槽、明硐渡槽、高桥、大跨等形式进行平面绕避、立面绕避。

④修建防护工程　在泥石流沟的上游修建蓄水池、小型水库，减少流域中的汇集水流和洪峰流量。修建防护墩、防护桩、门槛、停淤场等进行护坡、护底、护岸。

8.3　岩溶地面塌陷

岩溶地面塌陷是指隐伏在第四纪覆盖层下的可溶岩中存在岩溶空洞，且存在与覆盖层相连的通道，在某些自然因素或人为因素作用下，覆盖层物质沿着岩溶通道漏失到岩溶空洞中，引起覆盖土体发生塌陷，导致地面出现塌陷的自然现象。其多发生于碳酸盐岩分布地区，在岩石地区形成岩洞，土层地区形成土洞。

土洞是由于地表水或地下水对土层的溶蚀和冲刷而产生空洞，空洞的扩展导致地表陷落的地质现象。在有覆盖土的岩溶发育区，土洞作用特别显著。由于土洞发育速度快，分布密，对工程影响远大于岩洞，并且在岩溶地区土洞特别发育，因此将岩洞与土洞并列。

因此，研究岩洞、土洞的形成条件，岩溶的工程地质问题，提出合理的建设方案与防治措施，对确保建筑物的安全和正常使用是十分重要的。

8.3.1 岩洞的形成条件

岩石的可溶性与透水性、水的溶蚀性和流动性是岩溶发生和发展的四个基本条件。此外，岩溶的发育与地质构造、新构造运动、水文地质条件以及地形、气候、植被等因素有关。

（1）岩石的可溶性。石灰岩、白云岩、石膏、岩盐等为可溶性岩石，由于它们的成分和结构不同，其溶解性能也不相同。石灰岩、白云岩是碳酸盐岩石，溶解度小，溶蚀速度慢。而石膏的溶蚀速度较快，岩盐的溶蚀速度最快。石灰岩和白云岩分布广泛，经过长期溶蚀，岩溶现象十分显著。质纯的厚层石灰岩要比含有泥质、炭质、硅质等杂质的薄层石灰岩溶蚀速度快，形成的岩溶规模也大。

（2）岩石的透水性。主要取决于岩层中孔隙和裂隙的发育程度，尤其是岩层中断裂系统的发育程度和空间分布情况，对岩溶的发育程度和分布规律起着控制作用。

（3）水的溶蚀性。主要取决于水中 CO_2 的含量，水中含侵蚀性 CO_2 越多，水的溶蚀能力越强，则会大大增强石灰岩的溶解速度。

（4）水的流动性。取决于石灰岩层中水的循环条件，它与地下水的补给、渗流及排泄直接相关。石灰岩层中裂隙的形态、规模、密集度以及连通情况决定了地下水的渗流条件，它控制着地下水流的比降、流速、流量、流向等水文地质因素。此外，地形坡度、覆盖层的性质和厚度对水的渗流有一定的影响。地形平缓，地表径流差，渗入地下的水量就多，则岩溶易于发育；覆盖层为不透水的黏土或粉质黏土，且厚度又大时，岩溶发育程度减弱。地下水的主要补给是大气降水。降雨量大的地区，水源补给充沛，岩溶就易于发育。

此外，湿热的气候条件也有利于溶蚀作用的进行。

8.3.2 土洞的形成条件与形成过程

土洞是在有覆盖的岩溶发育区，其特定的水文地质条件，使基岩面以上的土体遭到流失迁移而形成土中的洞穴和洞内塌落堆积物以及引发地面变形破坏的总称。土洞是岩溶的一种特殊形态，是岩溶范畴内的一种不良地质现象，由于其发育速度快、分布密，对工程的影响远大于岩洞。

1. 土洞的形成条件

土、岩溶和水是土洞形成的三个必备条件。土洞继续发展，即形成地面塌陷。

（1）土质条件

土洞多位于黏性土层中，在砂土及碎石土中比较罕见。由于砂土、碎石土的水理性稳定，透水性好，不易被淘蚀，粒径相对较大，有可能堵塞岩溶通道，故砂土、碎石土分布地区很少出现土洞。

① 在黏性土中，决定于黏土颗粒成分、黏聚力、水理性的稳定情况等条件。颗粒细、黏性大、胶结好、水理性稳定的土层则不易形成土洞；反之，则易形成土洞。

② 在溶槽处，经常有软黏土分布，其抗冲蚀能力弱，且处于地下水流首先作用的场

所，是易于土洞发育的部位。

③ 当土层厚时，土洞发展到地面引起塌陷所需时间就长，且易形成自然拱，有时还不易引起地面塌陷。当土层薄时，就很快出现塌陷。

④ 土层厚薄不同，土洞塌陷后的剖面最终稳定尺寸及纵断面的形态亦不同。一般薄者小，呈筒状；厚者大，呈碟状或漏斗状。

(2) 岩性条件

土洞是岩溶作用的产物，其分布受岩性、岩溶水、地质构造等因素控制。凡具备土洞发育条件的岩溶地区，一般均有土洞发育。

① 土洞或塌陷地段，其下伏基岩中必有岩溶水通道，该通道不一定是巨大的裂隙和空洞，连接洞底的往往是上大下小的裂隙。

② 土洞常分布于溶沟两侧和落水洞、石芽侧壁的上口等位置。

(3) 水文地质条件

水是形成土洞的外因和动力。因此，土洞的分布规律必然服从于土与水相互作用的规律。

① 由地下水形成的土洞多位于地下水变化幅度以内，且大部分分布在高水位与低水位之间（图 8–15）。

② 土洞洞径有上大下小的规律，说明土洞在竖向分布上受地下水位线控制。

③ 土洞的发育速度、规模与地下水动力调校、升降幅度及频率有关，发展过程由下而上。

④ 人工降低地下水位时所引起的水位升降幅度、次数的变化远较自然条件为大，土洞和塌陷的发育也就越强烈。

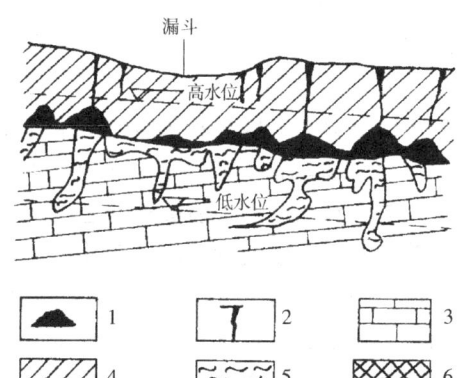

图 8–15　土洞的分布和发育示意图
1—土洞；2—裂隙；3—石灰岩；4—黏性土；
5—软土或稀泥；6—充填物

2. 土洞的形成过程

土洞可分为由地表水下渗发生机械潜蚀作用形成的土洞和地下水流潜蚀作用形成的土洞。在地下水深埋于基岩面之下，岩溶以垂直形态为主的山区，土洞以地表水冲蚀形成为主，如云南个旧等地；当地下水浅埋，略具承压性，岩溶以水平形态为主的准平原地区，土洞以地下水潜蚀形成为主，如广西桂林等地。

(1) 地表水形成的土洞

当地下水深埋于基岩面以下时，地表水通过土中裂隙、生物孔洞、石芽边缘等通道渗入地下，当水流入渗处的下部有通道时，借冲蚀作用，土洞将自上而下逐渐形成，洞体断面呈漏斗形居多。当入渗处下部岩体中无适宜的通道，开始时入渗的水流逐渐布满土中裂隙空间，继而可沿邻近基岩面上某一有利通道流入岩体，最后到达地下水面。这一运动过程，使最初的土中网状细流汇集为集中的脉状流，流量增大，在基岩入口处流速加快，加剧对土体的冲蚀淘空，在邻近岩面通道口的上方形成土洞，其断面形态多为坛罐状，如向上发展可形成地面塌陷。

这类土洞形成需要有合适的土层，最易发育成土洞的土层性质和条件是含碎石的砂质粉土层；土层底部必须有排泄水流和土粒的良好通道，上部覆盖有土层的岩溶地区，土层底部岩溶发育是造成水流和土粒排泄的最好通道；地表水流能直接从土中裂隙、生物孔洞、石芽边缘等通道渗入地下渗入土层中。在有覆盖土的岩溶发育区，最可能出现适合土洞发生的场所。

（2）地下水形成的土洞

此类土洞的形成与岩溶水是密切相关的。

①在岩溶地区，地下水动力条件改变时，原来被堵塞的落水洞、裂隙口及与其相连的下部排水道成为地下水集中活动的地段（图8-16a）；

②地下水位上升，遇抗水性差的土，溶蚀作用加强，引起土体强烈崩解，崩解物部分顺喇叭口落入下部溶洞中，初步形成了上覆土层中的土洞（图8-16b）；

（a）土洞形成前　（b）土洞初步形成　（c）土洞向上发育

（d）地面塌陷　　（e）地面成碟形洼地

图8-16　土洞的形成

③地下水继续作用，土颗粒沿溶洞洞穴裂隙被带走，使上层土中的空洞逐渐扩大，向上呈拱形发展（图8-16c）；

④土洞进一步扩大，空洞向地表发展，洞顶位置逐次上移，拱顶土层相应变薄，当拱顶薄到不能支撑上部土的重量时，便突然发生塌落（图8-16d）；

⑤土洞坍塌后，地面便成为地表径流汇集的场所，大量冲积物堆积，使底部逐渐接近碟形洼地，年代一久，地表夷平面无法确认，土洞便暂时停止发展（图8-16e）。

这类土洞发育的快慢主要取决于基岩面上覆土层性质、地下水的活动强度及基岩面附近岩溶和裂隙发育程度。土洞在形成过程中，沉积在洞底的塌落土体有时不能被水带走，而起堵塞通道的作用，若潜蚀大于堵塞，土洞继续发展；反之，土洞就停止发展。因此，不是所有的土洞都能发展到地面塌陷。

8.3.3　岩溶地基的分类

岩溶地基按埋藏条件分有裸露型和覆盖型两种。

（1）裸露型岩溶地基

裸露型岩溶地基是指岩溶岩体直接出露于地表或其上仅有很薄的覆盖层的地基。它又可分为溶洞地基和石芽地基两种。

①溶洞地基　地基中若存在浅层溶洞，当溶洞的规模大、埋深浅、溶洞顶板承受不了建筑物的荷载时，溶洞顶板就会坍塌、地基失稳。必须评价溶洞顶板的稳定性，查清溶洞的规模、埋深及充填情况。一般认为，对于普通建筑物地基，若地下可溶岩石坚硬、完整，裂隙较少，则溶洞顶板厚度大于溶洞最大宽度的1.5倍时，该顶板不致塌陷；若岩石破碎、裂隙较多，则溶洞顶板厚度应大于溶洞最大宽度的3倍时，才是安全的。对于地质条件复杂或重要建筑物的安全顶板厚度，则需进行专门的地质分析和力学验算才能确定。

②石芽地基　在纵横交错的溶沟之间多残留有锥状或尖棱状的石芽，致使石灰岩基面

高低不平，石芽间的溶沟常被土充填，易引起地基的不均匀沉降或因桩柱支撑不牢靠而导致上部结构破坏（图8-17a、b）。因此，在石芽地基上修建建筑物时，必须查清基岩的埋深、起伏情况和覆盖土层的压缩性及石芽的强度。

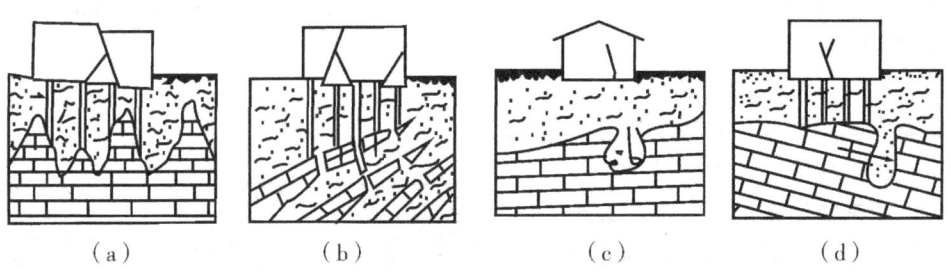

图8-17 岩溶地基不均匀沉降和桩柱不可靠支撑示意图
（a）、（b）水平与倾斜的可溶岩基岩面崎岖不平、桩柱挠曲、桩端支撑不可靠产生不均匀沉陷；
（c）基岩面附近溶洞上土层坍塌产生结构开裂；（d）倾斜岩溶基岩面因荷载产生层面滑移、结构开裂

（2）覆盖型岩溶地基

覆盖型岩溶地基是指在岩溶平原、洼地、谷地中覆盖着较厚的第四纪松散堆积层，在上覆土层中常常发育着土洞（图8-17c、d）。当土洞顶板在建筑物荷载作用下失去平衡而产生下陷或塌落时，会危及建筑物的安全。该类型地基常会遇到不均匀沉陷和地面塌陷问题。因此，凡是岩溶地区有第四纪土层分布的地段，都要注意土洞发育的可能性，应查明土洞的成因、形成条件、土洞的位置、埋深、大小，以及与土洞发育有关的溶洞、溶沟的分布。

8.3.4 岩溶地面塌陷防治措施

防治地面塌陷的技术措施有控水措施和工程措施。

（1）控水措施包括：在地下水开采区，要合理控制地下水位；在矿山疏干排水中，对可能出现地面塌陷的地段，采取局部注浆处理；在松散土层进行排水时，要控制井的抽水量，不能大量抽水，以免形成空洞造成坍塌；在喀斯特地区开采地下水，不能将水位降至岩溶体或溶洞顶层以下。

（2）工程措施包括：①回填，即利用黏土或渣石将坑填平夯实；②封堵，对因疏干排水引起的塌陷，可用帷幕灌浆或截水墙封堵地下水流，对由地表水流引起的塌陷，可通过建筑堤坝、围堰进行隔离，对溶洞引起的塌陷，可用混凝土塞将溶洞口塞堵；③加固，当建筑物基础发生塌陷时，可用桩支撑和地基加固等方法进行加固处理。

1. 石芽地基的治理措施

石芽地基的治理可用深入基岩1m左右的现浇钢筋混凝土桩基（图8-18），或将石芽炸掉。必须指出的是，在石芽地基上采用钢筋混凝土预制支承桩是不合适的，因为石芽地形起伏大、芽面陡，可能产生桩底沿芽面滑动的恶果。

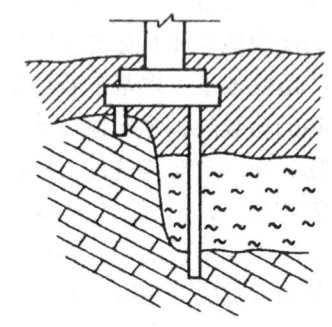

图8-18 现浇钢筋混凝土桩基

2. 溶洞地基的治理措施

溶洞地基的治理视洞穴顶板稳定性和建筑物的重要性而定。若洞穴规模较大，建筑物跨度大且又较重要时，可采用整板刚性基础，并使之支承于溶洞周围较完整的岩体上，溶洞内也可用碎石、泥砂回填（图8-19）。如若洞穴规模较小，且上部为一般建筑物，则仅需对溶洞用碎石、泥砂回填。洞门用钢筋混凝土板支承于洞周围岩石上，采用一般基础即可。

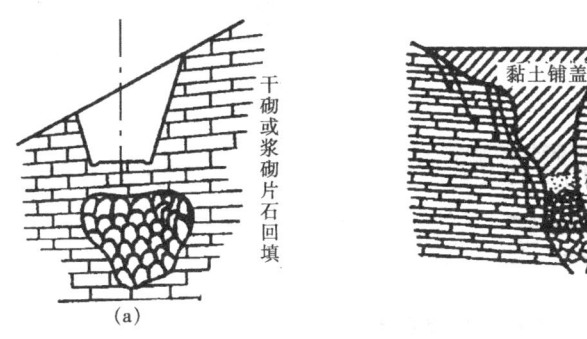

图8-19　回填溶洞

3. 土洞地基的治理措施

利用竖井、沉井及各种桩（预制桩、灌注桩、爆扩桩），使建筑物基础坐落在坚硬稳定的基础上；利用梁板跨越塌陷；覆盖土层较薄时，可剥离土层进行铺盖，或采用刚性大平板基础直接置于基岩面及溶洞上。

8.4　地震

地震是指在地质作用的影响下，地球内部缓慢积累的能量突然释放引起的地壳震动现象，是地壳运动的一种特殊表现形式。一般认为，地震的成因是由于地球内部岩体所受的应力超过岩石的强度而发生瞬间位移所形成的弹性波达到地表所引起的震动。据不完全统计，全世界每年发生的地震约500万次，其中绝大部分不被人类所察觉。

地震是一种破坏力很大的自然灾害，除地震直接引起的山崩、地裂、房屋倒塌、砂土液化、喷水冒砂之外，还会引起火灾、爆炸、毒气漫延、水灾、滑坡、泥石流、瘟疫等次生灾害。虽然目前也有成功的地震预报实例，如1975年辽宁海城的7.3级地震的准确预报，但至今在临震预报方面没有十足的把握。因此，在工程建筑中考虑抗震设防的防灾减灾措施以提高建筑物的抗震能力，对减小地震的灾害有着至关重要的作用，采取积极的抗震方法已经成为各国政府对付地震灾害的主要措施。

8.4.1　地震的基本概念

1. 震源、震中、震中距

震源是指地球深处因岩石破裂产生地壳振动的地区，它是地震能量积聚和释放的地方。震源在地球表面的垂直投影，叫震中。从震中到震源的距离，称震源深度；从震中到地面任一观测点的距离称为震中距（图 8-20）。按震源的深度可以把地震分为浅源（0～70 km）、中源（70～300 km）和深源（300～700 km）地震。一般来说，震源越浅，地震的破坏性也越大。破坏性地震的震源一般不超过 100 km，我国地震的震源深度大多是 13 km 左右。

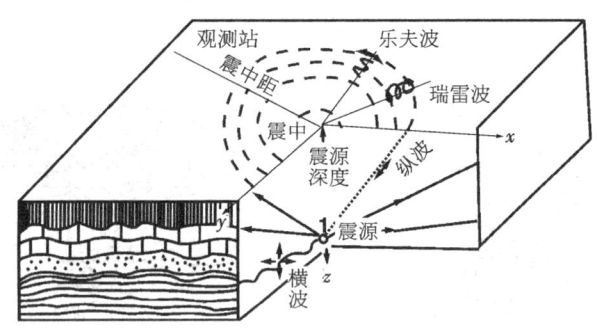

图 8-20 地震波传播与运动形式示意图

地震不仅可发生在大陆，也可能发生在海底、大洋底、海沟边缘，这些称为海震。海震是由于海底岩石或岩层的突然破裂，或发生相对位移而引起的地震，常可形成海啸。由地震引起的海啸主要发生在太平洋及印度洋的海沟地带。2004 年末东南亚海啸就是由印度尼西亚苏门答腊岛附近海域发生的强烈地震引起的，灾难不仅造成巨大人员伤亡和经济损失，甚至引起整个亚洲经济的振荡。

2. 震级和烈度

地震的大小用地震震级和地震烈度两个不同概念来衡量。

（1）地震震级

地震震级是依据地震释放出来的能量多少来划分的，释放的能量越大，震级越高。震级的最初含义是标准地震仪在距离震中 100 km 处所记录的最大振幅的对数值，振幅以微米为单位。震级能量 E 与振幅 M 的关系为：$\lg E = 11 + 1.6M$。

（2）地震烈度

地震烈度是指地震对地面和建筑物的影响或破坏程度，地震烈度是根据地震时人的感觉、器物动态、建筑物毁坏及自然现象的表现等宏观现象判定的。地震时按其破坏程度的不同，而将地震的强弱排列成一定的次序作为确定地震烈度的标准，目前中国、俄罗斯和美国采用 12 级地震烈度划分，日本则采用 8 级地震烈度划分。由于地震烈度以人的感觉与观察来判定，不利于实际工程的应用，因此通过大量的客观实践的地震观测，总结出地震烈度与地震加速度之间的关系，制定出我国目前正在使用的地震烈度表（表 8-3），每一烈度均有相应的地震加速度和地震系数以及相应的地震情况，以作为确定地震烈度的标准，对地区进行工程地质调查时，必须收集有关该地区的地震烈度资料。

在工程建设活动中，不同地震烈度对建筑物的安全要求是不同的。地震烈度在 Ⅴ 度以下的地区，具有一般安全系数的建筑物是足够稳定的，不会引起破坏。地震烈度达到 Ⅵ 度的地区，一般建筑物可不采取加固措施，但要注意地震可能造成的影响。地震烈度达 Ⅶ～

Ⅸ度的地区，会引起建筑物的损坏，必须采取一系列防震措施来保证建筑物的稳定性和耐久性。Ⅹ度以上的地震区有很大的灾害，选择建筑物场地时应予避开。

表8-3　中国地震烈度表（中华人民共和国国家标准 GB/T 17742）

地震烈度	人的感觉	房屋震害			其他震害现象	水平向地震动参数	
		类型	震害程度	平均震害指数		峰值加速度/(m/s²)	峰值速度/(m/s)
Ⅰ	无感	—	—	—	—	—	—
Ⅱ	室内个别静止中人有感觉	—	—	—	—	—	—
Ⅲ	室内少数静止中人有感觉	—	门、窗轻微作响	—	悬挂物微动	—	—
Ⅳ	室内多数人、室外少数人有感觉，少数人梦中惊醒	—	门、窗作响	—	悬挂物明显摆动，器皿作响	—	—
Ⅴ	室内绝大多数、室外多数人有感觉，多数人梦中惊醒	—	门窗、屋顶、屋架颤动作响，灰土掉落，个别房屋抹灰出现微细裂缝，个别屋顶烟囱掉砖	—	悬挂物大幅度晃动，不稳定器物搬运或翻倒	0.31 (0.22~0.44)	0.03 (0.02~0.04)
Ⅵ	多数人站立不稳，少数人惊逃户外	A	少数中等破坏，多数轻微破坏和/或基本完好	0.00~0.11	家具和物品移动；河岸和松软土出现裂缝，饱和砂层喷砂冒水；个别独立砖烟囱轻度裂缝	0.63 (0.45~0.89)	0.06 (0.05~0.09)
		B	个别中等破坏，少数轻微破坏，多数基本完好				
		C	个别轻微破坏，大多数基本完好	0.00~0.08			
Ⅶ	大多数人惊逃户外，骑自行车的人有感觉，行驶中的汽车驾乘人员有感觉	A	少数中等破坏，多数轻微破坏和/或基本安好	0.09~0.31	物体从架子上掉落；河岸出现塌方，饱和砂层常见喷水冒砂，松软土地上裂缝较多；大多数独立砖烟囱中等破坏	1.25 (0.90~1.77)	0.13 (0.10~0.18)
		B	少数中等破坏，多数轻微破坏和/或基本完好				
		C	少数中等和/或轻微破坏，多数基本完好	0.07~0.22			

续表 8-3

地震烈度	人的感觉	房屋震害 类型	房屋震害 震害程度	平均震害指数	其他震害现象	水平向地震动参数 峰值加速度/(m/s²)	水平向地震动参数 峰值速度/(m/s)
Ⅷ	多数人摇晃颠簸，行走困难	A	少数毁坏，多数严重和/或中等破坏	0.29~0.51	干硬土上出现裂缝，饱和砂层绝大多数喷砂冒水；大多数独立砖烟囱严重破坏	2.50 (1.78~3.53)	0.25 (0.19~0.35)
Ⅷ		B	个别毁坏，少数严重破坏，多数中等和/或轻微破坏				
Ⅷ		C	少数严重和/或中等破坏，多数轻微破坏	0.20~0.40			
Ⅸ	行动的人摔倒	A	多数严重破坏和/或毁坏	0.49~0.71	干硬土上多处出现裂缝，可见基岩裂缝、错动，滑坡、塌方常见，独立砖烟囱多数倒塌	5.00 (3.54~7.07)	0.50 (0.36~0.71)
Ⅸ		B	少数毁坏，多数严重和/或中等破坏				
Ⅸ		C	少数毁坏和/或严重破坏，多数中等和/或轻微破坏	0.38~0.60			
Ⅹ	骑自行车的人会摔倒，处不稳状态的人会摔离原地，有抛起感	A	绝大多数毁坏	0.69~0.91	山崩和地震断裂出现，基岩上拱桥破坏；大多数独立砖烟囱从根部破坏或倒毁	10.00 (7.08~14.14)	1.00 (0.72~1.41)
Ⅹ		B	大多数毁坏				
Ⅹ		C	多数毁坏和/或严重破坏	0.58~0.80			
Ⅺ	—	A	绝大多数毁坏	0.89~1.00	地震断裂延续很大，大量山崩滑坡	—	—
Ⅺ		B		1.00			
Ⅺ		C		0.78~1.00			
Ⅻ	—	A	几乎全部毁坏	1.00	地面剧烈变化，山河改观	—	—
Ⅻ		B					
Ⅻ		C					

注：表中给出的"峰值加速度"和"峰值速度"是参考值，括弧内给出的是变动范围。

3. 地震震级与地震烈度的关系

地震震级与地震烈度既有区别，又相互联系。一般来讲，地震烈度和震级的大小有关，震级越大，震中区烈度越大，而且同一次地震，离震中区越近、烈度越大；离震中区越远，则因震波渐次减弱，烈度也随之变小。但是影响地震烈度大小的因素是很多的，烈度除和震级大小、震中距离有关之外，还和震源深度、震区地质构造，以及房屋结构等因素有关。震级相同的地震，震源浅者对地表的破坏性更大，深源地震虽然通常震级很大，但地表烈度往往很小。此外，建筑地基的稳固程度，房屋建筑的结构特征等，也影响其破坏程度。

烈度在工程上的意义主要是作为设防的标准，因此在工程上常常遇到以下几种有关烈度的概念。

①抗震设防烈度　按国家规定的权限批准作为一个地区抗震设防依据的地震烈度。一般情况下，取50年内，一般场地土质条件下，场区可能遭遇超越概率为10%的烈度值，是场区在今后若干年可能遭遇到的最大地震烈度，又称基本烈度。

②设防烈度　这是一个地区经过有关部门批准的设防依据。一般按地震区划图中的基本烈度采用，但不一定等于基本烈度。对于一个地区，各类建筑物的设防烈度相同。

③场地烈度　也称小区域烈度，它是指建筑场地内因地质条件、地貌地形条件和水文地质条件的不同而引起基本烈度的降低或提高的烈度。一般来说，建筑场地烈度比基本烈度提高或降低半度至一度。

④设计烈度　是针对一个具体建筑物而言，根据建筑物重要性的不同而提高或降低。例如，对于重要的结构，在水工抗震规范中对设计烈度的规定是，对于Ⅰ级挡水建筑物，应根据其重要性和遭受震害的危害性，在基本烈度上提高一度。

⑤抗震设防标准　是衡量抗震设防要求高低的尺度，由抗震设防烈度或设计地震动参数及建筑抗震设防类别确定。

⑥设计地震动参数　抗震设计用的地震加速度（速度、位移）时程曲线、加速度反应谱和峰值加速度。

⑦设计基本地震加速度　为50年设计基准期超越概率10%的地震加速度的设计取值。

⑧设计特征周期　抗震设计用的地震影响系数曲线中，反映地震震级、震中距和场地类别等因素的下降段起始点对应的周期值，简称特征周期。

一般情况下，建筑的抗震设防烈度应采用根据中国地震动参数区划图确定的地震基本烈度，即表8－4中设计基本地震加速度值所对应的烈度值。

表8－4　抗震设防烈度和设计基本地震加速度值的对应关系

抗震设防烈度	6	7	8	9
设计基本地震加速度值	0.05g	0.10（0.15）g	0.20（0.30）g	0.40g

注：g为重力加速度。

8.4.2　地震的成因类型及其特点

按照地震的成因可分为构造地震、火山地震、陷落地震和人工诱发地震。

（1）构造地震

由于地壳运动引起的地震。地壳运动使地壳岩层发生变形并产生应力集中，当应力积累超出岩体的强度时，地壳岩层的薄弱处瞬间发生断裂，积累的大量能量迅速释放，形成弹性振动传播至地面，形成地震。世界上90%的地震属于构造地震。构造地震的特点是活动频繁，延续时间较长，影响范围最广，破坏性最大。

（2）火山地震

指火山运动所引起的地震。当岩浆突破地壳冲出地面时，伴随大量气体和水蒸气，十分迅速猛烈地喷发，引起地壳运动。此类地震影响范围不大，仅局限于火山活动地带，强度也不大，地震前有火山喷发作为预兆。火山地震占世界总地震次数的7%左右。

（3）陷落地震

由岩层大规模崩塌或陷落而引起的地震，多发生于石灰岩地区或矿区，由于岩溶作用或采矿使地下出现空洞，洞顶失去支撑力而发生陷落，引起地表振动形成地震。一般震级较小，影响范围不大，地震的能量主要来自重力作用。此类地震为数很少，只占地震总数的3%左右。

（4）人工诱发地震

人工爆破、水库蓄水及深井灌水等工程活动也可引起地震。此类地震的发生主要取决于当地的地质构造，人类的工程活动只是发生地震的一个可能条件。已有的水库震例表明，往往是断裂构造发育、岩层比较破碎的地区容易发生。此类地震的特点是小震多，震动次数多，震级不是很高。震中位置离蓄水处近，震源较浅。我国广东新丰江水库1962年发生过一次6.4级地震，是较大的水库地震之一。

8.4.3 地震效应

地震区对场地的地震效应主要有：振动破坏效应、地震破裂效应、地基效应和地震激发地质灾害的效应等。

1. 振动破坏效应

振动破坏效应是由地震力直接引起的建筑物破坏，一般包括建筑物的水平滑动或晃动及共振等。在地震效应中这是主要的震害。地震力是指地震波对建（构）筑物直接产生的惯性力。它作用于建筑物能使建筑物变形和破坏。地震力的大小取决于地震波在传播过程中质点简谐振动所引起的加速度。地震力对地表建筑的作用可分为垂直方向和水平方向两个振动力：竖直力使建筑物上下颠簸；水平力使建筑物受到剪切作用，产生水平扭动或拉、挤。两种力同时存在，共同作用，但水平力危害较大，地震对建筑物的破坏，主要是由地面强烈的水平晃动造成的，垂直力破坏作用居次要地位。

2. 地震破裂效应

地震波传播于周围的地层中，引起相邻的岩石振动，这种振动具有很大的能量，它以作用力的方式作用于岩石上，当这些作用力达到岩石的极限强度时，岩石就要发生突然破裂和位移，形成断裂错动、地裂缝和地倾斜，引发建（构）筑物变形和破坏，这种现象称为地震破裂效应。

断裂错动是深部发震断裂在地表直接或间接的标志，是和构造相关的地表破裂现象，往往由一个或几个带组成，规模大，延伸长，不受地形地貌控制。地震造成的地面断裂和错动，能引起断裂附近及跨越断裂的建筑物发生位移或破坏。

地裂缝是地震时常见的现象，是地震应力波作用下受特定的地质条件和地形、地貌条件控制的次生破裂效应，多半以张性为主。按一定方向规则排列的构造地裂缝多沿发震断层及其邻近地段分布。它们有的是由于地下岩层受到挤压、扭曲、拉伸等作用发生断裂，直接露出地表形成；有的是由于地下岩层的断裂错动影响到地表土层产生的裂缝。

地倾斜是指地震时地面出现的波状起伏。这种波状起伏是面波造成的，不仅在大地震时可以发生，而且震后仍有残余变形留在地表。这种变形主要发生在土、砂和砾、卵石等地层内，由于振幅很大、地面倾斜等原因，对建筑物的破坏很大。

3. 地基效应

由地震产生的地基效应主要表现为砂土液化、沉降及塌陷。

在地震的作用下，饱和砂土的颗粒之间发生相互错动而重新排列，其结构趋于密实，如果砂土为颗粒细小的粉细砂，则因透水性较弱而导致孔隙水压力加大，同时颗粒间的有效应力减小，当地震作用大到使有效应力减小到零时，将使砂土颗粒处于悬浮状态，即出现砂土的液化现象。地震地基液化有两种表现形式：喷水冒砂和地下砂层液化。砂土液化时其性质类似于液体，抗剪强度完全丧失，处于流动状态，无承载能力，使其上的建筑物产生大量的沉降、倾斜和水平位移，可引起建筑物开裂、破坏甚至倒塌。砂土液化在沿海、沿湖是大面积分布，在河谷或古河道地段呈线状分布，是平原地区危害最大的地震效应。

4. 地震激发地质灾害的效应

强烈的地震作用能激发斜坡上岩土体松动、失稳，发生滑坡、崩塌和泥石流等各种斜坡变形和破坏。如震前久雨，则更易发生。在山区，地震激发的滑坡、崩塌和泥石流所造成的灾害和损失，常常比地震本身所造成的还要严重。由地震激发的规模巨大的崩塌、滑坡和泥石流等不良地质现象，可以摧毁房屋建筑、道路交通，甚至掩埋整个村庄。峡谷内的崩塌、滑坡，可以阻河成湖，一旦堆石溃决，还可引起下游水灾。

地震激发滑坡、崩塌、泥石流的危害，不仅表现在地震当时发生的滑坡、崩塌、泥石流，以及由此引起的堵河、淹没、溃决所造成的灾害，而且表现在因岩体震松、山坡裂缝，在地震发生后相当长的一段时间内，滑坡、崩塌、泥石流连续不断。因此，可能发生大规模滑坡、崩塌等不良地质现象的地段视为抗震危险的地段，建筑场址和主要线路应尽量避开。

8.4.4 工程抗震措施简介

建筑工程的抗震措施坚持以预防为主的方针，使建筑经抗震设防后，减轻建筑的地震破坏，避免人员伤亡，减少经济损失。其基本的抗震设防目标是：当遭受低于本地区抗震设防烈度的多遇地震影响时，主体结构不受损坏或不需修理可继续使用；当遭受相当于本地区抗震设防烈度的设防地震影响时，可能发生损坏，但经一般性修理仍可继续使用；当遭受高于本地区抗震设防烈度的罕遇地震影响时，不致倒塌或发生危及生命的严重破坏。

1. 建筑场地的选择

（1）选择对抗震有利的场地和地基。坚硬而稳定的地基有利于抗震，松软、不均匀或易于产生液化的地基，则对抗震不利。表 8-5 为建筑抗震规范中关于有利、一般、不利和危险地段的划分。

表 8-5 有利、一般、不利和危险地段的划分

地段类别	地质、地形、地貌
有利地段	稳定基岩，坚硬土，开阔、平坦、密实、均匀的中硬土等
一般地段	不属于有利、不利和危险的地段
不利地段	软弱土，液化土，条状突出的山嘴，高耸孤立的山丘，陡坡，陡坎，河岸和边坡的边缘，平面分布着成因、岩性、状态明显不均匀的土层（含古河道、疏松的断层破碎带、暗埋的塘浜沟谷和半填半挖地基），高含水量的可塑黄土，地表存在结构性裂缝等
危险地段	地震时可能发生滑坡、崩塌、地陷、地裂、泥石流等及发震断裂带上可能发生地表位错的部位

（2）场内存在发震断裂时，应对断裂的工程影响进行评价。

若断裂为非全新世活动断裂、抗震设防烈度小于 8 度或抗震设防烈度为 8 度和 9 度，但隐伏断裂的土层覆盖厚度分别大于 60 m 和 90 m 时，可忽略发震断裂错动对地面建筑的影响；否则应避开主断裂带，避让距离不宜小于表 8-6 对发震断裂最小避让距离的规定。在避让距离的范围内确需建造分散的、低于三层的丙、丁类建筑时，应按提高一度采取抗震措施，并提高基础和上部结构的整体性，且不得跨越断层线。

表 8-6 发震断裂的最小避让距离

烈　度	建筑抗震设防类别			
	甲	乙	丙	丁
8	专门研究	200 m	100 m	—
9	专门研究	400 m	200 m	—

2. 地基与基础处理

（1）除部分要求不高的建筑外，天然地基基础设计应进行抗震验算。

（2）地面下存在饱和砂土和饱和粉土时，除 6 度外，应进行液化判别；存在液化土层的地基，应根据建筑的抗震设防类别、地基的液化等级，结合具体情况采取桩基、地基加固处理等相应措施。若地基中有软弱黏性土层还需进行震陷判别。

3. 抗震设计

抗震设计包括结构抗震强度验算和构造措施两方面。通过抗震强度验算，使工程结构在预期的强烈地震作用下不致产生破坏、过大变形和失稳。通过结构抗震构造措施提高工程结构抗震能力。橡胶垫隔震、滑动摩擦隔震、滚动隔震层、支承式摆动隔震、滚轴隔震等各种新的抗震技术也不断运用到实际工程中并取得良好的效果。

8.5 地质灾害危险性评估

地质灾害危险性评估是在查明各种致灾地质作用的性质、规模和承灾对象的社会经济属性的基础上，从致灾体稳定性和致灾体与承灾对象遭遇灾害的概率分析入手，对其潜在的危险性进行客观地评估。地质灾害危险性评估包括：地质灾害危险性现状评估、地质灾

害危险性预测和地质灾害危险性综合评估。

地质灾害危险性评估是工程地质环境评价的重要内容。我国制定专门的《地质灾害防治条例》，明确规定在地质灾害易发区内进行工程建设应当在可行性研究阶段进行地质灾害危险性评估，并将其作为可行性报告批准的前提条件。在地质灾害易发区内进行城市总体规划、村庄和集镇规划时，必须对规划和建设区进行地质灾害危险性评估。地质灾害危险性评估，必须对建设工程遭受地质灾害的可能性和该工程建设中、建成后引发地质灾害的可能性做出评价，提出具体的预防治理措施。

1. 评估内容和主要工作

地质灾害危险性评估的主要内容是阐明工程建设区和规划区的地质环境条件基本特征；分析论证工程建设区和规划区各种地质灾害的危险性，进行现状评估、预测评估和综合评估；提出防治地质灾害的措施与建议，并作出建设场地适宜性评价结论。

地质灾害危险性评估的主要工作有：充分收集利用评估区已有的遥感影像，以及区域地质、矿产地质、水文地质、工程地质、环境地质和气象水文等方面的资料；根据初步确定的地质灾害危险性评估级别进行必要的地质环境条件和地质灾害调查，取得基本能够满足地质环境条件分析评价的基础资料；必须具有分析评价工程地质、水文地质条件和岩土分析测试数据；具有基本能够满足现状评估、预测和综合评估的基础数据。

地质灾害调查必须重视已有资料分析，并且遵循重点地段重点调查的原则；提出的地质灾害防治措施，必须遵守"预防为主、避让与治理相结合和全面规划、突出重点"的原则。

2. 评估范围与等级

地质灾害危险性评估范围，不能局限于建设用地和规划用地范围内，应根据拟建设项目的特点、地质环境条件和各类地质灾害予以确定，在包括全部拟建设用地和满足主要致灾因素研究和危害范围分析需要的基础上，应充分考虑外围地质灾害影响的可能性。

地质灾害危险性评估的等级按照环境条件复杂与建设项目重要性划分为三级，如表8-7。

表8-7 地质灾害危险性评估等级表

项目概要性 \ 复杂程度	复　　杂	中　　等	简　　单
重要建设项目	一级	一级	一级
较重要建设项目	一级	二级	三级
一般建设项目	二级	三级	三级

地质环境的复杂程度可按表8-8进行划分。建设项目的重要性分类则可参考国家和地区的相关规定。地质灾害危险性评估必须在充分收集现有综合地质资料的基础上，开展评估区的地质灾害调查和评估工作。一级评估应有充足的基础资料和半定量评价指标，进行充分论证；二级评估应有足够的基础资料和定性或半定量评价指标，进行综合分析；三级评估应有必要的基础资料，进行定性分析评价，对评估区内的各种地质灾害作出概略评估。

表 8-8 地质环境的复杂程度分级表

复杂程度 判定因素	复 杂	中 等	简 单
地质灾害发育程度	地质灾害发育强烈	地质灾害发育中等	地质灾害一般不发育
地形地貌	主要工程项目跨越两种或两种以上地貌单元，或地形坡度大于30°	评估区跨越两种或两种以上地貌单元，地形坡度10°～30°	单一地貌单元，且地形坡度小于10°
断裂构造	有2组及2组张性断裂；或有4组以上裂隙，间距小于0.4 m，倾角变化大	偶见断裂，对稳定性和工程无重大影响；有3～4组裂隙，间距0.3～1.0 m，倾角变化较大	无断裂；且小于3组裂隙，倾角变化小，稳定性较好
地震环境	破坏性地震多发区	低震级地震多发区	一般小震或无地震
人类工程活动破坏地质环境程度	强烈：填土边坡或土质挖方边坡大于20 m；岩质挖方边坡大于30 m；浅埋洞室，洞跨大于15 m；水平-缓倾斜（0°～60°）矿体地下采空区	中等：填土边坡或土质挖方边坡5～20 m；岩质挖方边坡10～30 m；浅埋洞室，洞跨小于15 m；陡倾斜（大于60°）矿体地下采空区	弱：填土边坡或土质挖方边坡小于5 m；岩质挖方边坡小于10 m；无浅埋洞室和地下采空区
岩层倾角	大于45°	10°～45°	小于10°
岩体结构	碎裂及散体结构构造	层状—块状构造	整体构造
岩土体工程地质特征	岩土分层多；岩土层厚变化大，力学性质离散性大；岩土水理性能差，容易出现崩解、渗漏破坏、淘蚀或软化	岩土分层较多；工程岩土层厚度变化较大，力学性质离散性较大；岩土水理性能较差，可能出现崩解和渗漏破坏，一般无淘蚀、软化	岩土分层少，厚度稳定，力学性质离散性小；岩土水理性能良好，不会出现崩解、渗漏破坏、淘蚀或软化
水文地质条件	水文地质条件复杂，地下水对场地稳定性、工程施工有重大影响	水文地质条件中等，地下水对场地稳定性、工程施工有较大影响	水文地质条件简单，地下水对场地稳定性和工程施工无明显影响

思 考 题

1. 滑坡体后缘出现的裂隙是产生滑坡的前兆，该种滑坡裂隙类型是（   ）

    A. 拉张裂隙　　　B. 剪切裂隙　　　C. 鼓张裂隙　　　D. 羽状裂隙

2. 下列有关地震的震级与烈度的关系，哪些说法是正确的？（   ）

    A. 震级越高，烈度越大

    B. 震级越低，烈度越大

    C. 震级与烈度无任何关系

    D. 烈度的大小不仅与震级有关，还与震源深浅、地质构造有关

3. 地震波在土层中传播时,经过不同介质的多次反射,产生不同周期的地震波,若某一周期的地震波与地表土层固有周期相近时,由于共振作用,该地震波的振幅得到放大,此周期称为(   )

　　A. 基本周期　　　B. 特征周期　　　C. 卓越周期　　　D. 固有周期

4. 在下列岩石中,哪一项可产生岩溶?(   )

　　A. 板岩　　　　　B. 凝灰岩　　　　C. 砂岩　　　　　D. 灰岩

5. "马刀树"是用于判断下面哪种地质现象的?(   )

　　A. 崩塌　　　　　B. 滑坡　　　　　C. 地面沉降　　　D. 地震

6. 简述崩塌的形成条件及其防治。

7. 简述滑坡的形成条件、发育过程及其防治。

8. 简述泥石流的形成条件及其防治措施。

9. 简述岩溶与土洞的形成条件及其防治措施。

10. 简述地震的基本概念、主要类型及其特点。

11. 简述地震震级与烈度的关系。

12. 试根据工程地质知识说明图8-21中 A 与 B 两地之间每个道路选线方案的优缺点,并选择最佳方案。

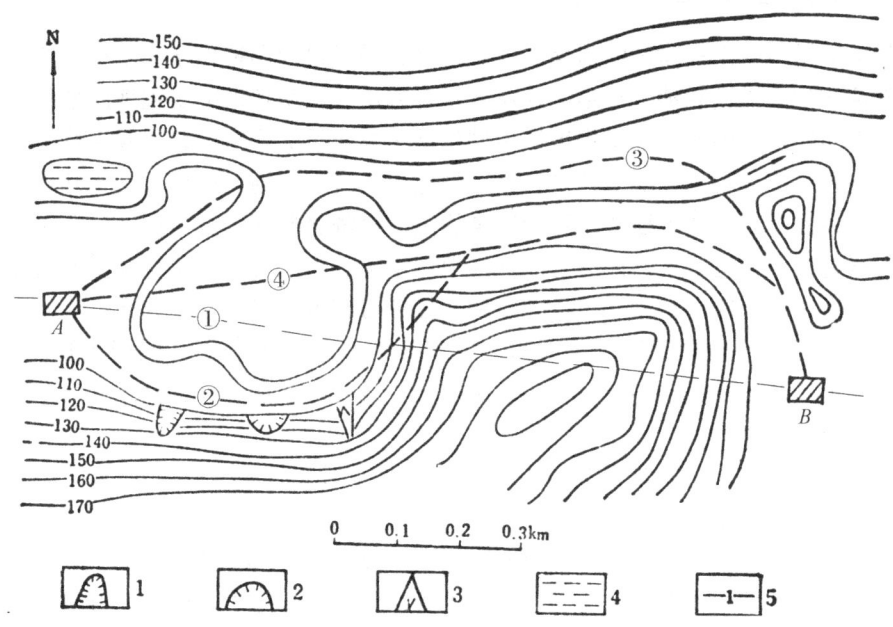

图8-21　工程地质选线实例略图

1—滑坡群;2—崩塌区;3—泥石流堆积区;4—沼泽带;5—线路方案①,②,③,④

第4篇 工程地质勘察

第9章 工程地质勘察方法

9.1 工程地质勘察任务和勘察阶段

9.1.1 工程地质勘察的目的和任务

工程地质勘察是工程建设的前期工作。其目的是通过运用地质学、工程地质学及相关学科的理论知识，借助各种工程地质勘察技术与方法，查明场地的工程地质条件，分析存在的工程地质问题；阐明场地工程地质条件对该工程建筑的适宜性，以及工程建筑物对环境的影响，并作出场地工程地质评价，为工程建设的科学规划、设计、施工和运行提供可靠的地质资料；既要保证工程建筑物的安全稳定、经济合理和正常运用，又要尽可能避免因工程的兴建而使环境恶化，并尽可能保护地质环境。由此可见，工程地质勘察工作在工程建设中具有十分重要的作用。工程地质勘察任务可归纳为以下几个方面：

（1）查明建筑地区的工程地质条件，并指出有利和不利条件。阐明工程地质条件，即原始工程地质环境特征、形成过程和控制因素。避开不利条件，选择工程地质条件相对优越的建筑场地。

（2）分析存在的工程地质问题，并作出工程地质评价，为工程建筑的设计、施工和运行提供可靠的地质依据。

（3）根据工程建筑的适宜性对场地进行分区，提出各区段建筑物类型、结构、规模、基础类型、地基处理和施工方法的建议，以供规划、设计、施工和使用人员参考。

（4）分析工程建设对地质环境造成的影响，预测可能引起的地质灾害的类型和严重程度。

（5）分析评价场地的工程地质条件，提出防治不良工程地质条件的措施和建议。

由于工程规模、上部结构类型、荷载大小、基础型式不同，场地及地基条件不同，不同建设场地可能遇到的工程地质问题不同，因此，工程地质勘察需要根据工程类别、岩土工程勘察等级和阶段相适应，因地制宜地开展各项工作。

9.1.2 工程地质条件和工程地质问题

1. 工程地质条件

工程地质条件是指与工程建筑物有关的各种地质因素的总称。主要包括：岩土类型及其性质、地质构造条件、地形地貌条件、水文地质条件、不良地质作用和天然建筑材料六个方面。

（1）岩土类型及工程特性

岩土类型及工程特性是最基本的工程地质因素。岩土是建筑物的地基、建筑材料或建筑介质，岩土类型及工程性质对建筑物的安全稳定有着重要影响。在工程中针对岩土的研究，除了需掌握其成因类型、形成时代、埋藏深度、厚度变化、延伸范围、变质程度、风化特征及产状要素外，还要进行岩土的物理力学性质试验，确定岩土的工程性质指标，为工程设计提供可靠的设计参数。

（2）地质构造条件

地质构造条件是工程地质工作研究的基本对象，包括褶皱、断层、节理构造的分布和特征、地质构造，特别是形成时代新、规模大的断裂，对地震等灾害具有控制作用，因而对建筑物的安全稳定、沉降变形等具有重要意义。地质构造条件影响岩土的强度和稳定性，有时地质构造条件对拟建场地的工程特性起着决定性作用。在不同的地质构造部位兴建建（构）筑物所遇到的工程地质问题往往不同。通过工程地质勘察，应查明场地的地质构造特点及其主要工程地质问题。

（3）地形地貌条件

地形是指地表高低起伏状况、山坡陡缓程度与沟谷切割深度及形态特征等；地貌则不仅包括地表的起伏特征，还包括地形形态的成因、过程和时代。平原区、丘陵区和山岳地区的地形起伏、土层厚薄和基岩出露情况、地下水埋藏特征和地表地质作用现象都具有不同的特征，这些因素都直接影响到建筑场地和路线的选择。

（4）水文地质条件

水文地质条件是重要的工程地质因素，包括地下水的成因、埋藏、分布、动态变化和化学成分等。地下水是降低岩土体强度和稳定性的主要因素。在工程建设前必须查明该地区的水文地质条件，才能有效地消除或减少地下水给工程带来的问题，如边坡和挡土墙的稳定、基坑突涌、渗流变形，地下水可能对基础产生的腐蚀作用。

（5）不良地质作用

不良地质作用是指对工程建设有影响的自然地质作用，主要包括地震、滑坡、崩塌、泥石流、岩溶、地面沉降等地质作用，以及由工程活动引起的对建（构）筑物构成威胁和危害的不良地质现象。不良地质作用直接影响到建筑物的整体布局、设计和施工方法，关系到地基与场地的稳定性问题。

（6）天然建筑材料

工程中常用的天然建筑材料主要有黏土、砂砾、石料。天然建筑材料的分布、类型、品质、开采条件、储量及运输条件等，关系到场址选择、工程造价、工期长短，也是工程地质条件中的一个重要因素，有时甚至可以成为选择工程建筑物类型的决定性因素。通常采取"就地取材"的原则。

2. 工程地质问题

工程地质问题是指与人类工程活动有关的地质问题。它影响建筑物施工的技术可能性、经济合理性和安全可靠性。如建筑物所处地质环境的区域构造稳定问题、地基的稳定性问题、地下洞室围岩的稳定性问题和边坡的稳定性问题，水库的渗漏问题、淤积问题、浸没问题，以及与上述问题相联系的建筑场地的规划、设计和施工条件等方面的问题。工程地质工作的基本任务在于对人类工程活动可能遇到或引起的各种工程地质问题作出预测和正确评价，从地质方面保证工程建设的技术可能性、经济合理性和安全可靠性。

9.1.3 岩土工程勘察等级

岩土工程勘察等级是根据工程重要性、场地复杂程度及地基复杂程度三个方面因素综合确定的。

1. 岩土工程重要性等级

根据工程的规模、特征，以及由于岩土工程问题造成工程破坏或影响正常使用所产生的后果，将工程分为三个重要性等级，如表9-1所示。

表9-1 岩土工程重要性等级

岩土工程重要性等级	工程性质	破坏后引起的后果
一级工程	重要工程	很严重
二级工程	一般工程	严重
三级工程	次要工程	不严重

2. 场地等级（复杂程度）

根据场地的复杂程度，场地等级可划分为三个等级，如表9-2所示。

表9-2 场地等级（复杂程度）

场地等级	特征条件	条件满足方式
一级场地（复杂场地）	对建筑抗震危险的地段	满足其中一条及以上者
	不良地质作用强烈发育	
	地质环境已经或可能受到强烈破坏	
	地形地貌复杂	
	有影响工程的多层地下水、岩溶裂隙水或其他复杂的水文地质条件，需专门研究的场地	
二级场地（中等复杂场地）	对建筑抗震不利的地段	满足其中一条及以上者
	不良地质作用一般发育，地质环境已经或可能受到一般破坏	
	地形地貌较复杂	
	基础位于地下水位以下的场地	

续表 9-2

场地等级	特征条件	条件满足方式
三级场地 （简单场地）	抗震设防烈度等于或小于6度，或对建筑抗震有利的地段 不良地质作用不发育 地质环境基本未受破坏 地形地貌简单 地下水对工程无影响	满足全部条件

注：①从一级开始，向二级、三级推定，以最先满足为准。
②对建筑抗震有利、不利和危险地段的区分标准，应按国家标准《建筑抗震设计规范》（GB 50011）的关规定确定。

3. 地基复杂程度

根据地基复杂程度，地基等级可划分为三个等级，如表 9-3 所示。

表 9-3 地基（复杂程度）等级

场地等级	特征条件	条件满足方式
一级地基 （复杂地基）	岩土种类多，很不均匀，性质变化大，需特殊处理 多年冻土，严重湿陷、膨胀、盐渍、污染的特殊性岩土，以及其他情况复杂、需作专门处理的岩土	满足其中一条及以上者
二级地基 （中等复杂地基）	岩土种类较多，不均匀，性质变化较大 除一级地基中规定的其他特殊性岩土	满足其中一条及以上者
三级地基 （简单地基）	岩土种类单一，均匀，性质变化不大 无特殊性岩土	满足全部条件

注："严重湿陷、膨胀、盐渍、污染的特殊性岩土"是指自重湿陷性土、三级非自重湿陷性土、三级膨胀性土等。以上对于场地复杂程度及地基复杂程度的等级划分，应从第一级开始，向第二、三级推定，以最先满足者为准。

4. 岩土工程勘察等级划分

在按照上述标准确定了工程的重要性等级、场地复杂程度等级以及地基复杂程度等级之后，就可以进行岩土工程勘察等级的划分了，具体划分标准如表 9-4 所示。

表 9-4 岩土工程勘察等级

岩土工程勘察等级	划分标准
甲级	在工程重要性、场地复杂程度和地基复杂程度等级中，有一项或多项为一级
乙级	除勘察等级为甲级和丙级以外的勘察项目
丙级	工程重要性、场地复杂程度和地基复杂程度等级均为三级的

注：建筑在岩质地基上的一级工程，当场地复杂程度及地基复杂程度均为三级时，岩土工程勘察等级可定为乙级。

9.1.4 岩土工程勘察阶段的划分

岩土工程勘察主要是为工程设计、施工提供地质资料依据，因此勘察工作必须结合具体建（构）筑物的类型、使用要求和特点以及当地的自然条件和环境来进行，同时还要与岩土工程的勘察等级相适应。虽然我国不同行业规范对勘察设计阶段的划分名称略有不同,但是勘察设计各个阶段的实质内容大同小异,各有侧重。一般将岩土工程勘察阶段划分为可行性研究勘察阶段、初步勘察阶段、详细勘察阶段。

1. 可行性研究勘察阶段

可行性研究勘察阶段,又称选址阶段,该阶段应对拟建场地的稳定性和适宜性作出评价。本阶段的工程地质工作要求:

①搜集区域地质、地形地貌、地震、矿产和附近地区的工程地质资料及当地的建筑经验。

②在搜集和分析已有资料的基础上,通过踏勘,了解场地的地层、构造、岩土性质、不良地质现象及水文地质等工程地质条件。

③对工程地质条件复杂,已有资料不能符合要求,但其他条件较好且倾向于选取场地的情况,应根据具体情况进行工程地质测绘及必要的勘探工作。

为此,从工程地质条件角度,在选定建筑场地时,宜避开下列地区或地段:不良地质现象发育且对场地稳定性有直接危害或潜在威胁的地段,地基土工程性质不良的地段,对建(构)筑物存在抗震危险的地段,洪水或地下水对建(构)筑物场地有严重不良影响的地段,地下有未开采的有价值矿藏或未稳定的地下采空区的地段,地下存在有价值的文物古迹地段等。

2. 初步勘察阶段

初步勘察阶段要确定主要建筑物的具体位置、结构型式、规模及建筑物的布置方式、地基与基础工程设计,勘察工作须为此阶段提供详尽的地质资料和建议,并对场地内建筑地段的稳定性作出岩土工程评价。本阶段的工程地质勘察工作有:

①搜集本项目的可行性研究报告、场址地形图,工程性质、规模等文件资料。

②初步查明地层构造、岩土性质、地下水埋藏条件、水质、冻结深度,物理地质现象的成因、分布及其对场地稳定性的影响和发展趋势。如果场地条件复杂,还应进行工程地质测绘与调查。

③对抗震设防烈度大于或等于7度的场地,应初步判定场地和地基效应。

④必要时,初步确定建筑材料的场地和储量。初步勘察应在搜集分析已有资料的基础上,根据需要进行工程地质测绘、勘探及测试工作。

3. 详细勘察阶段

详细勘察应密切结合技术设计或施工图设计,按不同建(构)筑物或建筑群提出详细工程地质资料和设计所需的各项岩土技术参数,对建筑地基作出岩土工程分析评价,为基础设计、地基处理、不良地质现象的防治等具体方案作出论证、结论和建议。详细勘察的具体内容应视建筑物的具体情况和工程要求而定。施工勘察工作任务主要是与设计施工单位相结合进行的地基验槽,桩基工程与地基处理的质量和效果的检验,施工中的岩土工程监测和必要的补充勘察,解决与施工有关的岩土工程问题,并为施工阶段地基基础设计变更提出相应的地基资料,具体内容视工程要求而定。

9.2 工程地质勘察方法

为了全面掌握建筑地区的工程地质条件,必须使用多种地质勘察手段与方法。目前工程地质勘察基本方法有：工程地质测绘、工程地质勘探（包括物探、钻探和坑槽探）、工程地质试验、长期观测及勘察资料的分析整理。随着科学技术的进步，勘察方法也在不断发展，新的理论、计算方法和测试技术被应用到工程地质勘察中。例如，在工程地质综合分析、工程地质测绘制图和不良地质现象监测中，遥感（RS）、地理信息系统（GIS）和全球卫星定位系统（GPS），即"3S"技术、地质雷达和地球物理层析成像技术（CT）的应用，有效提高了工程地质勘察的广度、精度和效率。

在工程实践中，各种勘察方法是相互配合的，因此，在勘察前需选择合适的勘察方法和制定合理的勘察程序，有效地提高工作效率，获取所需工程地质勘察资料。常规勘察顺序应为：调查，资料收集→测绘→物探→坑探、钻探→室内、现场试验→长期观测；在此基础上，进行勘察资料整理及报告编写。各种方法在各勘察阶段中使用的数量、深度与广度也各不相同。现分别介绍如下。

9.2.1 工程地质测绘

工程地质测绘是工程地质勘察中的基本方法之一，它是在野外对地质体、地质现象进行观察和描述，将所观察到的地质要素表示在地形图和有关图表上，以反映测绘区的地面地质现象的成因、分布、发展变化规律，以及对工程建设的影响，适当推测地下的地质情况，为有效地布置勘探及试验等其他勘察工作打下良好的基础。一般在工程地质勘察的早期进行，也可以用于详细勘察阶段对某些专门地质问题进行补充调查。该方法不需要复杂设备和大量人力、物力和财力，能在较短时间内查明较大范围内的主要工程地质条件，效果十分显著。近年来，遥感等新技术在工程地质测绘中取得了良好的应用效果。

工程地质测绘内容，应注重岩土工程实际问题，紧密结合岩土工程，主要包括下列内容：

（1）地形地貌条件。查明地形、地貌特征及其与地层、构造、不良地质作用的关系，划分地貌单元。

（2）岩土类型。查明岩土的年代、成因、性质、厚度和分布；对岩层应鉴定其风化程度，对土层应区分新近沉积土、各种特殊性土。

（3）地质结构与构造条件。查明岩体结构类型，各类结构面（尤其是软弱结构面）的产状和性质，岩、土接触面和软弱夹层的特性等，新构造活动的形迹及其与地震活动的关系。

（4）水文地质条件。查明地下水的类型、补给来源、排泄条件，井泉位置，含水层的岩性特征、埋藏深度、水位变化、污染情况及其与地表水体的关系。

（5）不良地质条件。查明岩溶、土洞、滑坡、崩塌、泥石流、冲沟、地面沉降、断裂、地震震害、地裂缝、岸边冲刷等不良地质作用的形成、分布、形态、规模、发育程度及其对工程建设的影响。

（6）人类工程活动。调查人类活动对场地稳定性的影响，包括人工洞穴、地下采空、大挖大填、抽水排水和水库诱发地震等。

（7）水文气象条件。搜集气象、水文、植被、土的标准冻结深度等资料，调查最高洪水位及其发生时间、淹没范围。

工程地质测绘和调查的成果资料应包括实际材料图、综合工程地质图、工程地质分区图、综合地质柱状图、工程地质剖面图以及各种素描图、照片和文字说明等。

9.2.2 工程地质勘探

通过工程地质测绘与调查，仅能初步了解测区工程地质条件的概况，而通过工程地质勘探则可对测区的工程地质情况作深入了解。工程地质勘探通常是在工程地质测绘的基础上，为了进一步查明地表以下工程地质问题，取得深部地质资料而进行的。常用的工程地质勘探方法有三大类：即工程地质钻探、坑探（井探、槽探、洞探）及地球物理勘探。

1. 工程地质钻探

（1）钻探的作用

钻探是勘探方法中应用最广泛的一种勘探手段，具有如下作用：

①通过钻探所采取的岩芯标本、钻进速度及回水情况，可了解不同深度处岩石性质、地层构造、裂隙构造、断层破碎带及风化破碎情况。

②可将在钻孔中所保持原状结构的岩土试样进行物理力学性质试验。根据需要，进行孔壁摄影与钻孔电视，以帮助勘察工作者直接观察到所需观察地层的某些情况。

③在钻进过程中，可观察地下水水位及其动态变化，还可以进行所需的水文地质试验。

④根据钻孔资料，绘出钻孔柱状图，分析钻孔各深度处的岩土性质、地层界线、风化程度界线、基岩面高程、断层等构造线高度、软弱结构面的产状等。

钻机钻进如图9-1所示。

（2）钻孔与取样

钻孔的直径、深度、方向应根据工程要求、地质条件和钻探方法综合确定。通常将直径≥800 mm的钻孔称为大直径钻孔。为了鉴别和划分地层，终孔直径不宜小于33 mm；为了采取原状土样，取样段的孔径不宜小于108 mm；为了采取岩石试样，取样段的孔径对于软质岩不宜小于108 mm，对于硬质岩不宜小于89 mm。在钻探过程中，为了准确鉴别岩性和划分地层，岩芯采取率（每钻探段所采取到的岩芯总长与钻探长度的百分比值）越高越好。《岩土工程勘察规范》（GB 50021）要求一般岩石采取率不应低于80%，对于破碎岩石不应低于65%；对于坚硬及很坚硬的岩石则需用金刚石钻头。

在岩土工程勘察过程中，对控制性钻孔（技术孔）必须提取岩土试样，并进行室内土工试验，以测定岩土的主要物理力学性质指标。土试样的质量应根据试验目的，按表9-5分为四个等级。

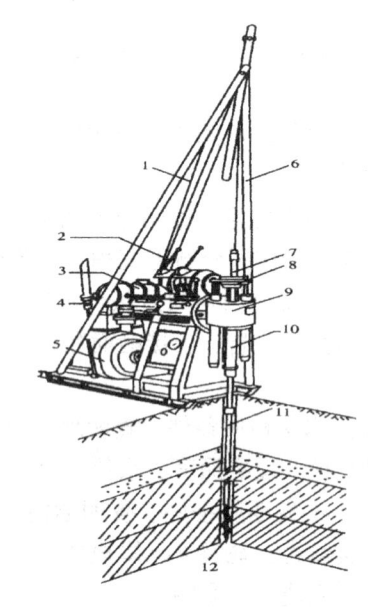

图9-1 钻机钻进示意图

1—钢丝绳；2—卷扬机；3—柴油机；4—操纵把；5—转轮；6—钻机；7—钻杆；8—卡杆器；9—回转器；10—立轴；11—钻机；12—螺旋钻头

表9-5 土试样质量等级

级 别	扰动程度	试 验 内 容
Ⅰ	不扰动	土类定名、含水量、密度、强度试验、固结试验
Ⅱ	轻微扰动	土类定名、含水量、密度
Ⅲ	显著扰动	土类定名、含水量
Ⅳ	完全扰动	土类定名

注：①不扰动是指原位应力状态虽已改变，但土的结构、密度和含水量变化很小，能满足室内试验各项要求；
②除地基基础设计等级为甲级的工程外，在工程技术要求允许的情况下可用Ⅱ级土试样进行强度和固结试验，但宜先对土样受扰动程度作抽样鉴定，判定用于试验的适宜性，并结合地区经验使用试验成果。

（3）钻孔岩芯描述

即对所钻进的各岩土层的岩性特征进行观察、描述和记录，为正确评价岩土工程地质问题提供第一手资料。观察描述的内容应满足有关规程、规范的要求。简述如下：

①碎石类土：应鉴定并描述土名、颜色、湿度、密实状态，土的粒度与矿物成分、最大粒径、一般粒径、磨圆程度与分选性，充填物特征等；

②砂性土、粉土：应鉴定并描述土名、颜色、湿度、密实状态，土的粒度与矿物成分、颗粒形状、层理、胶结物与土中黏性土含量等；

③黏性土：应鉴定并描述土名、颜色、湿度、稠度状态，土的均匀性与土质特征、土的包含物特征等；

④岩石（基岩）：应鉴定并描述岩石名称、颜色、矿物成分、结构、构造，节理裂隙发育特征，岩石的风化程度以及岩芯采取率、RQD值等；

对于特殊性岩土，除鉴定并描述上述相应岩土内容外，尚应描述反映其特殊成分、状态和结构等内容。

完成钻孔资料整理，并绘制钻孔柱状图（图9-17）。

2. 坑探

当钻探方法难以准确查明地下情况时，可进行坑探。坑探工程是用人工或机械掘进的方式来探明地表以下浅部的工作地质条件，它在岩土工程勘探中占有一定的地位。岩土工程勘探中常用的坑探工程有：探槽、试坑、浅井、竖井（斜井）、平硐和石门（平巷）（图9-2）。其中前三种为轻型坑探工程，后三种为重型坑探工程。轻型坑探是除去地表覆盖土层以揭露出基岩的类型和构造情况，往往在房屋建筑和公路工程中广泛采用；重型坑探则在大型工程（如大中型水利水电工程、大型桥梁、重型建筑工程等）中采用较多。

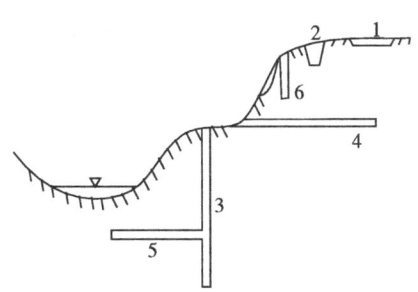

图9-2 工程地质常用的坑探类型示意图
1—探槽；2—试坑；3—竖井；
4—平硐；5—石门；6—浅井

与一般的钻探工程相比较，其特点是：勘察人员能直接观察到地质结构，准确可靠，且便于素描；可不受限制地从中采取原状岩土样和做大型原位测试。尤其对研究断层破碎带、软弱泥化夹层和滑动面（带）等的空间分布特点及其工程性质等，更具有重要意义。坑探工程的缺点是：使用时往往受到自然地质条件的限制，耗费资金大，勘探周期长；尤其是重型坑探工程不可轻易采用。各种坑探工程的特点和适应条件见表9-6。

表9-6 各种坑探工程的特点和适用条件

名称	特　点	适　用　条　件
探槽	在地表深度小于5 m的长条形槽子	剥除地表覆土，揭露基岩，划分地层岩性，研究断层破碎带；探查残坡积层的厚度和物质、结构
试坑	从地表向下，铅直的、深度小于5 m的圆形或方形小坑	局部剥除覆土，揭露基岩；作载荷试验、渗水试验，取原状土样
浅井	从地表向下，铅直的、深度为5～15 m的圆形或方形井	确定覆盖层及风化层的岩性及厚度；作载荷试验，取原状土样
竖井（斜井）	形状与浅井相同，但深度大于15 m，有时需支护	了解覆盖层的厚度和性质，作风化壳分带，研究软弱夹层分布、断层破碎带及岩溶发育情况、滑坡体结构及滑动面等；布置在地形较平缓、岩层又较缓倾的地段
平硐	在地面有出口的水平坑道，深度较大，有时需支护	调查斜坡地质结构，查明河谷地段的地层岩性、软弱夹层、破碎带、风化岩层等；作原位岩体力学试验及地应力量测，取样；布置在地形较陡的山坡地段
石门（平巷）	不露出地面而与竖井相连的水平坑道，石门垂直岩层走向，平巷平行	了解河底地质结构，做试验等

3. 地球物理勘探

地球物理勘探简称物探，它是通过研究和观测各种地球物理场的变化来探测地层岩性、地质构造、水文地质及各种不良地质现象的。地球物理场有电场、重力场、磁场、弹性波的应力场、辐射场等。由于组成地壳的不同岩层介质往往在密度、弹性、导电性、磁性、放射性以及导热性等方面存在差异，这些差异将引起相应的地球物理场的局部变化。通过专门的仪器量测这些物理场的分布和变化特征，结合已知地质资料进行分析研究，就可以达到推断地质性状的目的。

该方法兼有勘探与试验两种功能。和钻探相比，具有设备轻便、成本低、效率高、工作空间广等优点。但由于它不能取样，不能直接观察，故多与钻探配合使用，可以经济且迅速地探测较大范围内的情况。

常用的物探方法有：研究岩土电学性质及电场、电磁场变化规律进行勘察的电法勘探，研究岩土磁性及地球磁场、局部磁异常变化规律的磁法勘探，研究地质体引力场特征的重力勘探，研究岩土弹性力学性质的地震勘探，研究岩土的天然或人工放射性的放射性勘探，研究物质热辐射场特征的红外探测方法，研究岩土的声波和超声波传递和衰减变化规律的声波探测技术等。

在工程中应用较广泛的是地震勘探、声波勘探、电法勘探。

(1) 地震勘探

地震勘探是利用地下介质弹性和密度的差异,通过观测和分析大地对人工激发地震波的响应,推断地下岩层性质和形态的地球物理勘探方法。由地震波在岩体中传播的速度、波幅、频率的变化,可以判断岩体特性的变化。一般地说,岩性好、裂隙不发育、风化微弱、岩体坚硬完整,则波速高、波幅大;反之岩性差、裂隙发育、结构松散、风化较强、岩体比较破碎,则波速低,吸收衰减厉害、波幅小。岩体内应力增大,则波速增高,反之则降低。

(2) 声波探测

声波探测是弹性波探测技术中的一种,它是利用频率为几千赫兹至20千赫兹的声频弹性波通过岩体,研究其在不同性质和结构的岩体中的传播特性,从而解决某些工程地质问题。可用于确定岩体的动弹性参数,评价岩体的完整性和强度,测定硐室围岩松动圈和应力集中的范围等。

(3) 电法勘探

电法勘探是用以研究地下地质体电阻率差异的勘探方法,也称电阻率法。电阻率是岩土的一个重要电学参数,它表示岩土的导电特性,常用单位为欧姆·米($\Omega \cdot m$)。岩土电阻率大小受岩石的矿物成分、结构、构造、空隙、含水性、矿化度等因素影响,岩土的电阻率变化范围很大,各种岩土有其自身的电阻率,但是它们之间仍存在着很大的差异。其中火成岩的电阻率最高,变质岩次之,沉积岩最低。

常用物探方法的应用范围及适用条件如表9-7。

表9-7 几种物探方法的应用范围及适应条件

方法		应 用 范 围	适 用 条 件
直流电法	电阻率法 电测深	了解地层岩性、基岩埋深;了解构造破碎带、滑动带位置,裂隙发育方向;探测含水构造,含水层分布;寻找地下洞穴	探测的岩层要有足够的厚度,岩层倾角不宜大于20°;分层的ρ值有明显差异,在水平方向没有高电阻或低电阻屏蔽;地形比较平坦
	电剖面	探测地层、岩性分界;探测断层破碎带的位置;寻找地下洞穴	分层的电性差异较大
	电位法 自然电场法	判定在岩溶、滑坡以及断裂带中地下水的活动情况	地下水埋藏较浅,流速足够大,并有一定矿化度
	充电法	测定地下水流速、流向,测定滑坡的滑动方向和滑动速度	含水层深度小于50m,流速大于1.0m/d,地下水矿化度微弱,围岩电阻率较大
交流电法	频率测深法	查找岩溶、断层、裂隙及不同岩层界面	
	无线电波视法	探测溶洞	
	地质雷达	探测岩层界面、洞穴	
地震勘探	直达波法	测定波速,计算土层动弹性参数	
	反射波法	测定不同地层界面	界面两侧介质的波阻抗有明显差异,能形成反射面
	折射波法	测定性质不同地层界面,基岩埋深、断层位置	离开震源一定距离(盲区)才能接收到折射波
声波探测		测定动弹性参数,监测硐室围岩或边坡应力	

续表9-7

方法		应用范围	适用条件
测井	电视测井	观察钻孔井壁	以光源为能源的电视测井不能在浑水中使用,如以超声波为能源则可在浑水或泥浆中使用
	井径测量	测定钻孔直径	
	电测井	测定含水层特性	

4. 工程地质勘探的布置

（1）勘探布置的一般原则

勘探工作布置的基本原则是以最少的勘探工作量取得所需的地质资料。应将勘探工程布置在关键地段，并使其能取得综合的资料。要考虑以下几项原则：

①勘探工作应在工程地质测绘基础上进行。通过工程地质测绘，对地下地质情况有一定的判断后，才能明确勘探工作需要进一步解决的地质问题，以取得好的勘探效果。

②勘探工程的布置（数量、勘探深度、精度）与勘察阶段，必须与设计阶段相适应。一般是由初步勘察到详细勘察阶段，勘探的总体布置由勘探点、勘探线过渡到勘探网，勘探范围由大到小，勘探点、线由稀到密；勘探布置以考虑地质复杂程度为主，过渡到以建筑物轮廓为主。初期以物探为主，少量钻探、轻型坑探为辅。

③勘探布置应随建筑物的类型和规模而异。不同类型的建筑物，其总体轮廓、荷载作用的特点以及可能产生的岩土工程问题不同，勘探布置亦应有所区别。道路、隧道、管线等线型工程，多采用勘探线的形式，且沿线隔一定距离布置一垂直于它的勘探剖面。房屋建筑与构筑物工程应按基础轮廓布置勘探工程，常呈方形、长方形、工字形或丁字形；具体布置勘探工程时又因不同的基础形式而异。桥基则采用由勘探线渐变为以单个桥墩进行布置的梅花形形式。建筑物等级越高、规模越大，地质条件越复杂，勘探工作量越多。

④勘探布置应考虑地质、地貌、水文地质等条件。一般勘探线应沿着地质条件等变化最大的方向布置。勘探点的密度应视工程地质条件的复杂程度而定，而不是平均分布。为了对场地工程地质条件起到控制作用，还应布置一定数量的基准坑孔（即控制性坑孔），其深度较一般性坑孔要大些。

⑤在勘探线、网中的各勘探点，应视具体条件选择不同的勘探手段，以便互相配合，取长补短地联系起来。

（2）勘探坑、孔深度确定

应根据建筑类型、勘察阶段、地质条件复杂程度综合考虑布孔深度。一般按工程地质勘察规范规定，但也应考虑到设计要求、工程地质评价需要。不同的工程地质问题，所要求的勘探深度是不同的。如对滑坡的稳定分析需穿过可能的滑动面；对坝基渗漏则应达到相对隔水层；对房屋建筑的地基沉降计算应达到地层压缩层之下（2倍或3倍基底宽度），或者可能的桩基深度之下；对地下洞室应达其底板高程以下10 m左右。有时根据地质测绘和物探资料初步确定坑孔深度，按实际情况再作调整。坑孔的深度应满足设计目的，如了解岩石风化层厚度，需达到确是新鲜基岩为止；研究断层带的宽度和性质的坑孔，应穿过断层直达下盘完整基岩。

9.2.3 工程地质试验

工程地质试验是工程地质勘察的重要环节,是实现对岩土工程性质进行定量评价的重要途径。通过试验,测定岩土的基本工程性质,为工程设计和施工提供可靠的参数。

岩土测试(工程地质试验)可分为原位测试和室内测试。室内测试是指将从野外所采取的试样尽量维持其天然状态下的性能送到实验室进行的各类室内测试,主要包括岩土的物理力学性质试验、水质分析、化学性质分析和微观结构试验,如界限含水量试验、颗粒分析试验、重度试验、压缩试验、抗剪强度试验及岩石的室内饱和单轴极限抗压强度试验等。室内测试的方法比较成熟,所取试样体积小,但与现场实际条件有一定的差异,因而成果不够准确,但对于一般工程能够满足需要。

工程地质原位测试(In-situ Test)是指在岩土层原来所处的位置上,基本保持其天然结构、天然含水量及天然应力状态下进行测试的技术。原位测试是在现场条件下直接测定岩土的性质,避免岩土样在取样、运输及室内准备试验过程中被扰动,因而所得的指标参数更接近于岩土体的天然状态,在重大工程中经常采用。但原位测试需要大型设备,成本高,历时长,它与室内试验相辅相成,取长补短。常用的原位测试方法主要有:载荷试验、静力触探试验、标准贯入试验、十字板剪切试验、旁压试验、现场直接剪切试验等。下面仅介绍几种有代表性的原位测试方法。

1. 载荷试验

载荷试验(Loading Test,简称LT)是在现场用一个刚性承压板逐级加荷,测定天然地基或复合地基的变形随荷载而变化,借以确定地基承载力的试验。载荷试验的主要设备有三个部分:加荷与传压装置、变形观测系统及承压板,如图9-3所示。

载荷试验包括平板载荷试验(Plate Loading Test)和螺旋板载荷试验(Screw Plate Loading Test)。平板载荷试验又可分为浅层平板载荷试验和深层平板载荷试验。浅层平板载荷试验适用于浅层地基土;深层平板载荷试验适用于埋深等于或大于3m和地下水位以上的地基土,螺旋板载荷试验适用于深部或地下水位以下的地层。

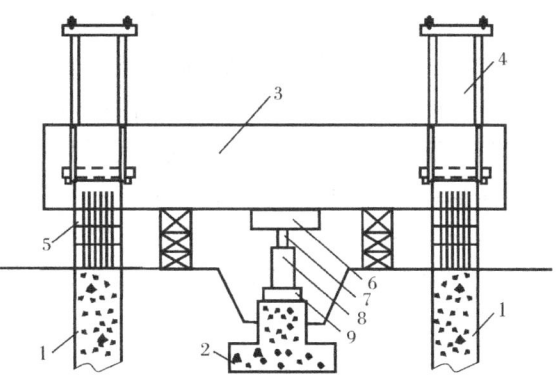

图9-3 静载荷试验装置示意图
1—锚桩;2—承压板;3—主梁;4—副梁;5—锚筒;
6—上压板;7—传感器;8—千斤顶;9—下压板

(1)浅层平板载荷试验装置和基本技术要求

浅层平板载荷试验应布置在场地内具有代表性位置的基础底面标高处,每个场地不宜少于3个,当场地内岩土体不均时,应适当增加。试坑宽度不应小于承压板宽度或直径的3倍,应注意保持试验土层的原状结构和天然湿度。宜在拟试压表面用不超过20 mm厚的粗、中砂找平。承压板面积不应小于0.25 m²,对软土不应小于0.5 m²。承压板尺寸宜根据裂隙密度确定。

试验时,荷载应分级施加,加荷分级不应小于8级,最大加载量不应小于设计要求的两倍。每级加载后按间隔10、10、10、15、15(min),以后为每隔半小时测读一次沉降量,当连续两小时内,每小时的沉降量小于0.1mm时,则认为已趋于稳定,可加下一级荷载。当出现下列情况之一时,即可终止加载:

①承压板周围的土明显地侧向挤出;
②沉降量急骤增大,荷载-沉降(p-s)曲线出现陡降段;
③在某一级荷载下,24h内沉降速率不能达到稳定;
④沉降量与承压板宽度或直径之比大于或等于0.06。

当满足前三种情况之一时,其对应的前一级荷载定为极限荷载。

(2) 成果应用

根据载荷试验结果,可绘制如图9-4所示的压力p与稳定沉降量s的关系曲线。这些资料主要应用于以下几个方面:

①确定地基承载力的特征值

按载荷试验p-s曲线确定地基承载力特征值的规定如下:

- 当载荷试验p-s曲线上有明显的比例界限时,取该比例界限所对应的荷载p_{cr}作为地基承载力特征值f_{ak};
- 当极限荷载p_u小于比例界限荷载p_{cr}的2倍时,取极限荷载p_u的1/2作为地基承载力特征值f_{ak};

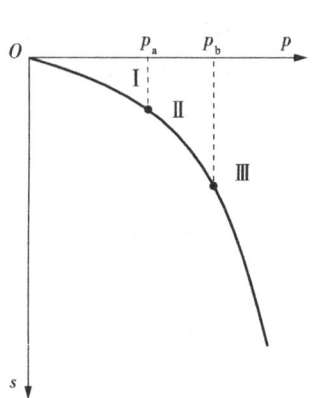

图9-4 荷载-沉降(p-s)曲线

- 不能按上述两点确定时,可按限制沉降量取值。当承压板面积为$0.25 \sim 0.5 m^2$时,可采用$[s] = (0.01 \sim 0.015)b$所对应的荷载值作为地基承载力特征值f_{ak},但其值不应大于最大加载量的1/2;

同一土层参加统计的试验点不应少于三点,特征值的极差(最大值与最小值之间的差值)不超过平均值的30%时,取其平均值作为该土层地基承载力特征值f_{ak}。

②确定地基土的变形模量E_0

根据p-s曲线并假定地基为均质、各向同性、半无限弹性介质,可求得承压板下有限深度内土层的平均变形模量E_0。

$$E_0 = \omega(1-\mu)\frac{p_1 b}{s_1} \tag{9-1}$$

式中 ω——沉降影响系数,方形承压板取0.88,圆形承压板取0.79;

μ——地基土的泊松比,碎石土取0.27,砂土取0.30,粉土取0.35,粉质黏土取0.38,粉土取0.42;

b——承压板边长或直径,m;

s_1——与所取定的比例界限p_1相对应的沉降量。

2. 静力触探试验

静力触探试验(Cone Penetration Test,简称CPT)是通过静压力将一个内部装有传感器的触探头,以匀速压入土层中,测试土层对触探头的贯入阻力,以此来确定地基的物理力学性质。

静力触探试验适用于软土、一般黏性土、粉土、砂土和含少量碎石的土，主要用于划分土层，估算地基土的物理力学性质指标、评定地基土的承载力，估算单桩承载力及判定砂土地基的液化等级等。

（1）静力触探试验仪器设备及技术要求

静力触探设备主要由三部分组成：触探头、触探杆和记录器（图9-5）。其中触探头是静力触探设备中的核心部分。常用的静力触探分为单桥探头、双桥探头或带孔隙水压力量测的单、双桥探头，可测定比贯入阻力 p_s、锥尖阻力 q_c、侧壁摩阻力 f_s 和贯入时的孔隙水压力 u。

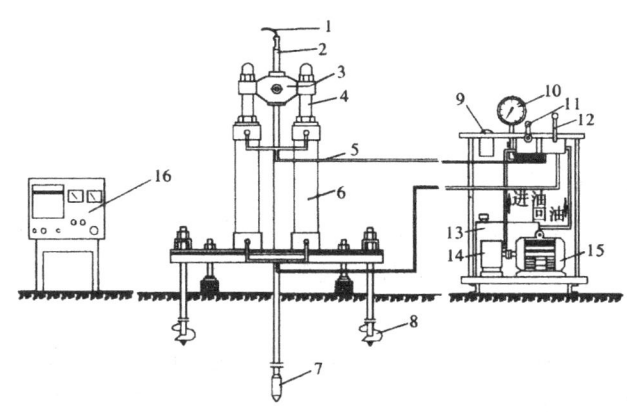

图9-5 双缸液压式静力触探设备

1—电缆；2—触探杆；3—卡杆器；4—活塞杆；5—油管；6—油缸；
7—触探头；8—地锚；9—开关；10—压力表；11—节流阀；12—换向阀；
13—油箱；14—油泵；15—电机；16—记录器

单桥探头（图9-6）测得的是包括锥尖阻力和侧壁摩阻力在内的总贯入阻力 P，通常用比贯入阻力 p_s，即

$$p_s = \frac{P}{A_c} \qquad (9-2)$$

式中 P——总贯入阻力；

A_c——锥底投影面积。

双桥探头（图9-7）可以同时分别测得锥尖阻力和侧壁阻力。用 Q_c（kN）和 P_f 分别表示锥尖总阻力和侧壁总阻力。则单位面积锥尖阻力 q_c（kPa）和侧壁阻力 f_s（kPa）分别为

$$q_c = \frac{Q_c}{A} \qquad (9-3)$$

$$f_s = \frac{P_f}{F_s} \qquad (9-4)$$

式中 F_s——外套筒的总侧面积，m^2。

根据锥尖阻力 q_c 和侧壁阻力 f_s，可计算同一深

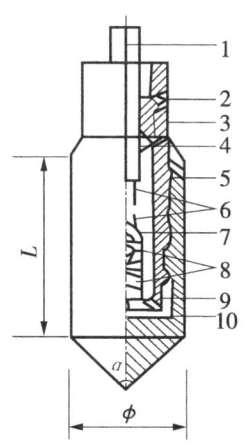

图9-6 单桥探头结构示意图

1—四芯电缆；2—密封圈；3—探头管；
4—防水塞；5—套管；6—导线；7—空心柱；
8—电阻片；9—防水盘根；10—顶柱；
α—探头锥角；ϕ—探头锥底直径；
L—有效侧壁长度

度处的摩阻比 R_f

$$R_f = \frac{f_s}{q_c} \times 100\% \qquad (9-5)$$

在静力触探试验的整个过程中，探头应匀速、垂直地压入土层中，贯入速率一般控制在 (1.2 ± 0.3) m/min。静力触探试验的技术要求应符合下列规定：

①探头圆锥锥底截面积应采用 10 cm² 或 15 cm²，单桥探头侧壁高度应分别采用 57 mm 或 70 mm，双桥探头侧壁面积应采用 150~300 cm²，锥尖锥角应为 60°。

②探头测力传感器应连同仪器、电缆进行定期标定，室内率定探头测力传感器的非线性误差、重

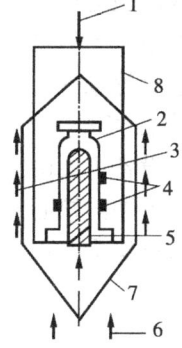

图 9-7 双桥探头工作原理示意图
1—贯入力；2—空心柱；3—侧壁摩阻力；
4—电阻片；5—顶柱；6—锥尖阻力；
7—探头套；8—探头管

复性误差、滞后误差、温度漂移、归零误差均应小于 ±1% F_s。在现场当探头返回地面时应记录归零误差，现场的归零误差不得超过 3%，同时探头的绝缘电阻不能小于 500 MΩ。

③深度记录误差不得大于触探深度的 ±1%。

④当贯入深度大于 30 m 或穿过厚层软土再贯入硬土层时，应采取措施防止孔斜或断杆，也可配置测斜探头，量测触探孔的偏斜角，校正土层界线的深度。

(2) 成果的应用

静力触探试验的主要成果有：比贯入阻力-深度 (p_s-z) 关系曲线，锥尖阻力-深度 (q_c-z) 关系曲线（图 9-8a），侧壁阻力-深度 (f_s-z) 关系曲线和摩阻比-深度 (R_f-z) 关系曲线（图 9-8b）等。

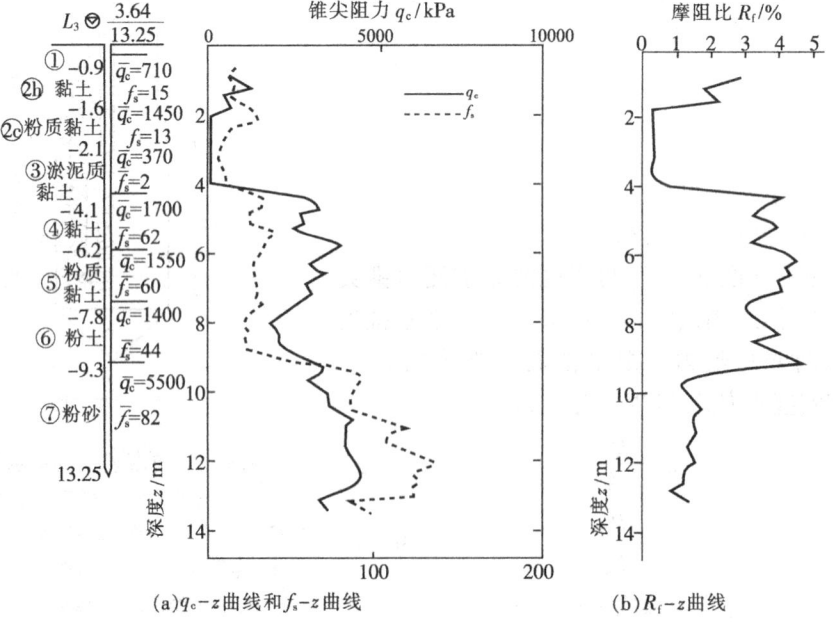

(a) q_c-z 曲线和 f_s-z 曲线   (b) R_f-z 曲线

图 9-8 静力触探成果曲线及其相应土层剖面图

根据目前的研究与经验,静力触探试验成果的应用主要有以下几个方面:

①划分土层界线

根据贯入曲线的线型特征(图9-8),可以划分土层。由于地基土层特性变化的复杂性,在划分土层的界线时,应注意以下问题:在探头贯入不同工程性质的土层界线时,p_s 或 q_c 及 f_s 值的变化一般是显著的,但并不是突变的,而是在一段距离内逐渐变化的,所测得的值有提前和滞后现象。用静力触探曲线划分土层界线的原则如下:

a. 上下层贯入阻力相差不大时,取超前深度和滞后深度的中心,或中心偏向小阻力土层 5~10 cm 处作为分层界线;

b. 上下层贯入阻力相差一倍以上时,取软土层最后一个(或第一个)贯入阻力值小偏向硬土层 10 cm 处作为分层界线;

c. 上下层贯入阻力无甚变化时,可结合 f_s 或 R_f(摩阻比)的变化确定分层界线。

②确定黏性土的不排水剪强度 c_u 值。

对于黏性土,由于静力触探试验的贯入速率较快,因此对量测黏性土的不排水抗剪强度是一种可行的方法。通过大量测试数据经数理统计分析,建立各地区黏性土的不排水抗剪强度半经验公式。

③确定地基土的承载力

静力触探试验成果还能用来估算浅基或桩基的承载力、砂土或粉土的液化。

3. 圆锥动力触探试验

圆锥动力触探试验(Dynamic Penetration Test,简称 DPT)是用一定质量的重锤,如图9-9、图9-10 所示,以一定高度的自由落距,将标准规格的圆锥形探头贯入土中,根据打入土中一定距离所需的锤击数,可以:

①进行地基土的力学分层;

②评定地基土的强度和变形参数;

③评定地基承载力、单桩承载力;

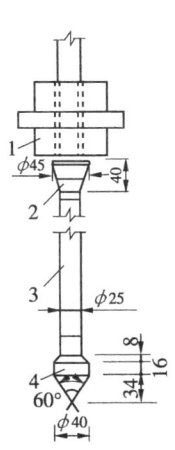

图9-9 轻便型动力触探试验设备
1—穿心锤;2—锤垫;3—触探杆;4—锥头

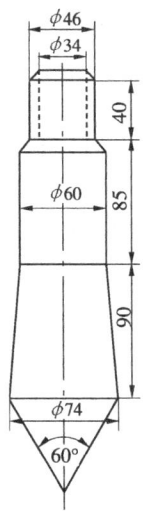

图9-10 重型动力触探试验设备

④查明土洞、滑动面、软硬土层界面的位置。

圆锥动力触探的优点是设备简单、操作方便、工效高、适应性广，并且具有连续贯入的特性。对于难以取样的砂土、粉土和碎石土等，圆锥动力触探是十分有效的探测手段。

圆锥动力触探类型可分为：轻型、重型、超重型三种，其规格和适用性见表9-8。

表9-8 圆锥动力触探类型

类 型		轻型	重型	超重型
落锤	锤的质量/kg	10	63.5	120
	落距/cm	50	76	100
探头	直径/mm	40	74	74
	锥角/(°)	60	60	60
探杆直径/mm		25	42	50~60
指 标		贯入30 cm的击数N_{10}	贯入10 cm的击数$N_{63.5}$	贯入10 cm的击数N_{120}
主要适用岩土		浅部的填土、砂土、粉土、黏性土	砂土、中密以下的碎石土、极软岩	密实和很密的碎石土、软岩、极软岩

（1）圆锥动力触探试验技术要求

①采用自动落锤装置。

②触探杆最大偏斜度不应超过2%，锤击贯入应连续进行；同时防止锤击偏心、探杆倾斜和侧向晃动；保持探杆垂直度；锤击速率宜为15~30击/min。

③每贯入1 m，宜将探杆转动一圈半；当贯入深度超过10 m，每贯入20 cm宜转动探杆一次。

④对轻型动力触探，当$N_{10} > 100$或贯入15 cm锤击数超过50时，可停止试验；对重型动力触探，当连续三次$N_{63.5} > 50$时，可停止试验或改用超重型动力触探。

（2）圆锥动力触探试验成果的应用

利用动力触探试验资料，绘制触探击数（或动贯入阻力）与深度的关系曲线，触探曲线可绘成直方图，见图9-11。根据触探曲线的形态，结合钻探资料，可进行地基土的力学分层。但在进行土的分层和确定土的力学性质时应考虑触探的界面效应，即"超前"和"滞后"反应。在划分地层分界线时，应根据具体情况作适当调整：由软层进入硬层时，分层界线可定在软层最后一个小值点以下0.1~0.2 m处；由硬层进入软层时，分层界线可定在软层第一个小值点以上0.1~0.2 m处。

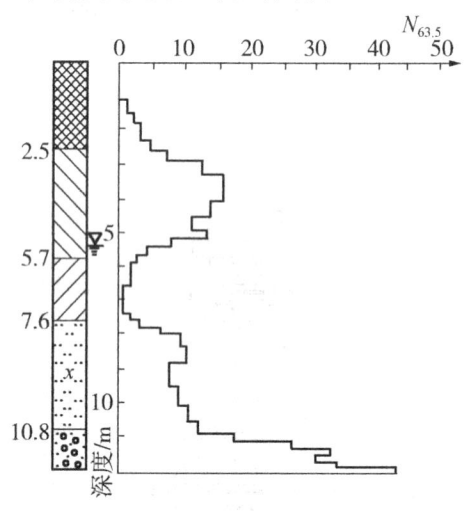

图9-11 动力触探直方图及土层划分

4. 标准贯入试验

标准贯入试验（Standard Penetration Test，简称SPT）是用质量为63.5±0.5 kg的穿心锤，以76±2 cm的落距，将一定规格的标准贯入器打入土中15 cm，再打入30 cm，用后

30cm 的锤击数为标准贯入试验的指标 $N_{63.5}$，以此判别土层的变化与性质。

标准贯入试验仪器主要由三部分组成（图9-12）：触探头、触探杆以及穿心锤。标准贯入试验操作简单，土层适应性广，对不易钻探取样的砂土和砂质粉土尤为适用，对硬黏土及软土岩也适用，而且贯入器能够携带扰动土样，可直接对土层进行鉴别描述。SPT 的缺点是离散性比较大，故只能粗略地评定土的工程性质。与圆锥动力触探试验相似，SPT 并不能直接测定地基土的物理力学性质，而是通过与其他原位测试手段或室内试验成果进行对比，建立关系式，积累地区经验，才能用于评定地基土的物理力学性质。

根据标准贯入试验锤击数，可用来评定砂土的相对密度 D_r 和密实状态（表9-9），评定黏性土的物理状态。结合地区经验还可以确定地基土承载力，判定黏性土的稠度状态以及评价砂土、粉土的液化势等。

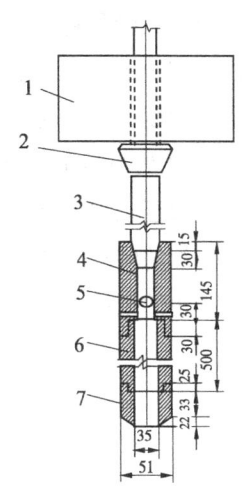

图9-12 标准贯入试验设备

1—穿心锤；2—锤垫；3—钻杆；4—贯入器头；
5—出水孔；6—由两半圆形管组成的贯入器身；
7—贯入器靴

表9-9 砂土的密实度

标准贯入试验锤击数 N	$N \leqslant 10$	$10 < N \leqslant 15$	$15 < N \leqslant 30$	$N > 30$
密实度	松散	稍密	中密	密实

当锤击数已达 50 击，而贯入深度未达 30cm 时，可记录 50 击的实际贯入深度，按下式换算成相当于 30cm 的标准贯入试验锤击数 N，并终止试验。

$$N = 30 \times \frac{50}{\Delta S} \qquad (9-6)$$

式中 ΔS——锤击数为 50 击时的贯入度，cm。

影响锤击数 $N_{63.5}$ 的因素有钻杆长度、落锤方式、配套钻进方式、钻杆连接方式等，应用指标 $N_{63.5}$ 时应对这些影响因素作出分析，必要时还要对 $N_{63.5}$ 值进行修正。

当用标准贯入试验锤击数按规范查表确定承载力或其他指标时，应根据规范规定按下式对锤击数进行触探杆长度校正：

$$N = \alpha N' \qquad (9-7)$$

式中 N——标准贯入试验锤击数；

N'——实测贯入 30cm 的锤击数；

α——触探杆长度校正系数，可按表9-10确定。

表9-10 触探杆长度校正系数

触探杆长度/m	≤3	6	9	12	15	18	21
校正系数 α	1.00	0.92	0.86	0.81	0.77	0.73	0.70

5. 十字板剪切试验

十字板剪切试验是将插入软土中的标准十字板探头以一定速率扭转，量测土破坏时的抵抗力矩，测定土的不排水抗剪强度。十字板剪切仪构造如图9-13所示。试验时先将套管打到预定的深度，并将套管内的土清除。将十字板装在钻杆的下端后，通过套管压入土中。压入深度约为750 mm。然后由地面上的扭力设备仪对钻杆施加转矩，使埋在土中的十字板旋转，直至土剪切破坏。破坏面为十字板旋转所形成的圆柱面（图9-14）。设剪切破坏时所施加的转矩为M，则它应该与剪切破坏圆柱面（包括侧面和上下面）上土的抗剪强度所产生的抵抗力矩相等，即

$$M = \pi DH \times \frac{D}{2}\tau_v + 2 \times \frac{\pi D^2}{4} \times \frac{D}{3}\tau_H = \frac{1}{2}\pi D^2 H \tau_v + \frac{1}{6}\pi D^2 \tau_H \tag{9-8}$$

假定$\tau_H = \tau_v$，则上式又可写成

$$\tau_f = \frac{2M}{\pi D^2 \left(H + \frac{1}{3}D\right)} \tag{9-9}$$

式中 M——剪切破坏时的转矩，kN·m；

τ_v、τ_H——剪切破坏时的圆柱体侧面和上下面土的抗剪强度，kPa；

H、D——十字板高度和直径，m；

τ_f——在现场由十字板剪力仪测定的土的抗剪强度，kPa。

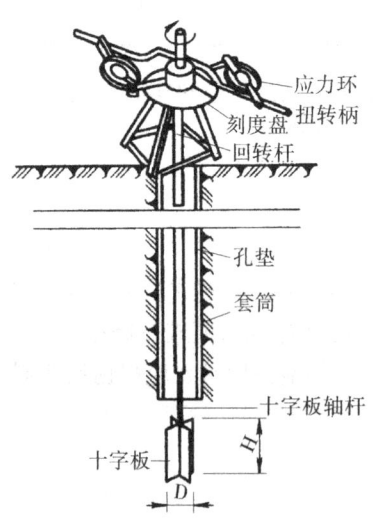

图9-13　十字板剪切仪

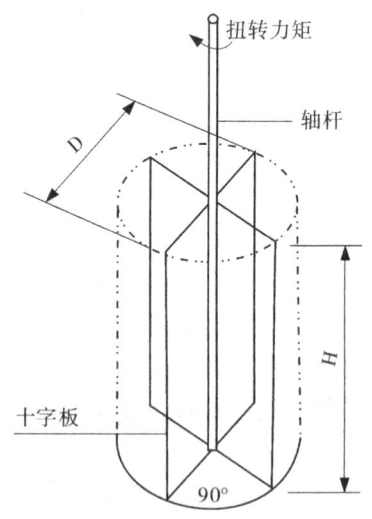

图9-14　十字板剪切原理

需说明的是，实际上$\tau_H \neq \tau_v$，在正常固结黏性土中，垂直固结压力大于水平固结压力，故$\tau_H > \tau_v$，所以式（9-9）求出的，相当于试验深度处的天然土层，在原位压力下固结的不排水抗剪强度。

十字板剪切试验适用于原位测定饱水软黏土的抗剪强度。由于十字板剪切试验不需要

采取土样，避免了土样扰动及天然应力状态的改变，是一种有效的现场测试方法。可根据十字板剪切试验资料来评定软土地基承载力、确定地基土强度的变化、测定软黏性土的灵敏度 S_t、预估桩周土的极限摩阻力等。

9.2.4 长期观测

1. 长期观测的主要任务和内容

长期观测工作在工程地质勘察中是一项十分重要的工作。自然界中，有些动力地质现象及地质营力随时间推移将不断地发生变化，尤其在工程活动作用下，将会影响到工程的安全、稳定和正常运行。对此，仅依靠工程地质测绘、勘探和试验等工作，还无法准确预测和判断各种动力地质作用下对工程使用年限的影响，这就需要进行长期观测工作。

长期观测的主要任务是检验测绘、勘探对工程地质条件评价的正确性，摸清动力地质作用及其影响因素随时间的变化规律，准确预测工程地质问题，为防治不良地质现象而采取的措施提供可靠的工程地质依据，检查防治处理措施的效果。工程地质勘察中常进行的长期观测，有与工程有关的地下水动态观测、不良地质现象的长期观测、建筑物建成后与周围地质环境相互作用及动态变化的长期观测等。

地下水动态观测对评价地基土体的容许承载力、预测道路冻害的严重性、基坑排水量和坑壁稳定性等都很重要。通过长期观测，可以对坝基和坝肩防渗处理的质量作出评价，还可以了解坝基渗透压力的变化情况。

不良地质现象的长期观测旨在了解其动态变化、所处发展阶段和活动速度，找出其原因及主要影响因素，并对已进行的处理措施效果进行检验，为制定防治措施提供依据。

工程兴建后出现的工程地质问题，需进行长期观测并加以研究。例如，地基沉降速度及各部分沉降差异，水库岸坡的破坏速度及稳定坡角等问题，都必须进行长期的观测研究。

2. 观测点的布设及观测次数

为了有效地控制观测对象在空间和时间上的变化规律，必须细致地布设观测点。一般在观测线或观测网布置的观测点稀密，视观测线上观测对象的变化差异性程度和重要性而定，不宜平均对待。观测线的方向应与变化程度差异性最大的方向一致。例如，滑坡的发展变化，在其滑动方向布置（图9-15）；地基沉降观测点的布置应考虑建筑物轮廓特点和地基受荷特征，在墙脚、柱脚等处布置观测点；为检查防止坝基渗透而设置的坝下游排水减压效果，应当在垂直坝轴线的方向上布置水文地质观测孔。

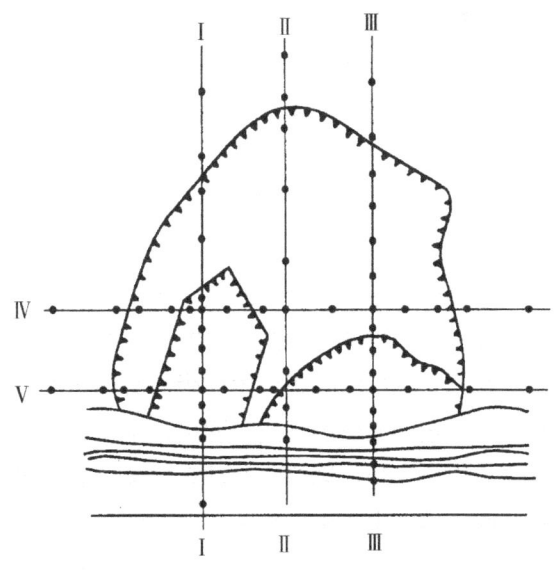

图9-15 滑坡观测点布置示意图

长期观测的时间间距应仔细选择，以便正确地揭示观测对象的变化与时间的关系。选择时应充分考虑观测对象变化的强烈程度，强烈变化时期需要增加观测次数。例如，滑坡在雨季时滑动会加快，应及时增加观测次数。

长期观测一般要耗费较大的人力、物力，对长期观测积累的资料，要妥善保管、充分利用，为了直观和更好地利用资料，常将测试结果整理成图、表或经验公式。

9.3 工程地质勘察报告

通过对建筑地区进行工程地质测绘、勘探、试验及长期观测等工程地质勘察工作，取得了大量的地质数据和试验数据。需要对这些资料进行室内整理，利用这些资料和岩土参数对岩土工程进行分析与评价，编写出合理的岩土工程勘察报告，为土木工程的规划、设计、施工提供可靠的地质依据，以确保工程建筑物的安全稳定、经济合理。因此，勘察资料的整理是工程勘察的最后一个重要环节。

9.3.1 工程地质勘察报告

工程地质勘察报告和图件是工程地质勘察的最终成果。在分析整理该工程地质勘察资料的基础上，向建设及设计部门提出一个准确可靠的工程地质勘察报告，为规划、设计、施工部门提供应用和参考。

1. 工程地质勘察报告的主要内容

岩土工程勘察成果报告的内容，应根据任务要求、勘察阶段、地质条件、工程特点等具体情况而定。包括下列内容：

①勘察的目的、要求和任务。
②拟建工程概况。
③勘察方法和勘察工作布置。
④场地地形、地貌、地层、地质构造、岩土性质、地下水、不良地质现象的描述与评价。
⑤场地稳定性与适宜性评价。
⑥岩土参数的分析与选用。
⑦岩土利用、整治、改造方案。
⑧工程施工和使用期间可能发生的岩土工程问题的预测及监控、预防措施的建议。
⑨岩土工程勘察报告中应附的必要图件：勘探点平面布置图，工程地质柱状图，工程地质剖面图，原位测试成果图表，室内试验成果图表，岩土利用、整治、改造方案的有关图表，岩土工程计算简图及计算成果图表。当需要时，还可附综合工程地质图、综合地质柱状图、地下水等水位线图等。

岩土工程勘察报告书的任务在于阐明工作地区的工程地质条件，分析存在的工程地质问题，并作出工程地质评价，提出结论和建议。工程地质报告书的内容一般分为绪论、通论、专论和结论几个部分，各部分前后响应，密切配合，联为一体。

绪论部分主要说明勘察工作的任务、采用的方法及取得的成果，并在绪论中说明工程建筑的类型、拟定规模及其重要性、勘察阶段需要解决的问题等。

通论部分阐述勘察场地的工程地质条件，如区域自然地质概述（地貌、地质、不良物理地质现象及地震基本烈度、场地岩土类型等）。

专论主要论证工程建筑所涉及的有关工程地质问题，如场地岩土层分布、岩性、地层结构、岩土的工程性质（物理力学性质、地基承载力）、地下水的埋藏与分布规律、含水层的性质、水质及侵蚀性等。

结论部分应对场地的适宜性、稳定性、岩土体特性、地下水、地震等作出综合性工程地质评价，提供地基基础设计方案的选择、地基设计所需的指标，提出施工中可能出现的问题、地基处理建议。

2. 工程地质图表

工程地质报告除文字部分外，还有一整套图件，即工程地质图，它是勘察区域的工程地质条件最直观的表现方式。工程地质图综合了工程地质测绘、勘探、试验及长期观测所取得的成果，以及结合文字报告编写的需要而制成的各种图件。该图与文字报告相配合，使设计、施工人员能更好地理解与运用。

（1）综合工程地质平面图

简称工程地质图，图中表示与设计和兴建工程有关的各种工程地质条件，如地形地貌、地层岩性、地质构造、水文地质、物理地质现象等，并对工程建筑场区进行综合评价，这是一种较常用的工程地质图件。

（2）勘探点平面布置图

勘探点平面布置图是在建筑场地地形图上，把建筑物的位置、各类勘探点和原位测试点的编号与位置用不同的图例表示出来，并注明各勘探点、测试点的高程和勘探深度、剖面线及其编号等。

（3）工程地质柱状图

工程地质柱状图是对各勘探孔的概括与总结，在柱状图中，除了注明钻进的工具、方法和具体事项外，其主要内容是关于地层的分布（层面的深度、层厚）、地层的名称和特征的描述。绘制柱状图之前，应根据土工试验成果及野外描述综合分析，进行认真分层。绘制柱状图时，应自上而下对地层进行编号和描述，并用一定的比例尺、图例和符号绘图。在柱状图中还应同时标出取土深度、地下水位等资料。

（4）工程地质剖面图

工程地质剖面图用于描述某一勘探线方向上、地层沿竖向和水平方向上的分布和变化情况，反映地质构造、岩性、分层、地下水的埋藏条件、各分层岩土的物理力学性质指标。它是岩土工程设计、地基的开挖、岩土治理等工程的最基本图件和重要的依据。

工程地质剖面图，实际上是把同一勘探线上的各工程地质勘探孔柱状图用剖面的形式完整地表现出来。在剖面图上，将各勘探孔相同的土层分界线用直线连接起来。当某地层在邻近钻孔中缺失时，该层可假定于相邻两孔中间尖灭。剖面图中应标出原状土样的取样位置，标准贯入试验位置及锤击数、静力触探曲线以及地下水位标高等。

由于勘探线的布置是与主要地貌单元的走向垂直，或与主要地质构造轴线垂直，或与建筑物的轴线相一致，故工程地质剖面图能最有效地揭示场地的工程地质条件。

（5）土工试验图表

主要是土的抗剪强度 τ-σ 曲线及土的压缩曲线（e-p），一般由土工试验室提供。

（6）现场原位测试图件

如载荷试验、标准贯入试验、十字板剪切试验、静力触探试验等成果图件。

（7）其他专门图件

对于特殊土、特殊地质条件及专门性工程，根据各自的特殊需要，绘制相应的专门图件。

9.3.2 工程地质勘察报告实例

拟在某学校建设一栋教学楼，现将该建设项目的《工程地质勘察报告》摘录如下，以供参考。

（1）勘察的任务、要求及工作概况

根据工程地质勘察任务书，该工程为一幢7层教学楼，其西南部位于残丘之上，其他则位于坡脚，地形地势变化较大，该场地地面高程为5.30～16.10 m，设计标高为9.30～17.00 m，共布设32个钻孔（图9-16）。采用钢筋混凝土框架结构。

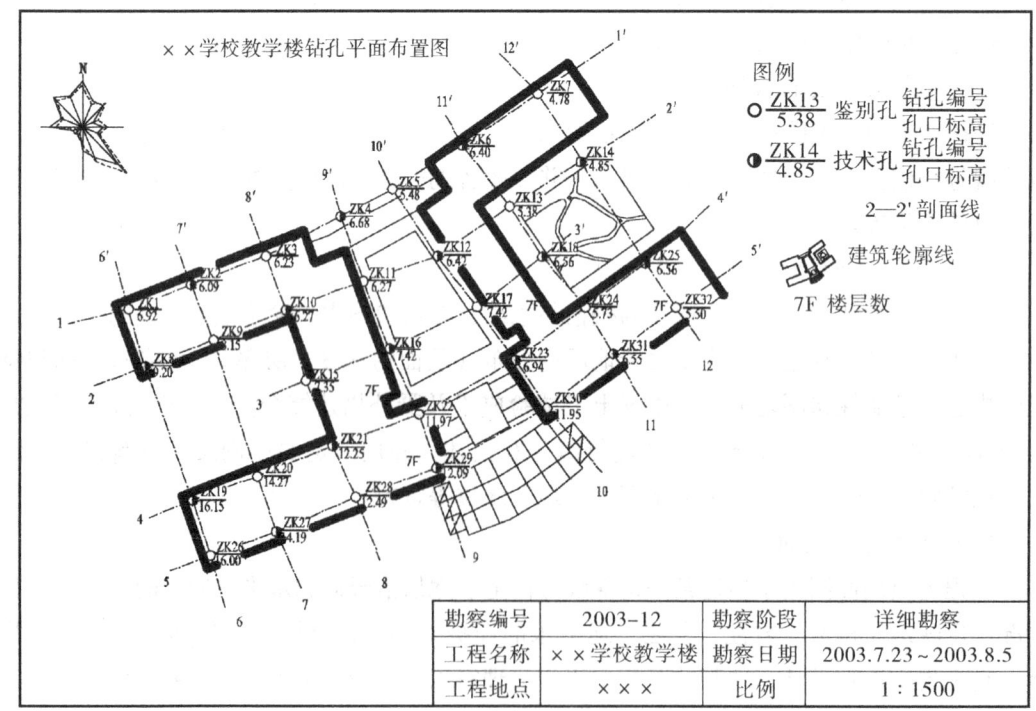

图9-16 某学校教学楼首期工程地质勘察钻孔布置图

(2) 场地概况

拟建场地位于残丘台地，分布土层有人工填土、耕植土、冲积层、坡积层及残积层，基岩层为下古生界混合岩。场地内未见溶洞、滑坡、岩堆及崩塌等不良地质现象。根据场地岩、土样剪切波速测量结果，地表下 20 m 范围内剪切波速平均值 $v_{se}=183$ m/s，判定拟建场区建筑场地类别为中软场地土，建筑场地类别为Ⅱ类，又据《建筑抗震设计规范》（GB 50011—2010），场地抗震设防烈度为 7 度，设计基本地震加速度值为 $0.10g$。设计地震分组为第一组，设计特征周期为 0.35 s。

(3) 地层分布

据钻探显示，场地的地层自上而下分为 6 层（参见图 9-17、图 9-18 及表 9-11）：

①人工填土层（Q^{ml}）　灰色、黄色，湿。主要由粉黏粒及砂土组成，未经压实，松散；仅局部地段（2 个钻孔揭露）分布，平均厚度 1.35 m。

②耕植土（Q^{pd}）　以灰黑色为主，黏性土，松散~可塑状态，含植物根茎或腐殖质，局部地段厚度小于 50 cm 未单独划分，厚度 0.50～1.60 m，平均厚度 0.75 m。

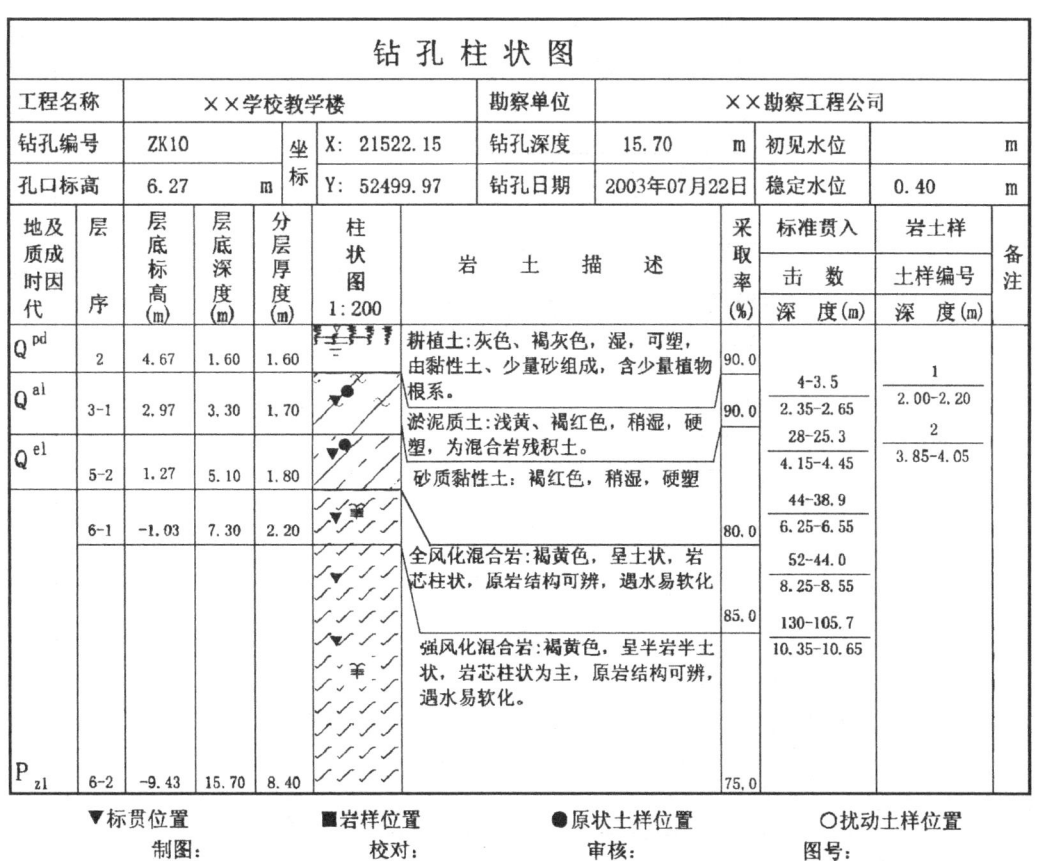

图 9-17 钻孔柱状图

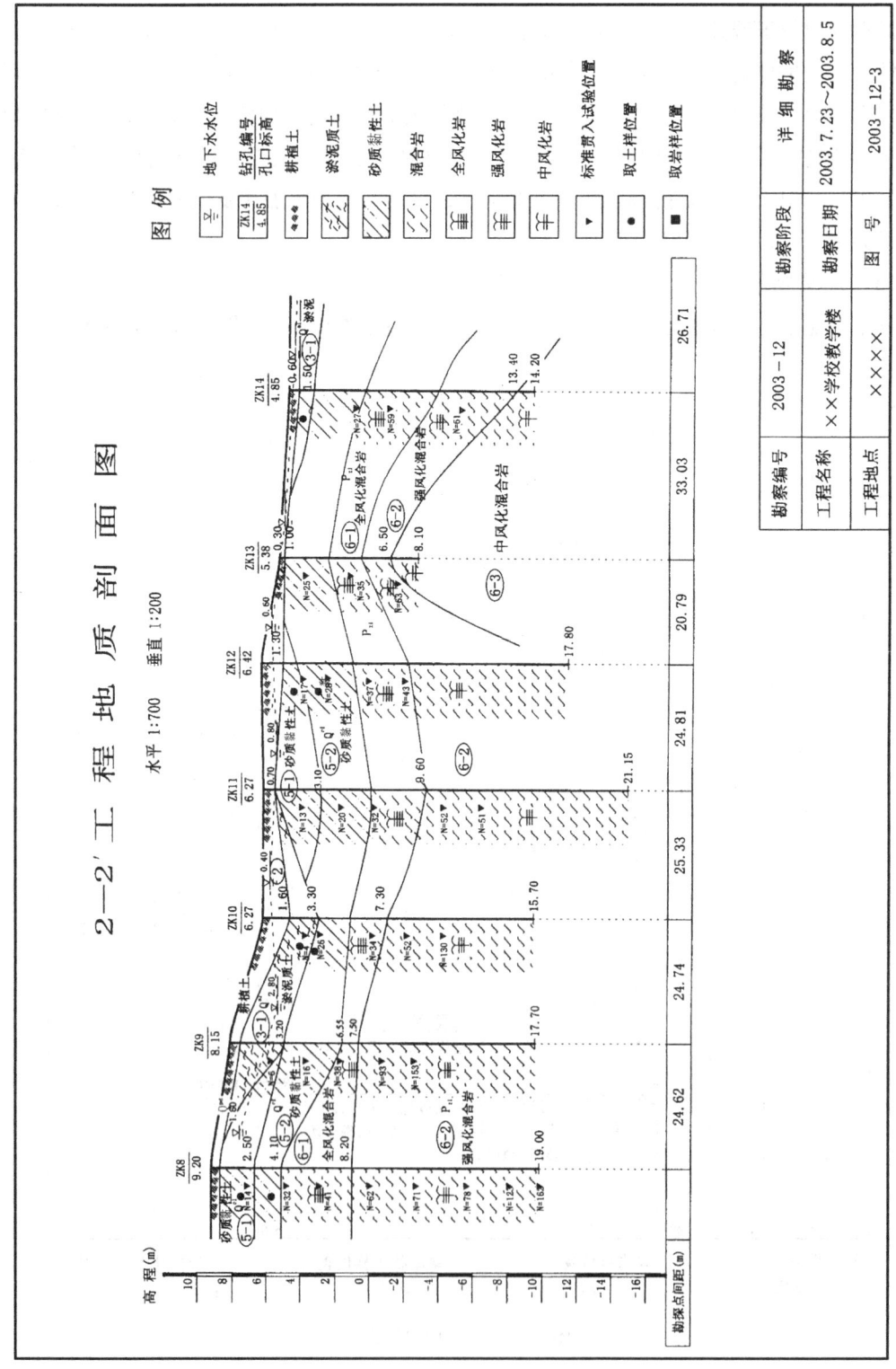

图9-18 工程地质剖面图（2—2'剖面）

表9-11 某学校教学楼地基岩土的物理力学指标统计表

层号	土的名称	天然重力密度 γ/(kN/m³)	天然含水率 ω/%	孔隙比 e	液限 ω_L/%	塑限 ω_P/%	塑性指数 I_P	液性指数 I_L	压缩系数 a_{1-2}/MPa⁻¹	压缩模量 E_s/MPa	快剪 黏聚力 c/kPa	快剪 内摩擦角 φ/(°)	单轴抗压强度 f_{rk}/MPa	地基承载力特征值 f_{ak}/kPa
3-1	淤泥质土	17.3	48.9	1.319	42.9	26.0	17.0	1.357	0.93	2.52	11.8	4.9		45
3-2	粉质黏土	18.7	32.8	0.920	41.1	24.3	16.8	0.50	0.416	4.09	32.0	12.9		180
4	粉质黏土	19.5	22.0	0.687	39.6	22.6	16.6	0.21	0.478	4.05	55.2	26.0		220
5-1	砂质黏性土（可塑）	18.9	26.0	0.792	37.7	22.8	15.0	0.43	0.468	4.39	38.6	18.8		240
5-2	砂质黏性土（硬塑）	19.1	23.3	0.735	38.5	22.9	15.4	0.26	0.384	4.76	41.8	20.8		400
6-2	强风化混合岩												12.3	
6-3	中风化混合岩												37.3	

③冲积层（Q^{al}） 又分为二个亚层。

• 3-1亚层淤泥、淤泥质土 灰色~灰黑色，饱和，流塑~软塑，主要由黏粒组成，含木屑及砂粒，场地中有9个钻孔揭露。厚度0.50~1.90 m，平均厚度2.69 m，具高压缩性。

• 3-2亚层粉质黏土 棕黄色，湿，可塑，底部夹较多石英砂粒，黏性差，局部分布，场地有4个钻孔揭露。厚度0.50~5.60 m，平均厚度2.80 m。压缩系数 $a = 0.416$ MPa⁻¹，具中等压缩性。地基承载力特征值 $f_{ak} = 180$ kPa，桩侧土极限侧阻力特征值 $q_{sik} = 60$ kPa。

④坡积层（Q^{dl}）粉质黏土 褐黄、棕红色，较湿，可塑~硬塑，硬塑为主。仅局部揭露（2个钻孔），厚度6.90~7.00 m，平均厚度为6.95 m。

⑤残积层（Q^{el}） 场地内残积层由砂质黏性土及黏性土组成。按其塑性状态可划分为两个亚层：

• 5-1层砂质黏性土（可塑） 褐黄色，湿，可塑。该层在场地局部分布（有12个钻孔揭露），厚度1.05~6.60 m，平均厚度2.80 m。压缩系数 $a = 0.468$ MPa⁻¹，具中等压缩性。地基承载力特征值 $f_{ak} = 240$ kPa，桩侧土极限侧阻力特征值 $q_{sik} = 75$ kPa。

• 5-2层砂质黏性土（硬塑） 褐红色，稍湿，硬塑。该层在场地普遍分布，厚度0.50~7.40 m，平均厚度3.10 m，层面埋深0~7.60 m。压缩系数 $a = 0.384$ MPa⁻¹，具中等压缩性。地基承载力特征值 $f_{ak} = 400$ kPa，桩侧土极限侧阻力特征值 $q_{sik} = 90$ kPa，桩端土极限端阻力特征值 $q_{pk} = 4000$ kPa。

⑥基岩层 分为三个亚层。

• 6-1层全风化混合岩 与上覆残积土呈渐变过渡，褐红色、褐黄色，风化剧烈，长石已全风化为高岭土，呈坚硬状，但结构尚可辨认，质软，遇水易软化、崩解。钻孔揭露厚度 0.50～7.60 m，平均厚度为 3.30 m。层面埋深为 0.50～11.80 m。

• 6-2 层强风化混合岩　褐红色为主，带内岩石风化强烈，呈半岩半土状，但结构清晰可辨，遇水易软化、崩解。钻孔揭露厚度 1.10～12.40 m，平均厚度 7.95 m。层面埋深 1.90～19.60 m。岩样单轴抗压强度标准值 f_{rk} = 12.3 MPa。

• 6-3 层中风化混合岩　灰白色，岩石较完整、呈块状，局部钻孔揭露，钻孔揭露厚度 0.30～4.80 m，层面埋深 6.5～29.40 m。岩样单轴抗压强度标准值 f_{rk} = 37.3 MPa。

(4) 地下水情况

场地地下水位随地形起伏面变化，并受季节性的影响，勘察施工期测得地下水位埋深为 0.1～1.7 m。本场区地下水主要为潜水和基岩裂隙水，潜水水量较小，基岩裂隙的水量大小受风化裂隙、构造裂隙发育程度控制，水量一般也较小。经水质分析，本场区地下水对钢筋混凝土不具有腐蚀性。

(5) 岩土工程评价

①本场地地层建筑条件评价如下：

• 层素填土　结构松散，厚度小，仅局部分布不宜做建筑物的地基持力层。

• 层耕植土　呈松软～可塑状态，平均厚度约 0.75 m，强度低，且含植物根茎或腐殖质，不宜做区内建筑物的地基持力层。

• 3-1 层冲积层淤泥、淤泥质土　属高压缩性、低强度的软弱土，工程地质条件较差，不宜作为拟建建筑物的天然地基持力层；

• 3-2 层冲积层粉质黏土　为中等压缩性土，仅局部分布于丘间凹地，其厚度不一，不宜做建筑物的天然地基持力层。

• 4 层坡积粉质黏土　为中等压缩性土，一般分布于残丘的前缘坡积地带，沿坡面直接出露，具有一定的力学强度，但仅局部分布，不考虑其作为区内建筑物的天然地基浅基础持力层。

• 5-1 层可塑砂质黏性土或黏性土　为中等压缩性土，厚度 1.05～6.60 m，一般以残丘岗地带埋深较浅，而丘间凹地带埋深较大，可考虑作区内建筑物的天然地基浅基础持力层。

• 5-2 层硬塑砂质黏性土或黏性土　为中等压缩性土，厚度 0.50～7.40 m。顶面埋深 0.00～7.60 m，分布较均匀，故在丘岗地带可以其作区内建筑物天然地基浅基础持力层。

• 6-1 层全风化、6-2 层强风化混合岩　强度较高，在其埋深较浅的场地可作建筑物天然地基持力层，而在其埋深较大的地段，则可作建筑物的桩基持力层。

• 6-3 层中风化混合岩　揭露顶面埋深 6.5～29.4 m，其基本质量等级为Ⅳ级，对本区建筑物而言，埋深较大，不考虑其作建筑物持力层。

②对本教学楼工程，因可塑～硬塑地层分布广，埋深较浅，建议采用天然地基浅基础方案，以可塑～硬塑砂质黏性土地层为持力层。但由于建筑物的地面标高相差较大，设计与施工时应做好护坡处理。

9.3.3 工程地质勘察报告阅读和应用

阅读工程地质勘察报告的目的在于掌握场地的工程地质条件，以便正确地加以利用。因此，必须重视勘察报告书的阅读和使用。阅读的步骤和注意事项如下：

①全面阅读勘察报告书的内容，了解勘察结论和计算指标的可靠程度，判断报告书中的建议对该工程的适用性；

②根据工程特点和要求，核对钻孔布置、钻探深度、取样数量等是否符合有关规范的要求，如发现有问题应及时找勘察单位解决；

③复核土工试验是否合理，地基基础设计和施工所需要的参数是否齐全，是否能满足工程设计和施工的要求；

④核对地下水的埋藏条件、水质、水位及地下水位的变化规律；

⑤认真分析和研究勘察报告书的结论与建议，结合工程的具体情况，判断其合理性、适用性，并提出地基基础设计与施工的最佳方案的建议。

思 考 题

1. 简述工程地质勘察的意义和方法，并说明工程地质勘察各阶段及其主要任务。
2. 简述岩土工程勘察等级及划分依据。
4. 简述工程地质测绘的内容和方法及技术。
5. 简述勘探类型及适用条件。
6. 简述土样质量等级划分及试验要求。
7. 常用的原位测试方法各适用于什么范围？主要有哪些应用？
8. 载荷试验的试验要点及资料整理有哪些？
9. 试述静力触探的试验要点及技术要求和成果应用。
10. 动力触探的类型和适用范围有哪些？各类触探试验的试验要点有何不同？
11. 简述十字板剪切试验原理。
12. 工程地质勘察报告中应包括哪些主要内容、附图件和附表？可以从中获得哪些岩土技术参数？

第10章 土木工程地质勘察

工程地质勘察的主要目的是查明拟建场地（区域）的工程地质条件，分析存在的工程地质问题，作出工程地质评价，为工程规划、设计和施工提供所需要的地质资料和设计参数。由于不同类型工程需要的工程地质条件和存在的工程地质问题不尽相同，因此工程勘察的内容和技术要求亦存在着差异。我国各行业根据各类工程的特点和要求，划分了设计阶段和相应的工程地质勘察阶段，并颁布了各行业的工程地质勘察规范（规程），它们是开展土木工程地质勘察的重要依据。本章主要介绍房屋建筑工程、道路与桥梁工程、地下工程、水利水电建筑工程的主要工程地质问题和工程地质勘察要点。

10.1 房屋建筑工程地质勘察

房屋建筑包括工业建筑和民用建筑。工业建筑是指供人们从事各类生产活动的建筑物和构筑物，主要包括通用工业厂房和特殊工业厂房。工业建筑通常由生产工艺决定着厂房的结构形式和平面布置，一般跨度大、结构复杂、边墙高、荷载大，基础埋置较深。民用建筑，即非生产性建筑，指供人们居住和进行公共活动的建筑的总称，按其用途可分为住宅建筑和公共事业建筑，其特点是跨度不大，结构相对简单；基础的荷载量较小，以静荷载为主，很少考虑动荷载和偏心荷载。随着土地资源的日益短缺，高层建筑越来越多，其特点是建筑物高度大、层数多、重心高、荷载大，高层建筑结构要抵抗竖向和水平荷载，若位于地震区，还要抵抗地震作用，因此，基础埋置深，地基的承载力要求大。此外，高层建筑不允许地基产生太大的沉降和不均匀沉降，并对倾斜和沉降速率均有严格的要求。

10.1.1 主要工程地质问题

房屋建筑的主要工程地质问题有：区域稳定性问题、地基稳定性问题、边坡稳定性问题、地下水及土的侵蚀性问题、建筑物合理配置问题、基坑稳定性与渗流变形问题等。

1. 区域稳定性问题

区域地壳的稳定性直接影响着城市建设的安全和经济的发展，在城市建设中必须首先考虑区域的稳定性问题。其主要影响因素是地震活动和新构造运动，是工程论证与场址选址阶段首先考虑的问题。在强震区兴建工业与民用建筑时，应高度重视对场地地震效应的分析与评价。

2. 地基稳定性问题

研究地基稳定性是房屋建筑工程地质勘察中的最主要任务。地基稳定性包括地基强度和变形两部分。若建筑物荷载过大，作用基底压力超过地基承载力，地基将产生剪切破坏，地基的变形破坏将会使得建筑物出现裂隙、倾斜甚至发生倒塌。为了保证建筑物的安全稳定、经济合理和正常使用，需确定合理的地基承载力特征值和变形允许值，使地基基础设计同时满足地基的强度要求、变形要求和稳定性要求。

3. 边坡稳定性问题

在边坡地区兴建建筑物时，建筑物给斜坡施加了外荷载，这打破了斜坡体原有的应力平衡状态，增加了斜坡的不稳定因素，有可能导致斜坡的变形破坏，甚至产生滑坡。边坡的变形和破坏将危及斜坡上及其附近建筑物的安全。因此，必须对边坡的稳定性进行评价，对不稳定边坡提出相应的防治或加固措施。

4. 地下水及土的侵（腐）蚀性问题

混凝土是房屋建筑与构筑物的建筑材料，当混凝土基础埋置于地下水位以下时，必须考虑地下水对混凝土的侵蚀性问题。大多数地下水不具有侵蚀性，只有当地下水中某些化学成分（HCO_3^-、SO_4^{2-}、Cl^-、侵蚀性 CO_2 等）含量过高时会使地下混凝土结构、钢结构产生腐蚀。在工程地质勘察时，必须根据工程要求进行地下水水质分析和土腐蚀性评价，并提出防治措施。

5. 建筑物合理配置问题

大型的工业建筑往往是由工业主厂房、车间、办公大楼、附属建筑及宿舍构成的建筑群。由于各建筑物的用途和工艺要求不同，它们的结构、规模和对地基的要求不一样，因此，需要对各种建筑物进行合理的配置。在满足建筑物生产工艺流程设计要求时，工程地质条件是建筑物配置的主要决定因素。在综合考虑建筑物的使用功能要求、施工技术和工程地质条件的基础上，选择较优的基础持力层、基础砌置深度、合适的基础类型，为各建筑物的配置提供可靠的地质依据。

6. 基坑稳定性与渗流变形问题

修建房屋建筑时，一般都需要进行基坑开挖工作，尤其是高层建筑设置地下室时，基坑开挖的深度更大。在基坑开挖过程中，地基的施工条件不仅会影响施工工期和建筑物的造价，而且影响基础类型的选择。基坑开挖时，首先要选择开挖形式和支护结构，能否放坡，是否需要支护；若采取支护措施，采用何种支护方式较合适等问题。坑底以下有无承压水存在，能否造成基坑底板隆起或基坑突涌等问题；若基坑开挖到地下水位以下时，会遇到基坑涌水、出现流砂、流土等现象，这时需要采取相应的防治措施。

影响地基施工条件的主要因素有土体结构特征，土的种类及其特性，水文地质条件，基坑开挖深度、挖掘方法、施工速度以及坑边荷载情况等。

10.1.2 房屋建筑工程的勘察

房屋建筑和构筑物（以下简称建筑物）的岩土工程勘察，应在搜集建筑物上部荷载、功能特点、结构类型、基础型式、埋置深度和变形限制等方面资料的基础上进行。查明场地和地基的稳定性、地层结构、持力层和下卧层的工程特性、土的应力历史和地下水条件以及不良地质作用等；提供满足设计施工所需的岩土参数，确定地基承载力，预测地基变形性状；提出地基基础、基坑支护、工程降水和地基处理设计与施工方案的建议；提出对建筑物有影响的不良地质作用的防治方案建议；对于抗震设防烈度等于或大于 6 度的场地，进行场地与地基的地震效应评价。建筑物的岩土工程勘察宜分阶段进行，大型重要型房屋建筑工程勘察划分为四个阶段，下面介绍各阶段的勘察要点。

1. 可行性研究勘察阶段

可行性研究勘察阶段应对拟建场地的稳定性以及对拟建建筑物（构筑物）是否适合作出评价。具体应进行下列工作：

①收集区域地质、地形地貌、地震、矿产、当地工程地质、岩土工程和建筑经验等资料。

②在收集和分析已有技术资料的基础上，通过踏勘，了解场地的地层、构造、岩石和土的性质、不良地质现象及地下水等工程地质条件。

③当拟建场地工程地质条件复杂、已有资料不能满足时，应根据具体情况进行工程地质测绘和必要的勘探工作。

④当具有两个或两个以上拟选场地时，应进行对比分析选择。

2. 初步勘察阶段

该阶段应对拟建建筑地段的稳定性作出评价，该阶段主要勘察工作如下：

①收集拟建工程的有关文件、工程地质和岩土工程资料以及工程场地范围的地形图。

②初步查明地质构造、地层结构、岩土工程特性、地下水埋藏条件。

③查明场地不良地质作用的成因、分布、规模、发展趋势，并应对场地的稳定性作出评价。

④对于抗震设防烈度等于或大于 6 度的场地，对场地与地基的地震效应作出初步评价。

⑤季节性冻土地区，应调查场地土的标准冻结深度。

⑥初步判定水和土对建筑材料的腐蚀性。

⑦在高层建筑初步勘察时，应对可能采取的地基基础类型、基坑开挖与支护方式、工程降水方案进行初步分析评价。

初步勘察应在收集已有资料的基础上，根据需要进行工程地质测绘或调查、勘探、测试和物探工作。其中初步勘察的勘探工作应符合如下要求：

①勘探线应垂直于地貌单元、地层界线布置。

②每个地貌单元均应布置勘探点，在地貌单元交接部位和地层变化较大的地段，勘探点应当加密。

③在地形平坦地区，可按网格布置勘探点。

④对岩质地基，勘探线和勘探点布置及勘探孔的深度，应根据地质构造、岩体特性、风化情况，按当地标准或当地经验确定。

⑤对土质地基，勘探线、勘探点的间距可按表 10 - 1 确定。

表 10 - 1 初步勘察勘探线、勘探点的间距（房屋建筑）

地基复杂程度等级	勘探线间距/m	勘探点间距/m
一级（复杂）	50～100	30～50
二级（中等复杂）	75～150	40～100
三级（简单）	150～300	75～200

注：①表中间距不适合于地球物理勘探；

②控制性勘探点宜占勘探点总数的 1/5～1/3，且每个地貌单元均应有控制性勘探点；

③初步勘察的勘探孔深度可按表 10 - 2 确定，在具体的工程勘察当中，勘探深度尚可以根据实际情况进行调整。

表10-2 初步勘察勘探孔深度（房屋建筑）

工程重要性等级	一般勘探孔深度/m	控制性勘探孔深度/m
一级（重要工程）	≥15	≥30
二级（一般工程）	10～15	15～30
三级（次要工程）	6～10	10～20

注：①勘探孔包括钻孔、探井和原位测试孔等；
②特殊用途的钻孔除外。

⑥对土质地基的初步勘探，采取土试样和进行原位测试应符合下列要求：

a. 采取土试样和进行原位测试的勘探点应结合地貌单元、土层结构和土的工程性质布置，其数量可占勘探点总数的1/4～1/2。

b. 采取土试样的数量和孔内原位测试的竖向间距，应按地层特点和土的均匀程度确定；每层土均应采取土试样或进行原位测试，其数量不宜少于6个。

⑦对土质地基初步勘探，应进行下列水文地质工作：

a. 调查含水层的埋藏条件、地下水类型、补给排泄条件、各层地下水位，调查其变化幅度，必要时应设置长期观测孔，监测水位变化。

b. 当需绘制地下水等水位线图时，应根据地下水的埋藏条件和层位，统一量测地下水位。

c. 当地下水可能浸湿基础时，应采取水试样进行腐蚀性评价。

3．详细勘察阶段

（1）详细勘察的主要任务

本阶段应按单体建筑物或建筑群提出详细的岩土工程资料和设计、施工所需的岩土参数；对建筑地基作出岩土工程评价，并对地基类型、基础型式、地基处理、基坑支护、工程降水和不良地质作用的防治等提出建议。主要应进行下列工作：

①搜集附有坐标和地形的建筑总平面图，场区的地面整平标高，建筑物的性质、规模、荷载、结构特点、基础形式、埋置深度、地基允许变形等资料。

②查明不良地质作用的类型、成因、分布范围、发展趋势和危害程度，提出整治方案的建议。

③查明建筑范围内岩土层的类型、深度、分布、工程特性，分析和评价地基的稳定性、均匀性和承载力。

④对需进行沉降计算的建筑物，提供地基变形计算参数，预测建筑物的变形特征。

⑤查明埋藏的河道、沟渠、墓穴、防空洞、孤石等对工程不利的埋藏物。

⑥查明地下水的埋藏条件，提供地下水位及其变化幅度。

⑦在季节性冻土地区，提供场地土的标准冻结深度。

⑧判定水和土对建筑材料的腐蚀性。

⑨对抗震设防烈度等于或大于6度的场地，勘察工作应进行场地和地基地震效应的岩土工程勘察，并应符合相关规范的要求；当建筑物采用桩基础时，应符合桩基工程勘察的有关内容要求；当需要进行基坑开挖、支护和降水设计时，也应符合基坑工程勘察的有关内容要求。

⑩详细勘察应论证地下水在建筑施工和使用期间可能产生的变化及其对工程和环境的影响。对情况复杂的重要工程，需论证使用期间地下水的变化，如提出抗浮防设水位时，应进行专门研究。

(2) 详细勘察的工作要求

详细勘察的勘探点布置和勘探孔深度，应根据建筑物特性和岩土工程条件确定。

①勘察点间距

对岩质地基，应根据地质构造、岩体特性、风化程度等情况，结合建筑物对地基的要求，按地方标准或当地经验确定。详细勘察勘探点的间距可按表10-3确定。

表10-3 详细勘察勘探点的间距（房屋建筑） 单位：m

地基复杂程度等级	勘探点间距	地基复杂程度等级	勘探点间距
一级（复杂）	10～15	三级（简单）	30～50
二级（中等复杂）	15～30		

②勘察点布置

详细勘察的勘探点布置应根据建筑物特性和岩土工程条件确定，符合下列要求：

a. 勘探点宜按建筑物周边线和角点布置，对无特殊要求的其他建筑物可按建筑物或建筑群的范围布置；

b. 同一建筑范围内的主要受力层或有影响的下卧层起伏较大时，应加密勘探点，查明其变化；

c. 重大设备基础应单独布置勘探点，重大的动力机器基础和高耸构筑物，勘探点不宜少于3个；

d. 勘探手段宜采用钻探与触探相配合，在复杂地质条件、湿陷性土、膨胀岩土、风化岩和残积土地区、宜布置适量探井。

③勘察深度

详细勘察的勘探深度自基础底面算起，应符合下列规定：

a. 勘探孔深度应能控制地基主要受力层，当基础底面宽度不大于5m时，勘探孔的深度对条形基础不应小于基础底面宽度的3倍，对单独柱基不应小于1.5倍，且不应小于5m；

b. 对高层建筑和需作变形计算的地基，控制性勘探孔的深度应超过地基变形计算深度；高层建筑的一般性勘探孔应达到基底下0.5～1.0倍的基础宽度，并深入稳定分布的地层；

c. 对仅有地下室的建筑或高层建筑的裙房，当不能满足抗浮设计要求，需设置抗浮桩或锚杆时，勘探孔深度应满足抗拔承载力评价的要求；

d. 当有大面积地面堆载或软弱下卧层时，应适当加深控制性勘探孔的深度；

e. 在上述规定深度内当遇基岩或厚层碎石土等稳定地层时，勘探孔深度应根据情况进行调整。

综上所述，可行性研究勘察应符合选择场址方案的要求；初步勘察应符合初步设计的要求；详细勘察应符合施工图设计的要求；场地条件复杂或有特殊要求的工程，宜进行施工勘察。

场地较小且无特殊要求的工程可合并勘察阶段。当建筑物平面布置已经确定，且场地或其附近已有岩土工程资料时，可根据实际情况，直接进行详细勘察。

10.2 道路与桥梁工程地质勘察

道路与桥梁工程在我国的政治、经济、国防上发挥着巨大作用。道路是陆地交通运输的干线，由公路和铁路共同组成运输网络；它一般由路基、路面、桥隧工程、防护建（构）筑物和交通工程设施等几大部分组成。

（1）路基工程：路基既是路线的主体，又是路面的基础并与路面共同承受车辆荷载，包括路堤和路堑。

（2）路面工程：为适应行车作用和自然因素的影响，在路基上行车道范围内，用各种筑路材料修筑多层次的坚固、稳定、平整和一定粗糙度的路面。

（3）道路排水工程：水的作用是道路病害和冲毁的主因。水根据来源不同分为地表水和地下水。地面排水设施一般有边沟、截水沟、排水沟、跌水、急流槽、倒虹吸管和渡槽等。地下水排除一般以导流为主，主要设施有暗沟、渗井、渗沟。

（4）桥隧工程：如桥梁、隧道、涵洞等，它们是为了使线路跨越河流、深谷、不良地质现象和水文地质地段，穿越高山峻岭，或使线路从河、湖、海底下通过。随着道路地质复杂程度的增加，桥梁的数量与规模在道路中的比重越来越大，它是道路选线时的重要因素之一。

（5）防护建（构）筑物：如明洞、挡土墙、护坡、排水盲沟等。

作为既是线型建筑物，又是表层建筑物的道路与桥梁，往往要穿过许多地质条件复杂的地区和不同的地貌单元，使道路的路基条件复杂化。本节主要讨论道路与桥梁工程中的主要工程地质问题和勘察要点。

10.2.1 道路工程

公路与铁路在结构上虽各有其特点，但两者却有许多相似之处：

①它们都是线型工程，往往要穿过许多地质条件复杂的地区和不同地貌单元，使道路的结构复杂化。

②在山区线路中，崩塌、滑坡、泥石流等不良地质现象都是道路的主要威胁，而地形条件又是制约线路的纵向坡度和曲率半径的重要因素。

③两种线路的结构都是由三类建筑物所组成：第一类为路基工程，它是线路的主体建筑物（包括路堤和路堑）；第二类为桥隧工程（如桥梁、隧道、涵洞等），它们是为了使线路跨越河流、深谷、不良的地质和水文地质条件地段，穿越高山峻岭或使线路从河、湖、海底以下通过等；第三类是防护建筑物（如明洞、挡土墙、护坡、排水盲沟等）。

公路与铁路的工程地质问题大体相似，但铁路比公路对地质和地形的要求更高。高等级公路比一般公路对地质条件的要求高。

1. 路线选择工程地质论证

在路线选择中，工程地质工作的任务是查明各线路方案沿线的工程地质条件，在满足设计要求的前提下,经过技术与经济比较,选出最优方案。下面分山岭区与平原区两种情况进行介绍。

(1) 山岭区路线选择工程地质论证

①沿河线

沿河线优点是坡度相对较缓,挖方少,施工方便;在路线标准、使用质量、工程造价等方面往往优于其他线型,因此它是山区选线优先考虑的方案。但在深切的峡谷区,如两岸张裂隙发育,高陡的山坡处于极限平衡状态时,采用沿河线则应慎重考虑。

沿河线路线布局的主要问题是:路线选择走河流的哪一岸,路线放在什么高度,在什么地点跨河。

②越岭线

横越山岭的路线,优点是可以通过巨大山脉,缩短距离,但山形崎岖,不良地质现象发育。越岭线通常是最困难的,一上一下需要克服很大的落差,常有较多的展线。越岭线布局的主要问题是:垭口选择,过岭标高选择,展线山坡选择。这三者是相互联系、相互影响的,不能孤立地考虑,而应当综合考虑。越岭方案可分路堑与隧道两种。

选择哪种方案过岭,应结合山岭的地形、地质和气候条件考虑。

③山坡线

山坡线优点是可以任意选择线路坡度,路基多采用半填半挖;但线路曲折,土石方量大,桥隧工程多。评价山坡的展线条件,主要看山坡的坡度、断面形式和地质构造,山坡的切割情况,以及有无不良地质现象等。坡度平缓而又少切割的山坡有利于展线。陡峻的山坡、被深沟峡谷切割的山坡,对展线是不利的。

④山脊线

山脊线优点是地形平坦,挖方量少,桥隧工程量少;但山脊宽度小,不便施工。

⑤跨谷线

跨谷线可有效缩短距离和降低坡度,但需要造桥,工程量大,费用高。

(2) 选线实例

如图 8-21 所示,A 与 B 两地间共有 4 种选线方案。方案 1 需修两座桥和一座长隧道,施工难度大、费用高。方案 2 西段为不良地质现象发育地区,整治费用高,尚需修一座桥。方案 3 需要修两座桥,造桥费用高,不经济。方案 4,则在西段的河流弯曲地段距离最近处,裁弯取直使河道改道,改用路堤通过,可免建两座桥梁;东段连接方案 2 的沿河线路。综合分析,方案 4 路线虽稍长,但工程地质条件好,施工方便,故为最优方案。

(3) 平原区路线选择工程地质论证

地面水特征是平原区路线首先应考虑的因素。尤其是在排水不畅的河网汇集的平原区、大河河口地区,应特别注意。为避免水淹、水浸,应尽可能选择在地势较高处布线,并注意保证必要的路基高度。

地下水特征也是应该仔细考虑的另一重要因素。在凹陷平原、沿海平原、河网湖区等地区,地势低平,地下水位高,为保证路基稳定,应尽可能选择在地势较高、地下水位较深处布线。应该注意地下水位变化的幅度和规律。如灌区主要受灌溉水的影响,水位变化频繁,升降幅度大;又如多雨的平原区,主要受降水的影响,大量的降水不仅使地下水位升高，而且会形成广泛的上层滞水。

在北方冰冻地区，为防治冻胀与翻浆，更应注意选择地面水排泄条件较好、地下水位较深、土质条件较好的地带通过，并保证规范规定的路基最小高度。在有风沙流、风吹雪的地区，要注意路线走向与风向的关系，确定适宜的路基高度，选择适宜的路基横断面，以避免或减轻道路的沙埋、雪阻灾害。

在大河河口、河网湖区、沿海平原、凹陷平原等地区，常常会遇到淤泥、泥炭等软弱地基的问题，勘测时应予以注意。在广阔的大平原内，砂、石等筑路材料往往是很缺乏的，应借助地形图、地质图认真寻找。

2. 道路工程主要工程地质问题

（1）路基边坡稳定性问题

路基边坡包括天然边坡、傍山路线的半填半挖路基边坡以及深路堑的人工边坡等。具有一定的坡度和高度的边坡，在重力作用、河流冲刷等因素影响下，会发生不同形式的变形破坏。其破坏形式主要表现为滑坡、崩塌和错落。

一方面，由于开挖路堑形成的人工边坡，加大了边坡的坡度和高度，使边坡的边界条件发生变化，破坏了自然边坡原有应力状态，进一步影响边坡岩土体的稳定性，引起滑坡。另一方面路堑边坡在一定条件下，还能引起古滑坡复活。由于古滑坡发生时间长，在各种外营力的长期作用下，其外表形迹早已被改造成平缓的边坡地形，很难被发现。若不注意观测，当施工开挖形成滑动的临空面时，就可能造成边坡失稳。

（2）路基基底变形和稳定性问题

路基基底稳定性多发生于填方路堤地段，其主要表现形式为滑移、挤出和塌陷。一般路堤和高填路堤对路基基底的要求是：要有足够的承载力，不仅承受列车在运营中产生的动荷载，而且还承受很大的填土压力。因此，基底土的变形性质和变形量的大小主要取决于基底土的力学性质、基底面的倾斜程度、软层或软弱结构面的性质与产状等。此外，水文地质条件也是促进基底不稳定的因素，它往往使基底产生巨大的塑性变形而造成路基的破坏。如路基底下有软弱的泥质夹层，当其倾向与坡向一致时，若在其下方开挖取土或在上方填土加重，都会引起路堤整体滑移；当高填路堤通过河漫滩或阶地时，若基底下分布有饱水厚层淤泥，在高填路堤的压力下，往往使基底产生挤出变形；也有的由于基底下岩溶洞穴的塌陷而引起路堤严重变形破坏。

（3）道路冻害问题

道路冻害包括冬季路基土体因冻结作用而引起路面冻胀和春季因融化作用而使路基翻浆，引起路基产生变形破坏。显著的不均匀冻胀和路基土强度的变化，将危害道路的安全和正常使用。

公路的冻害具有季节性，冬季在低气温长期作用下，土中水分重新分布，形成平行于冻结界面的多个冻层，局部尚有冻透镜体，因而使土体积增大（约9%）而产生路基隆起现象；春季地表面冰层融化较早，而下层尚未解冻，融化层的水分难以下渗，致使上层土的含水量增大而软化，在外荷载作用下，路基出现翻浆现象。

(4) 建筑材料问题

路基工程需要的天然建筑材料不仅种类较多，而且数量较大。建筑材料品质的好坏和运输距离的远近，直接影响工程的质量和造价，有时还会影响路线的布局。

10.2.2 道路工程地质勘察要点

道路工程地质勘察服务于工程设计，勘察阶段的划分与其工程设计阶段是相对应的，可分为预可行性研究勘察阶段（简称预可勘察）、工程可行性研究勘察阶段（简称工可勘察）、初步设计勘察阶段、详细勘察阶段。

1. 预可勘察

预可勘察应了解公路建设项目所处区域的工程地质条件及存在的工程地质问题，为编制预可阶段勘察报告提供工程地质资料。预可勘察应充分收集区域地质、地震、气象、水文、采矿、灾害防治与评估等资料，采用资料分析、遥感工程地质解译、现场踏勘调查等方法，对各路线走廊带或通道的工程地质条件进行研究，完成下列各项工作内容：

①了解各路线走廊带或通道的地形地貌、地层岩性、地质构造、水文地质条件、地震动参数，不良地质和特殊性岩土的类型、分布范围、发育规律。

②了解当地建筑材料的分布状况和采购运输条件。

③评估各路线走廊带或通道的工程地质条件及主要工程地质问题。

2. 工可勘察

本阶段勘察要点主要以资料收集和工程地质调绘为主，辅以必要的勘探手段，对项目建设各工程方案的工程地质条件进行研究，完成下列主要工作：

①初步查明各路线走廊或通道的地形地貌、地层岩性、地质构造、水文地质条件、地震动参数，不良地质和特殊性岩土的类型、分布及发育规律。

②初步查明沿线水库、矿区的分布情况及其与路线的关系。

③初步查明控制路线及工程方案的不良地质和特殊性岩土的类型、性质、分布范围及发育规律。

④初步查明技术复杂的大桥桥位的地层岩性、地质构造、河床及岸坡的稳定性，不良地质和特殊性岩土的类型、性质、分布范围及发育规律。

⑤初步查明长隧道及特长隧道隧址的地层岩性、地质构造、水文地质条件、隧道围岩分级、进出口地带斜坡的稳定性，不良地质和特殊性岩土的类型、性质、分布范围及发育规律。

⑥对控制路线方案的越岭地段、区域性断裂通过的峡谷、区域性储水构造，初步查明其地层岩性、地质构造、水文地质条件，以及潜在不良地质的类型、规模、发育条件。

⑦初步查明筑路材料的分布、开采、运输条件以及工程用水的水质、水源情况，分析存在的工程地质问题。

3. 初步设计勘察

初步勘察应基本查明公路沿线及各类构筑物建设场地的工程地质条件，为工程方案比选及初步设计文件编制提供工程地质资料。初步勘察应与路线和各类构筑物的方案设计相结合，根据现场地形地质条件，采用遥感解译、工程地质调绘、钻探、物探、原位测试等手段相结合的综合勘察方法，对路线及各类构筑物工程建设场地的工程地质条件进行勘察。初步设计勘察阶段可分为路线初勘与路基初勘。

(1) 路线初勘

路线初勘应以工程地质调绘为主，勘探测试为辅，基本查明下列内容：

①应重点查明与选择路线方案和确定路线走向有关的地形地貌、地层岩性、地质构造、水文地质条件。

②不良地质和特殊性岩土的成因、类型、性质和分布范围。

③区域性断裂、活动性断层、区域性储水构造、水库及河流等地表水体、可供开采和利用的矿体的发育情况。

④斜坡或挖方路段的地质结构，有无控制边坡稳定的外倾结构面，工程项目实施有无诱发或加剧不良地质的可能性。

⑤陡坡路堤、高填路段的地质结构，有无影响基底稳定的软弱地层。

⑥大桥及特大桥、长隧道及特长隧道等控制性工程通过地段的工程地质条件和主要工程地质问题。

(2) 路基初勘

对于一般路基，应查明与地基稳定和边坡稳定及设计有关的地质条件。包括地形地貌的成因、类型、分布、形态特征和地表植被情况；地层岩性、地质构造、岩石的风化程度，边坡的岩体类型和结构类型；层理、节理、断裂、软弱夹层等结构面的产状、规模、倾向路基的情况；覆盖层的厚度、土质类型、密实度、含水状态和物理力学性质；不良地质和特殊性岩土的分布范围、性质；地下水和地表水发育情况及腐蚀性。

对于高路堤，重点调查高填路段的地貌类型、地形的起伏变化情况及横向坡度，地基的土层结构、厚度、状态、密实度及软弱地层的发育情况，基岩的埋深和起伏变化情况，岩层产状、岩石的风化程度和岩体的节理发育程度，地基岩土的物理力学性质和地基承载力，地表水的类型、埋深、分布和水质，基底的稳定性。

对于填筑在等于或陡于1:25的斜坡上及存在可能沿斜坡滑动的陡坡路堤，应查明其沿斜坡或下卧基岩面滑动的可能性，调查斜坡上覆盖土层的层位、层厚、土类，斜坡下卧基岩岩石的倾斜度、岩性、产状、风化程度，斜坡地表水和地下水的情况，确定岩土层和岩土界面的抗滑、抗剪强度指标。

4. 详细勘察阶段

详细勘察应充分利用初勘取得的各项地质资料，采用以钻探、测试为主，调绘、物探、简易勘探等手段为辅的综合勘察方法，对路线及各类构筑物建设场地的工程地质条件进行勘察。查明工程地质问题发生的原因、发展趋势，以及对工程建筑的危害程度，提出处理意见；搜集因施工困难或其他特殊原因而改变设计方案或增加建筑物所需要的工程地质资料，并根据施工实际开挖情况，修改补充原有设计图件的工程地质内容；对存在疑难问题的工点做好工程地质预测，或布置长期观测等。详细勘察应查明公路沿线及各类构筑物建设场地的工程地质条件，为施工图设计提供工程地质资料（表10-4）。

表 10-4 公路工程勘察要点

工作内容		初勘内容	详勘内容
公路选线		①按不同地形、地貌条件进行工程地质选线；②按不良地质路段进行工程地质选线；③按特殊岩土进行工程地质选线	对局部方案的重点地段，新发现的不良地质条件和特殊岩土地段，增设的大型工程的场地和新增沿线筑路材料场地，进一步核实、补充和修正初勘资料，进一步查明沿线的工程地质条件
路基	一般路基	调查与地基稳定和边坡稳定及设计有关的地质问题，重点为土质路基段	按地貌特征分段，查明各段的地质结构、岩土体性质、基岩风化情况及地下水变化规律，划分土石工程等级
	高路堤	调查地层层位、层厚、土质类别，调查地下水埋深及分布，确定土的承载力、强度指标和压缩性指标。判定路堤的地基沉降和滑移稳定性	对存在的不稳定问题初拟方案。对有关地层可能滑动的岩土界面进行测试，对有关地层进行测试，特别是变形和强度指标
	陡坡路堤	调查斜坡上覆盖土层的类别和层厚，斜坡下卧基岩的倾斜度、岩性、产状、风化程度，斜坡地下水情况，确定土层和岩石界面的抗滑、抗剪指标	对已确定滑动的边坡土体和岩体的结构面进行测试，重点是抗剪、抗滑指标
	深路堑	调查边坡岩土体岩性、产状、结构面的抗滑、抗剪指标	对可能滑动的边坡土体和岩体的结构面进行测试，掌握设计所需的各种物理力学指标并进行核实
	支挡工程	构筑物下地基的物理力学指标，岩性、地质构造，探查下卧软弱层的存在及分布	对已定支挡工程位置的承重地层的岩性、地质构造和设计所需物理力学指标进行核实
	河岸防护工程	调查岸坡地层岩性、地质构造、地形、地貌、不良和特殊地质现象和发展趋势，调查河段的水文特征、冲淤变化规律	对已定的河岸防护和导流工程的地基地层岩性、地质构造和设计所需物理力学指标，进一步勘察核实
	改河（沟渠）工程	调查原河段的水流、水力特征和冲淤规律，评价改移河道地段的工程地质与水文条件	对已定工程的位置进一步核实其所涉及的开挖区段和构造物地基的地层岩性，进一步查明地质构造和水文地质条件以及地基岩土的物理力学性质指标等
小桥涵		勘察地层岩性、地质构造，重点是查明地基覆盖层厚度及承载力，基岩埋深、风化程度及承载力	对存在不良地质问题的地基地层岩性、地质构造及承载力进行补充勘探

续表 10-4

工作内容	初勘内容	详勘内容
互通式立交工程	调查工程区段内的地层岩性、地质构造、地形地貌、水文地质条件和特殊不良地质问题，确定有关地层的物理指标	对已确定的工程位置中桥梁墩台、特殊路段、不良地质路段、重点工程路段，进一步查明地层岩性、地质构造和设计所需各类岩土物理力学性质指标

10.2.3 桥梁工程地质问题

当道路跨越河流、山谷与其他交通线路交叉时，往往需要修建桥梁。桥梁、涵洞按跨径不同分为五种类型（表10-5）。

表 10-5 桥梁涵洞按跨径分类

桥涵分类	多孔跨径总长 L/m	多孔跨径 L_0/m	桥涵分类	多孔跨径总长 L/m	多孔跨径 L_0/m
特大桥	$L \geqslant 500$	$L_0 \geqslant 100$	小桥	$8 \leqslant L \leqslant 30$	$5 \leqslant L_0 \leqslant 20$
大桥	$100 \leqslant L < 500$	$40 \leqslant L_0 < 100$	涵洞	$L < 8$	$L_0 < 5$
中桥	$30 < L < 100$	$20 < L_0 < 40$			

桥梁是公路建筑工程中的重要组成部分，由正桥、引桥和导流等工程组成。正桥是主体，位于河岸桥台之间，桥墩均位于河中。引桥是连接正桥与路线的建筑物，常位于河漫滩或阶地之上，它可以是高路堤或桥梁。导流建筑物，包括护岸、护坡、导流堤和丁字坝等，是保护桥梁等各种建筑物的稳定，不受河流冲刷破坏的附属工程。桥梁按结构体系分为梁式桥、拱桥、钢架桥、悬索桥等，不同类型的桥梁对地质条件要求不同，工程地质条件是选择桥梁结构的主要依据。

桥梁工程地质勘察主要有两项内容：一是选择工程地质条件优越的桥位；二是对选定的桥位进行详细的工程地质勘察，为桥梁及其附属工程的设计和施工提供地质资料。

桥梁工程主要涉及以下三方面的工程地质问题。

1. 桥墩台地基稳定性问题

桥墩台地基稳定性主要取决于墩台地基岩土体承载力的大小。它对选择桥梁的基础和确定桥梁的结构形式起决定作用。当桥梁为静定结构时，由于各桥孔是独立的，相互之间没有联系，对工程地质条件的适应范围较广。当为超静定结构的桥梁时，对各桥墩台之间的不均匀沉降特别敏感。拱桥受力时，在拱脚处产生垂直和向外的水平力，因此对拱脚处地基的地质条件要求较高。地基承载力大小取决于岩土体的力学性质及水文地质条件，应通过室内试验和原位测试综合确定。

2. 桥台的偏心受压问题

桥台除了承受垂直压力外，还承受到岸坡的侧向主动土压力作用，在有滑坡的情况下，还受到滑坡的水平推力，使桥台基底总是处在偏心荷载状态。另外，当列车在桥梁上行驶突然中断时，也会对桥墩产生偏心荷载作用，对桥墩台的稳定性影响很大，必须慎重考虑。

3. 桥墩台的冲刷问题

桥墩和桥台的修建，使原来的河槽过水断面减少，局部增大了河水流速，改变了流态，对桥基产生强烈冲刷，威胁桥墩台的安全。因此，桥墩台基础的埋深，除取决于持力层的部位外还应满足：

①桥位应尽可能选在河道顺直、水流集中、河床稳定的地段，以保护桥梁在使用期间不受河流强烈冲刷而破坏或由于河流改道而失去作用。

②桥位应选择在岸坡稳定、地基条件良好、无严重不良地质现象的地段，以保证桥梁和引道的稳定，减低工程造价。

③桥位应尽可能避开顺河方向及平行桥梁轴线方向的大断裂带，尤其不可在未胶结的断裂破碎带和具有活动可能的断裂带上建桥。

10.2.4 桥梁工程地质勘察要点

1. 可研勘察

着重于对控制路线方案的大桥桥址进行工程地质勘察，查明其地形、地物、地层、岩性、构造、岸坡的稳定性，河段与河床稳定程度等情况，提出桥址选择的建议。

2. 初步勘察

本阶段着重于桥位选择的勘察，应对各桥位方案进行工程地质勘察，并对与建桥适宜性和稳定性有关的工程地质条件作出结论性评价，应查明下列内容：

①地貌的成因、类型、形态特征、河流及沟谷岸坡的稳定状况和地震动参数。
②褶皱的类型、规模、形态特征、产状及其与桥位的关系。
③断裂的类型、分布、规模、产状、活动性，破碎带宽度、物质组成及胶结程度。
④覆盖层的厚度、土质类型、分布范围、地层结构、密实度和含水状态。
⑤基岩的埋深、起伏形态，地层及其岩性组合，岩石的风化程度及节理发育程度。
⑥地基岩土的物理力学性质及承载力。
⑦特殊性岩土和不良地质的类型、分布及性质。
⑧地下水的类型、分布、水质和环境水的腐蚀性。
⑨水下地形的起伏形态、冲刷和淤积情况以及河床的稳定性。

桥位应尽量选在两岸有山嘴或高地等河岸稳固的河段，平原区河流的顺直河段，两岸便于接线的较开阔的河段，且应选在基岩和坚硬土层外露或埋藏较浅、地质条件简单的稳定地基处；桥位避免选在其上、下游有山嘴、石梁、沙洲等干扰水流畅通的地段，避免选在地面、地下已有重要设施而需要拆迁的地段；桥位不宜选在活动断层、滑坡、泥石流、岩溶以及其他不良地质发育的地段。此外，桥位选择还应考虑施工场地布置和材料运输等方面的要求。

钻孔一般布设在桥梁中心线上，为了避免钻穿具有承压水的岩层而引起基础施工困难,也可布设在墩台以外。为了解沿河床方向基岩面的倾斜情况,在桥梁的上下游可加设辅助钻孔。钻孔数量与深度参照表10-6确定。钻孔深度取决于河床地质条件、基础类型与基底埋深。河床地质条件包括:河床地层结构、基岩埋深、地基承载力、可能的冲刷深度等。基础类型要区分明挖、深井与桩基等。如遇基岩,要求钻入基岩风化层1~3m。

表10-6 初勘桥位钻孔数量与深度

桥梁按跨径分类	工程地质条件简单		工程地质条件复杂	
	孔数(个)	孔深/m	孔数(个)	孔深/m
中桥	2~3	8~20	3~4	20~35
大桥	3~5	10~35	5~7	35~50
特大桥	5~7	20~40	7~10	40~120

注:①表中所列数值是参考值,工作中应根据实际情况确定;
②河床中钻孔深度是以河床面高程控制,河岸处孔深应按地面确定;
③表中孔深:当地基承载力小时取大值,承载力大时取小值。

3. 详细勘察

本阶段桥梁工程的勘察重点是查明桥位区地层岩性、地质构造、不良地质现象的分布及工程地质特性;探明桥梁墩台地基的覆盖层及基岩风化层的厚度、岩体的风化与构造破碎程度、软弱夹层情况和地下水状态;测试岩土的物理力学性质,提供地基的基本承载力、桩侧摩阻力、钻孔桩极限摩阻力;对边坡及地基的稳定性、不良地质的危害程度和地下水对地基的影响程度作出评价;同时,结合设计要求,对沿线筑路材料场进行复查,为评价山体稳定性和基础稳定性提供翔实的资料。

钻孔一般应在基础轮廓线的周边或中心布置,当有不良地质或特殊土与基础密切相关,且又延伸至基础外围,需探明方可决定基础类型及尺寸时,可在轮廓线外围布孔。钻孔数量视工程地质条件和基础类型确定,孔深应根据不同地基和基础的深浅确定。

室内试验和原位测试工作可参照有关规范进行,需要降水时,河床表层需做渗透和涌砂试验。

10.3 地下工程地质勘察

地下工程是指建筑在地面以下及山体内部的各类建(构)筑物,如地下交通运输用的铁道和公路隧道、地下铁道等;地下工业用房的地下工厂、电站和变电所及地下矿井巷道、地下输水隧洞等;地下储存库房用的地下车库、油库、水库和物资仓库等;地下生活用房的地下商店、影院、医院、住宅等;军事工程用的地下指挥所、掩蔽部和各类军事装备库等。将这些地下建(构)筑物称为地下洞室。

由于地下工程埋藏于地下岩土体内部,它的安全、经济和正常使用都与其所处的工程地质环境密切相关。由于地下开挖破坏了岩土体的初始应力平衡条件,洞室周围的岩体内产生应力重新分布。除少数地质条件特别好的岩体外，一般围岩将受到应力重新分布的影响而产生各种形式的变形、破坏，如洞顶坍塌、底鼓、边墙片帮、开裂等；特别严重者还将影响到地表及其建筑物的稳定。由此可见，为确保地下工程的安全和正常使用必须研究由上述一系列因素所导致的工程地质问题。

10.3.1 地下工程的主要工程地质问题

地下工程常遇到的工程地质问题主要包括：山岩压力及洞室围岩的变形与破坏问题，地下水及洞室涌水问题，洞室进出口的稳定问题。前两类问题属于洞身中出现的问题。实践经验表明，上述问题的出现多与岩体稳定性有关。因此，解决这些问题的关键首先在于解决岩体稳定问题。

1. 岩体地下工程的主要工程地质问题

（1）地下洞室位置的选择

①地下洞室总体位置应选择在区域稳定性较好，地震活动相对稳定，工程场区无区域性断裂通过，第四纪以来没有明显构造活动地段。

②建洞山体应选择山形完整，冲沟、滑坡、崩塌不发育，山体高度或土层厚度能满足工程需要的地段。洞室应尽量选择在地层岩性均一、厚度大、产状稳定，构造裂隙间距大、组数少、风化轻微、强度较大的岩层中。反之，岩性软弱、层薄或夹有极薄层的易滑动的软弱岩层对修建地下工程不利。

③洞口应选择在山体坡度大（大于30°），岩层完整，松散覆盖层较薄或基岩裸露的地段。洞口标高一般应高于谷底，且高于千年或百年一遇洪水水位 0.5～1.0 m。

④洞轴线宜与岩层走向垂直或以大角度相交，有利于洞室的稳定；洞室轴线应避开褶皱轴部，因背斜轴部往往破碎，斜轴部往往富集大量地下水，对洞室工程极为不利。

（2）山岩压力及洞室围岩的变形与破坏问题

围岩是指地下洞室周围一定范围内，对工程稳定性能产生影响的岩体。由于地下开挖破坏了岩土体初始应力平衡状态，地下形成了自由空间，原来处于挤压状态的围岩，解除束缚而向洞室空间松胀变形，这种变形若超过了围岩本身所能承受的能力，便发生破坏，从母岩中分离、脱落，形成坍塌、滑移、底鼓和岩爆等。

山岩压力是评价洞室围岩稳定性的主要内容。山岩压力通常指围岩发生变形或破坏而作用在洞室衬砌上的力。研究山岩压力，应首先研究洞室周围应力重分布和应力集中的特点，以及研究测定围岩的初始应力大小及方向；并通过分析洞室结构的受力状态，合理地选型和设计洞室支护，选取合理的开挖方法。影响山岩压力和围岩稳定的因素主要是岩体结构与岩石强度，强度低的软弱岩石比强度高的坚硬岩石的山岩压力大。对坚硬岩石来说，起主要作用的是软弱结构面的存在及其组合关系。

围岩分类是地下洞室工程地质评价的主要内容之一，通过围岩分类可大致确定开挖难易程度、采用的施工方法及支护设计方案等。《岩土工程勘察规范》（GB 50021）规定，地下洞室围岩应根据岩体质量的定性特征和岩体基本质量指标 BQ 相结合确定基本质量级别，然后按表 10-7 确定各级别岩体的自稳能力。

表 10-7 围岩自稳能力

围岩级别	自 稳 能 力
Ⅰ	跨度 20m，可长期稳定，偶有掉块，无塌方
Ⅱ	跨度 10～20m，可基本稳定，局部可发生掉块或小塌方； 跨度 10m，可长期稳定，偶有掉块
Ⅲ	跨度 10～20m，可稳定数日—1 个月，可发生小—中塌方； 跨度 5～10m，可稳定数月，可发生局部块体位移及小—中塌方； 跨度 5m，可基本稳定
Ⅳ	跨度 5m，一般无自稳能力，数日—数月内可发生松动变形、小塌方，进而发展为中—大塌方； 埋深小时，以拱部松动破坏为主，埋深大时，有明显塑性流动变形和挤压破坏； 跨度小于 5m，可稳定数日—1 个月
Ⅴ	无自稳能力，跨度 5m 或更小时，可稳定数日
Ⅵ	无自稳能力

（3）地下水及洞室涌水问题

当洞室或隧道穿过含水层时，将会有地下水涌进洞室，给施工带来困难。地下水也是造成塌方和围岩失稳的重要原因。地下水对不同围岩的影响程度不同，其主要表现为：

①以静水压力的形式作用于隧道衬砌。

②使岩质软化，强度降低。

③促使围岩中的软弱夹层泥化，减少层间阻力，易于造成岩体滑动。

④石膏、岩盐及某些以蒙脱石为主的黏土岩类，在地下水的作用下发生剧烈的溶解和膨胀而产生附加的山岩压力。

⑤如地下水的化学成分中含有有害化合物（硫酸、二氧化碳、硫化氢、亚硫酸）时，对衬砌将产生侵蚀作用。

⑥最为不利的影响是发生突然的大量涌水，常造成停工或人身伤亡事故。

在洞室工程地质勘测中，应将是否会出现涌水问题列为重点工程地质问题进行研究，对可能出现涌水的地点提出准确的预测。

（4）有害气体与岩爆

在洞室掘进中，常会遇到各种对人体有害的易于燃烧、爆炸的地下气体，特别是当洞室通过煤系、含油、含炭或沥青的地层时，遇到地下气体的机会更多。在地下工程的工程地质勘察过程中，应细心测定洞室通过岩层的各种有害气体，提出通风措施及其他安全防护措施的建议，以确保工程的顺利进行。在坚硬岩体深部开挖时，岩石突然飞出和剧烈破坏的现象，称之为岩爆。目前，对岩爆现象的解释不一。多数人认为岩爆是一种应力释放现象，它只存在于某些个别岩层中，并非普遍现象。其发生的条件大体是：

①岩层经受过较强的地应力作用。

②岩石具有较高的弹性强度。

③埋藏位置具有较严格的围限条件。

应力产生集中，变形受到限制，造成巨大能量积蓄在岩体内，一旦围限解除，便发生岩爆。岩爆大多发生于区域性、压扭性大断裂带附近或埋藏较深的硅质硬脆性岩层中。

（5）洞口稳定问题

洞口是隧道工程的咽喉部位，洞口地段的主要工程地质问题是边、仰坡的变形问题。其变形常引起洞门开裂、下沉或坍塌等灾害。

2．土体地下工程的工程地质问题

在土体中开挖洞室时，遇到的主要工程地质问题包括上部土体的压力和涌水问题。在土体中，地下洞室围岩上部压力最大，对于饱水细砂及淤泥质土层，几乎从洞顶以上一直到地表的土层重量都是以山岩压力的形式作用在衬砌上。地下水是土体洞室施工中遇到的另一主要工程地质问题，如洞室穿过含水层时，由于大量地下水的涌出，在动水压力作用下，将出现流砂及渗透变形。发生突然的涌水或流砂，常会造成灾难性的事故。

10.3.2 地下工程的勘察要点

1．规划阶段

一般不单独进行地下洞室的工程地质勘察，可根据拟建地下工程的埋深，推测围岩的结构条件、岩性和水文地质状况，依此论证在技术上的可行性。

2．可行性研究阶段

通过搜集资料，初步查明各拟选方案的地质条件，并重点查明如下三个方面的地质情况：

①拟定洞室的围岩厚度、地层结构和地质构造特点，地下水的埋藏、运动条件以及与地表水之间的水力联系。

②对洞室的稳定与施工安全有影响的不利地质因素，如活动断裂破碎带，易溶岩与膨胀岩，地热异常和有害气体，以及可能造成洞室内大量涌水与坍塌的水文地质条件等。

③洞口处边坡的坡度、形状、覆盖层厚度与基岩风化深度，岩体结构特征等。该阶段的勘察工作以工程地质测绘为主，比例尺一般为 1：10 000～1：5 000，测绘范围根据各个地段的具体情况和方案比较的要求而定。

3．初步勘察阶段

配合选定地下洞室的位置对洞室进行概略分段和围岩分类，提出各地段的山岩压力、岩体抗力和外水压力等建议数据。重点研究规模较大的断层破碎带和有可能产生大量涌水、坍塌等地段的安全与稳定问题；预测洞口边坡及洞室边墙的变化趋势，并对施工方法提出具体建议。这一阶段勘察工作的内容和要求是对洞口段、浅埋段以及工程地质条件复杂地段，补充进行 1：5 000～1：1 000 的专门工程地质测绘。如果覆盖层或风化层较厚，或工程地质条件较复杂地段，就要布置适当数量的钻孔和平硐予以查明，并在接近洞线高程的部位做钻孔压水试验。在平硐中，有时要进行岩体弹性模量和抗剪强度等试验。有条件的话还要进行山岩压力观测、松动圈范围测定和岩体应力测量等工作。

4．详细勘察阶段

针对各选定洞室进行详细的工程地质分段和围岩分类，对各个洞段的山岩压力、外水压力和围岩弹性抗力提出具体的数量指标，对大规模的塌方涌水段上的软弱结构面要做专门研究,对高墙洞室边墙上的软弱结构面组合情况及产生坍塌的边界条件要有定量指标作为依据。这一阶段工程地质勘察应根据需要查明的具体任务、场地条件和在初设阶段对某些问题研究的深度加以确定。为了某项问题的研究,有时要求增加钻孔、平硐或超前导洞。对于大型地下洞室,为配合新奥法施工,有条件时需布置专门断面对洞室围岩在施工过程中的变形进行观测。

5. 施工勘察

主要任务是详细查明已选定线路的工程地质条件,为最终确定轴线位置,设计支护及衬砌结构,确定施工方法和施工条件提供所需资料。具体任务是:

①对施工开挖所揭露的各种地质现象和问题,进行详细的观察、编录和测绘工作。有时需做复核性的钻探和试验工作,对前期地质结论的正确性和可靠性加以检验。如果发现结论有较大的出入,或新发现有不利的地质因素存在,或因施工方法不当将导致岩土体的稳定性受破坏时,均应及时地提出或上报,向施工单位反映,以便修改设计或采取有效措施消除隐患,保证工程建筑在施工和运行期间的安全。

②对影响施工和运行期间安全的各种水文地质和工程地质现象开展预测和预报工作。

③检查洞室开挖和对不良地质因素的处理是否符合设计要求。

④对初步设计阶段未完全查明的工程地质条件,进行补充的地质测绘工作。用钻探勘测法进一步确定隧道设计高程的岩石性质及地质结构。在滑坡、断裂破碎带、岩溶及厚覆盖层等地质条件比较复杂地带,还应布置垂直轴线的横向勘探线,编制横向地质剖面图。在隧道进出口可布置勘探导洞(可与施工导洞结合起来),以进一步明确进出口的工程地质条件。

10.4 水利水电建筑工程地质勘察

10.4.1 水利水电建筑工程主要特点

水利水电建筑工程的目的是控制或调整天然水在空间和时间上的分布,防止或减少旱涝洪水灾害,合理开发和利用水利资源。水利水电建筑工程不同于其他建筑工程,其由许多不同类型的建筑物构成,如挡水建筑物、泄水建筑物,因而对地质上的要求不同,表现出不同的工程特点,主要表现为:

①水压力对建筑物的作用,它是确定建筑物各部分尺寸的主要依据。为了抵挡库水强大的静水压力和动水压力,必须设置足够大的坝体,要求其地基有足够的强度和刚度,应进行充分的工程地质论证和评价。

②导致大范围内的自然地质环境发生变化。由于水库蓄水后,水文条件发生变化,使水库边岸不稳定和发生淤积。水文地质条件的变化,将引起库周浸没、农田沼泽化和次生盐渍化。

③水库等水利水电工程建筑物蓄水后,由于地应力的调整或水体下渗等,触发了地质断层的复活而诱发地震,不但使邻近地区人们的生产和正常生活受到影响,而且对水工建筑物本身的安全和正常使用极其不利。

④水利水电工程地质问题复杂而多样。就枢纽来说,有坝基和绕坝渗漏问题,坝基、

坝肩抗滑稳定和渗透稳定问题，溢洪道和溢流坝段下游的冲刷问题，引水隧洞围岩稳定问题，隧洞和坝基的施工涌水问题，电站厂房地基的强度和变形问题，船闸高陡边坡的稳定问题，渠道渗漏和湿陷稳定问题，以及渡槽墩基的不均匀沉陷问题等。

10.4.2 水利水电建筑工程的主要工程地质问题

1. 坝区工程地质问题

（1）坝区渗漏问题

当水库蓄水后，在坝体上下游水头作用下，库水可通过坝下和坝肩部位透水的岩土体产生渗漏。一般称坝底渗漏为坝基渗漏，称坝肩部位渗漏为绕坝渗漏。

（2）坝基渗透稳定问题

当水库蓄水后，坝基在渗透水流作用下，引起土体颗粒或裂隙充填物颗粒移动、结构变形甚至破坏的现象，称为渗透变形。常见的渗透变形形式有管涌和流土。管涌是充填于坝基大颗粒之间的小颗粒在渗透水压力作用下，承受渗透水流独立移动的现象；流土是在渗透水压力作用下，细颗粒土出现整体同时浮动或隆起的现象。严重的渗透变形不仅影响工程效益，而且危及大坝的稳定。

（3）坝基抗滑稳定性问题

修建在岩基上的刚性坝，坝基可能的滑动破坏类型有三种，即表层滑动、岩体浅部滑动及岩体的深部滑动。坝基的抗滑动问题往往在拱坝设计中较为突出。拱坝的受力特点在于利用拱圈的作用，将上游水压力等荷载传到两岸岩体上来维持稳定。两岸岩体中存在的软弱夹层或各种结构面等，往往成为拱坝坝肩稳定性的关键因素。当然，重力坝或支墩坝同样也存在坝肩稳定性问题。

2. 库区工程地质问题

（1）水库渗漏问题

渗漏问题是水库最主要的工程地质问题。由于大量渗漏而影响水库蓄水效益，甚至完全丧失效益。水库渗漏可分为暂时性渗漏和永久性渗漏两种形式。暂时性渗漏是水库蓄水过程中，用来饱和库盆中包气带岩土体的空隙所需要的水量，其水量不渗到库外，且经过一定时间后就会停止。永久性渗漏是库水通过某渗漏通道向库外的渗漏，是长期持续的，对水库的效益有严重影响。永久性渗漏可分为三种情况：通过分水岭向邻谷渗漏（图10-1a），通过河湾向河谷下游渗漏（图10-1b），通过库盆底部向远处低洼排泄区渗漏（图10-1c）。

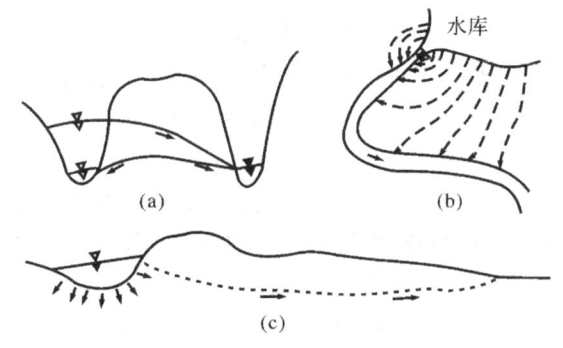

图10-1 水库永久渗漏的三种形式

（2）库岸稳定性问题

水库蓄水后，库岸自然条件发生急剧变化，处于新的地质环境和动力地质条件上，主要表现为：①原来处于干燥状态下的岩土体，在库水位变化范围内的部分因浸湿而经常处于饱和状态,其工程地质性质明显恶化;②岸边遭受人工湖泊波浪的冲蚀淘刷作用,较原来河流的侵蚀冲刷作用更为强烈;③库水位经常变化,当水位快速下降时,原来被顶托而壅高的地下水来不及泄出,因而增加了岸坡岩土体的动水压力和自重压力。

水库蓄水后,库岸有可能发生变形破坏,常见的破坏形式有塌岸、滑坡、岩崩。

(3) 库周浸没问题

水库蓄水后水位抬高,引起水库周围地下水升高。当库岸较低平时,地面调和与水库正常高水位相关不大时,地下水位可能接近,甚至高出地面,产生不良后果。浸没对水库地区的工农业生产和居民生活危害甚大,使农田沼泽化或盐渍化;建筑物的地基强度和稳定性下降,甚至造成破坏。浸没问题常常影响到水库正常水位的选择,甚至影响到坝址的选择。

(4) 水库的淤积问题

水库为人工形成的静水域,河水流入水库后流速顿减,水流搬运能力下降,所夹带的泥砂就沉积下来,堆于库底,形成水库淤积。淤积的粗粒部分堆于上游,细粒部分堆于下游,随着时间的推移,淤积物逐渐向坝前推移。水库的上游河流若含大量泥砂,则淤积问题将成为水库的主要工程地质问题之一。

10.4.3 水利水电建筑工程的勘察要点

水利水电工程地质勘察可分为规划阶段、可行性研究阶段、初步设计阶段和施工图设计四个阶段的勘察。

1. 规划阶段工程地质勘察

规划阶段工程地质勘察应对河流开发方案和水利水电近期开发工程选择作工程地质论证,并提供相应的地质资料。根据《水利工程地质勘察规范》(GB 50478)规定,规划阶段工程地质勘察应包括下列内容:

①规划河流、河段或工程的区域地质和地震概况。

②规划河流、河段或工程的工程地质条件,为各类型水资源综合利用工程规划选点、选线和合理布局进行地质论证。重点了解近期开发工程的地质条件。

③梯级坝址及水库的工程地质条件和主要工程地质问题,论证梯级兴建的可能性。

④引调水工程、防洪排涝工程、灌区工程、河道整治工程等的工程地质条件。

⑤规划河流(段)和各类规划工程天然建筑材料情况。

区域地质和地震的勘察应包括:地形地貌形态、阶地发育情况和分布范围;区域内沉积岩、岩浆岩、变质岩的分布范围,形成时代和岩性岩相特点,第四纪沉积物的成因类型、组成物质和分布;地质构造,如褶皱和断裂的类型、产状、规模和构造发展史,历史和现今地震情况及地震动参数等;不良地质现象,如大型泥石流、崩塌、滑坡、喀斯特(岩溶)、移动沙丘及冻土等的发育特点和分布情况;水文地质条件,如主要含水层和隔水层的分布情况、潜水的埋深、泉水的出露情况与类型等区域水文地质特征。

本阶段以工程地质测绘为主,并辅以物探和轻型坑探工程。对可能近期开发或控制性工程的坝段,可适当布置钻孔。一般布置一条垂直河谷的勘探剖面,其中河床部分必须有钻孔控制,两岸坝肩以上一定范围的斜坡也应有钻孔控制。覆盖层厚度、岩体风化深度和滑动带深度等,可利用地面物探方法勘查,且配合以少量钻孔验证,并作少量钻孔压水和抽水试验及室内岩土物理力学性质试验。同时，本阶段还应进行各类天然建筑材料的普查工作。

2. 可行性研究阶段工程地质勘察

可行性研究阶段工程地质勘察的任务是在河流或河段规划方案选定的基础上选择坝址，并应对选定坝址、基础坝型、枢纽布置和引水路线方案进行地质论证，提供地质资料。

可行性研究阶段工程地质勘察应包括下列内容：

①进行区域构造稳定性研究，确定场地地震动参数，对工程场地的构造稳定性作出评价。

②初步查明工程区及建筑物的工程地质条件、存在的主要工程地质问题及作出初步评价。

③移民集中安置点选址的工程地质勘察，初步评价新址区场地的整体稳定性和适宜性。

④进行天然建材初查。

区域构造稳定性、水库、坝址、发电引水线路及厂址、溢洪道、渠道及渠系建筑物、水闸及泵站、深埋长隧洞、堤防及分蓄洪工程、灌区工程、河道整治工程、移民选址、天然建筑材料勘察需严格按《水利工程地质勘察规范》（GB 50478）可行性研究阶段要求进行。

在坝址区，本阶段应查明各比较坝址的工程地质条件，分析主要的工程地质问题，进行比较评价，为坝址的选定提供地质依据。特别要注意软弱夹层的存在，研究其分布、厚度、产状及工程地质性质，分析其对坝基（肩）或边坡稳定性的可能影响。要查明贯穿坝址区的断裂及软弱结构面，分析它们的组合形式以及对工程的影响。研究河床第四系覆盖层的厚度、成层组合关系及性质，基岩风化层的厚度、分带和分布情况。研究岩土体的透水性，相对隔水层的埋深、厚度及延续性；分析坝基和绕坝渗漏条件。在岩溶区，应注意坝基和坝肩稳定、渗漏等的影响。

在水库区，应对水库的渗漏、浸没、库岸稳定、淤积来源以及诱发地震等问题进行论证和预测。要特别注意查明近坝地段滑坡体的分布与规模；在岩溶区要分析可能渗漏地段的范围、渗漏形式和主要的渗漏通道，估算渗漏量。在地质构造复杂、新构造活动较明显或地震活动频繁的地区，应配合地震部门，调查活动性断裂的性状和近期活动情况，分析水库诱发地震的可能性。

本阶段工程地质测绘仍占有重要地位，勘探、试验工作比重增加。各比较坝址应布置1～3条勘探剖面，其他主要建筑物也应布置必要的勘探工作；库区内影响较大的不稳定岩坡、重点的塌岸和浸没地段，应布置勘探剖面，勘探手段以钻孔为主；在枢纽区钻孔基岩段，全部作压水试验，大部分钻孔应作综合测井，覆盖层的渗透系数应以单孔抽水试验资料为基础；采取岩土样，测定其物理力学性质指标；选择有代表性的泉和钻孔进行地下水动态观测，对不稳定岸坡应进行监测，并对天然建筑材料进行初查。

3. 初步设计阶段工程地质勘察

初步设计阶段工程地质勘察应在可行性研究阶段选定的坝（场）址、线路上进行。查明各类建筑物及水库区的工程地质条件，为选定建筑物型式、轴线、工程总布置提供地质依据。对选定的各类建筑物的主要工程地质问题进行评价，并提供工程地质资料，初步设计阶段勘察应包括下列内容：

①根据需要复核或补充区域构造稳定性研究与评价。

②查明水库区水文地质、工程地质条件，分析工程地质问题，预测蓄水后的变化，提出工程处理措施建议。

③查明各类水利水电工程建筑物区的工程地质条件，对存在的工程地质问题进行分析评价，为建筑物设计和地基处理方案提供地质资料和建议。

④查明导流工程及其他主要临时建筑物的工程地质条件。根据需要进行施工和生活用水水源调查。

⑤进行天然建筑材料详查。

⑥设立或补充完善地下水动态观测和岩土体位移监测设施，并应进行监测。

⑦查明移民新址区工程地质条件，评价场地的稳定性和适宜性。

初勘在选定的坝址、厂址等工程地段进行，全面查明建筑区工程地质条件，选定坝址和其他主要建筑物的轴线、形式、规模及有关的工程处理方案，提供各项地质资料、数据和建议。在坝址区，应为最后确定坝轴线、坝型、枢纽总体布置，为初步论证施工方法和工程处理措施提供地质资料和数据。针对岩体各风化带的物理力学性质和抗水性，提出坝基开挖深度和有关的处理措施；分层给出各土层的变形模量、压缩系数、允许渗透梯度等参数；针对影响工程的断裂破碎带位置、产状、宽度、性质和影响带的物理力学性质、透水性和产生管涌的临界条件，提出处理措施；预测坝基及绕坝渗漏量及基坑涌水量，防渗处理的范围和深度等。

在水库区，应查明不稳定的边界条件，尤其要分析近坝大滑坡体在水库蓄水后的稳定问题，滑坡激起的涌浪对枢纽建筑物和坝下游的影响及应采取的防范措施；在正常高水位条件下，对浸没和塌岸区范围的预测及防治措施；查明岩溶渗漏地段的渗漏途径和通道，估计渗漏量，确定防渗处理的范围和深度；在构造复杂、有活动性断裂的地区，或地震基本烈度≥7度的地区，应对是否可能产生水库诱发地震的条件作出评价，必要时应开始建立和进行断裂活动性或地震的监测。

本阶段勘察方法以勘探、试验工作为主，且尽量采用综合性勘探。每一可能坝线应有坝轴线及上下游辅助勘探剖面和一定数量的纵剖面，主要建筑物应有轴线和横向勘探剖面，一般孔深为1/3～1/2坝高。大型和重要工程，一般均需布置重型坑探工程及大口径钻孔，有时还需布置河底平硐，以查清河底基岩的地质构造。拱坝坝肩应在不同的高程和方向上布置重型坑探工程，以控制各种滑动结构面及变形影响范围。岩溶区应按需要布置一定数量控制性深孔。岩土物理力学性质试验应依照室内试验与野外试验相结合的原则进行。同时，继续进行各个项目的长期观测工作。

4. 施工图设计工程地质勘察

施工图设计阶段工程地质勘察应在初步设计阶段选定的水库及枢纽建筑物场地上，检验前期勘察的地质资料与结论，补充论证专门性工程地质问题并提供优化设计所需的工程地质资料。施工图设计阶段勘察应包括下列内容：

①对招标设计报告评审中要求补充论证的和施工中出现的工程地质问题进行勘察。

②分析水库蓄水过程中可能出现的专门性工程地质问题。

③优化设计所需的专门性工程地质勘察。

④进行施工地质工作，检验、核定前期勘察成果。

⑤提出对工程地质问题处理措施的建议。

⑥提出施工期和运行期工程地质监测内容、布置方案和技术要求的建议。

此外，还要核实和修正已有地质资料、结论与数据，查明初步设计审查中或审查后新提出的工程地质问题并进行专题研究，进行施工地质编录、预报和基坑验收，提出工程运行期间观测工作布置方案、观测项目和要求。

本阶段主要是对新发现问题作补充勘察和评价。此外，应查明施工临时建筑工程布置地段和附属建筑地段的工程地质条件，配合设计、施工，进行地基处理和其他试验工作，勘察施工用水源地，以及进行选定料场的复查等。

思 考 题

1. 简述房屋建筑工程中的主要工程地质问题、勘察阶段的划分及勘察要点。
2. 简述道路工程中的主要工程地质问题、勘察阶段的划分及勘察要点。
3. 简述桥梁工程中的主要工程地质问题、勘察阶段的划分及勘察要点。
4. 简述地下工程中的主要工程地质问题、勘察阶段的划分及勘察要点。
5. 简述水利水电建筑工程中的主要工程地质问题、勘察阶段的划分及勘察要点。

参 考 文 献

[1] 唐辉明. 工程地质学基础[M]. 北京：化学工业出版社，2008.
[2] 张忠苗. 工程地质学[M]. 北京：中国建筑工业出版社，2007.
[3] 倪宏革，时向东. 工程地质[M]. 北京：北京大学出版社，2009.
[4] 贺瑞霞. 工程地质学[M]. 北京：中国电力出版社，2010.
[5] 赵树德，廖红建，徐林荣，等. 高等工程地质学[M]. 北京：机械工业出版社，2005.
[6] 陈洪江. 土木工程地质[M]. 北京：中国建材出版社，2005.
[7] 王杰. 土力学与地基基础[M]. 北京：中国建筑工业出版社，2005.
[8] 臧秀平. 工程地质[M]. 北京：高等教育出版社，2004.
[9] 杨连生. 水利水电工程地质[M]. 武汉：武汉大学出版社，2004.
[10] 李永乐. 岩土工程勘察[M]. 郑州：黄河水利出版社，2004.
[11] 许兆义，王连俊，杨成永. 工程地质基础[M]. 北京：中国铁道出版社，2003.
[12] 吴泰然，何国琦. 普通地质学[M]. 北京：北京大学出版社，2003.
[13] 李治平. 工程地质学[M]. 北京：人民交通出版社，2002.
[14] 王奎华，陈新民. 岩土工程勘察[M]. 北京：中国建筑工业出版社，2002.
[15] 孔宪立，石振明. 工程地质学[M]. 北京：中国建筑工业出版社，2001.
[16] 杨小平. 土力学[M]. 广州：华南理工大学出版社，2001.
[17] 张克恭，刘玉松. 土力学[M]. 北京：中国建筑工业出版社，2001.
[18] 孔思丽. 工程地质学[M]. 重庆：重庆大学出版社，2001.
[19] 刘春原. 工程地质学[M]. 北京：中国建材出版社，2000.
[20] 张倬元，王士天，王兰生. 工程地质分析原理[M]. 2版. 北京：地质出版社，1994.
[21] 李智毅，杨裕云. 工程地质学概论[M]. 武汉：中国地质大学出版社，1994.
[22] 贺同兴，卢良兆. 变质岩岩石学[M]. 北京：地质出版社，1988.
[23] 曾允孚，夏文杰. 沉积岩石学[M]. 北京：地质出版社，1986.
[24] 孙鼐，彭亚鸣. 火成岩石学[M]. 北京：地质出版社，1985.
[25] 潘兆橹. 结晶学及矿物学[M]. 北京：地质出版社. 1984.
[26] 地质灾害防治条例. 中华人民共和国国务院令第394号. 2003.11.24.
[27] 《工程地质手册》编委会. 工程地质手册[M]. 5版. 北京：中国建筑工业出版社，2018.
[28] 岩土工程勘察规范(GB 50021—2001(2009版))[S]. 北京：中国建筑工业出版社，2009.
[29] 建筑地基基础设计规范(GB 50007—2011)[S]. 北京：中国建筑工业出版社，2011.
[30] 公路工程地质勘察规范(JTG C20—2011)[S]. 北京：人民交通出版社，2011.
[31] 水利水电工程地质勘察规范(GB 50487—2008)[S]. 北京：中国计划出版社，2009.
[32] 建筑抗震设计规范(GB 50011—2010)[S]. 北京：中国建筑工业出版社，2010.
[33] 中国地震烈度表(GB/T 17742—2008)[S]. 北京：中国标准出版社，2008.
[34] 工程岩体试验方法标准(GB/T 50266—2013)[S]. 北京：中国计划出版社，2013.
[35] 土工试验方法标准(GB/T 50123—2019)[S]. 北京：中国计划出版社，2019.
[36] 土的工程分类标准(GB/T 145—2007)[S]. 北京：中国计划出版社，2007.
[37] 孙家齐，陈新民. 工程地质[M].4版. 武汉：武汉理工大学出版社，2011.

附录　一般性地质符号

一、地层、岩性符号

(一) 地层年代符号及颜色

界	系		
新生界 K_z	第四系 Q		黄　色
	第三系 R（橙色）	晚第三系 N	淡橙色
		早第三系 E	深橙色
中生界 M_z	白垩系 K		草绿色
	侏罗系 J		蓝　色
	三叠系 T		紫　色
古生界 P_z	二叠系 P		棕　色
	石炭系 C		灰　色
	泥盆系 D		褐　色
	志留系 S		靛青色
	奥陶系 O		深蓝色
	寒武系 ∈		橄榄绿色
元古界 P_t	震旦系 Z		蓝灰色
太古界 A_z			

(二) 岩性符号

1. 岩浆岩

r 花岗岩	r_π 花岗斑岩	λ 流纹岩
δ 闪长岩	δ_π 闪长斑岩	a 安山岩
ν 辉长岩	ν_π 辉绿岩	β 玄武岩

2. 沉积岩

| C_g 砾岩 | S_s 砂岩 | S_n 页岩 |
| b_{tc} 角砾岩 | M_s 泥灰岩 | L_s 石灰岩 |

3. 变质岩

| g_n 片麻岩 | S 片岩 | p_n 千枚岩 |
| S_p 板岩 | m_b 大理岩 | q 石英岩 |

(三) 第四纪沉积成因分类符号

Q^{al} 冲积层	Q^{dl} 坡积层	Q^{pl} 洪积层
Q^{el} 残积层	Q^l 湖积层	Q^{eal} 风积层
Q^n 沼泽堆积	Q^{col} 崩塌堆积	Q^{del} 滑坡堆积

二、岩石符号

(一) 岩浆岩

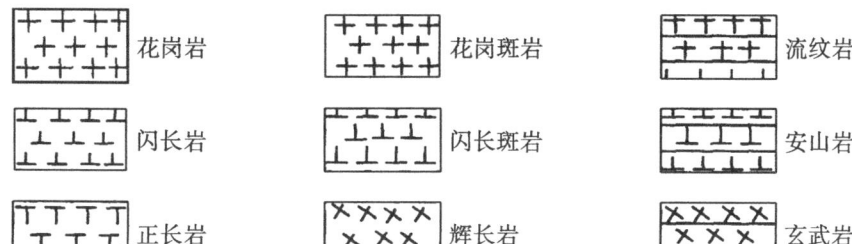

(二) 沉积岩

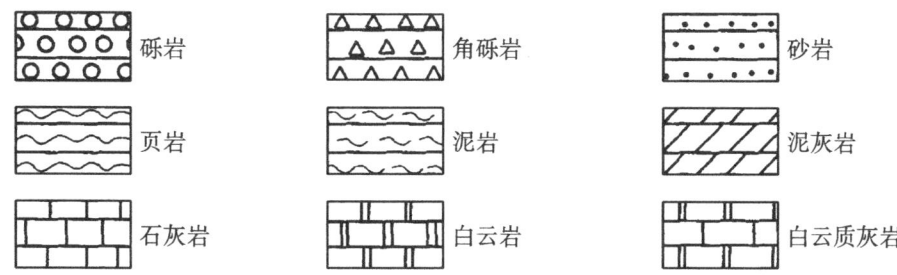

(三) 变质岩

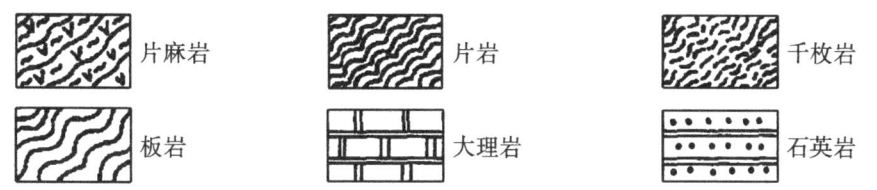

三、地质构造符号

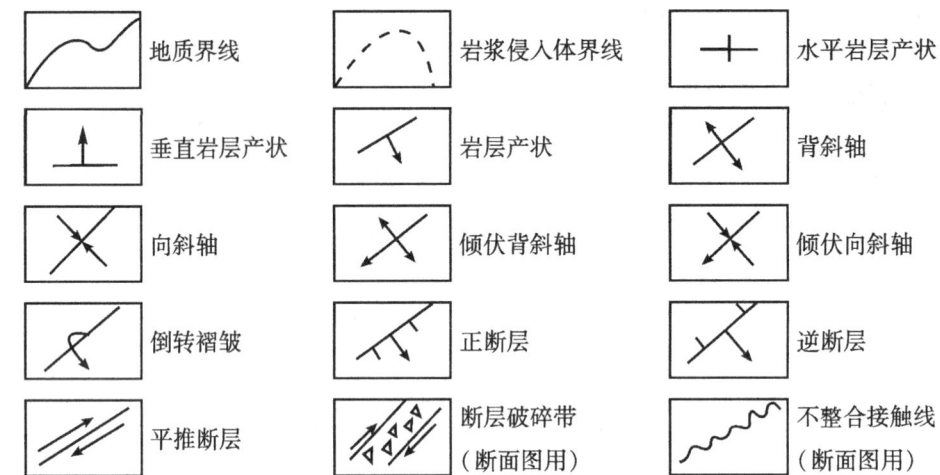